Oracle PL/SQL by Example
Sixth Edition

Oracle PL/SQL 实例精解

（原书第6版）

［加］艾琳娜·拉希莫夫（Elena Rakhimov） ◎著

张骏温 许向东 许红升 张博远 ◎译

Authorized translation from the English language edition, entitled *Oracle PL/SQL by Example, Sixth Edition*, ISBN: 978-0138062835, by Elena Rakhimov, published by Pearson Education, Inc., Copyright © 2023 by Pearson Education, Inc.

All rights reserved. No part of this book may be reproduced or transmitted in any form or by any means, electronic or mechanical, including photocopying, recording or by any information storage retrieval system, without permission from Pearson Education, Inc.

Chinese simplified language edition published by China Machine Press, Copyright © 2024.

Authorized for sale and distribution in the Chinese Mainland only (excluding Hong Kong SAR, Macao SAR and Taiwan).

本书中文简体字版由 Pearson Education（培生教育出版集团）授权机械工业出版社在中国大陆地区（不包括香港、澳门特别行政区及台湾地区）独家出版发行。未经出版者书面许可，不得以任何方式抄袭、复制或节录本书中的任何部分。

本书封底贴有 Pearson Education（培生教育出版集团）激光防伪标签，无标签者不得销售。

北京市版权局著作权合同登记　图字：01-2023-3873 号。

图书在版编目（CIP）数据

Oracle PL/SQL 实例精解：原书第 6 版 /（加）艾琳娜·拉希莫夫（Elena Rakhimov）著；张骏温等译 . -- 北京：机械工业出版社，2024.9. -- （数据库技术丛书）.
ISBN 978-7-111-76534-9

I. TP311.132.3

中国国家版本馆 CIP 数据核字第 20242XQ378 号

机械工业出版社（北京市百万庄大街 22 号　邮政编码 100037）
策划编辑：刘　锋　　　　　　　　　责任编辑：刘　锋　王华庆
责任校对：王小童　李可意　景　飞　责任印制：常天培
北京科信印刷有限公司印刷
2024 年 11 月第 1 版第 1 次印刷
186mm×240mm・23.75 印张・516 千字
标准书号：ISBN 978-7-111-76534-9
定价：129.00 元

电话服务	网络服务
客服电话：010-88361066	机 工 官 网：www.cmpbook.com
010-88379833	机 工 官 博：weibo.com/cmp1952
010-68326294	金 书 网：www.golden-book.com
封底无防伪标均为盗版	机工教育服务网：www.cmpedu.com

译者序

众所周知，PL/SQL 是 Oracle 公司推出的过程化 SQL 语言，主要用于 Oracle 数据库的开发。PL/SQL 将 SQL 语言的数据管理功能与过程化语言的流程处理功能结合起来，大大地提高了 SQL 语言的程序设计效率。

本书作者根据在大学多年讲授 PL/SQL 编程课程的经验，从实用性角度出发，将大量示例代码作为基础，系统地介绍了 PL/SQL 的常用功能和使用方法。其中，前 3 章涵盖了 PL/SQL 块结构、组件构成、执行引擎及开发工具等基础内容，后面各章分别讲解并演示了条件控制语句、迭代控制语句、错误处理、异常、游标、触发器、本地动态 SQL、批量 SQL、过程、函数和包等常用的编程功能。针对高级编程中使用的数据类型（如关联数组、变长数组、嵌套表、多维集合、记录、用户定义的记录、对象等复杂数据类型），本书给出了详细的讲解和实操演示。

此外，作者在每一章中对编程人员易犯的一些错误都给予了警示，并在示例中用浅显易懂的对比方法纠正了一些常见的代码编写陋习。对初学者而言，这可以让他们快速地掌握 PL/SQL 的主要功能，并根据书中的示例举一反三；而对经验丰富的老手而言，这可以让他们查缺补漏，温故知新。因此，本书是一本实操性较强的 PL/SQL 编程工具书。

本书从推出到现在已经发行到第 6 版了，深受世界各地 Oracle 数据库编程人员和应用开发人员的喜爱。纵观全书，在每一章的概念描述和内容介绍后，作者都使用了大量的代码示例来讲解 PL/SQL 的知识点，并引导读者实践这些代码示例，以便在实践中掌握 PL/SQL 的编程要点。相信通过本书的学习，读者能够系统地了解 PL/SQL 程序设计的知识体系，并在实践中学以致用。

本书由四位译者共同翻译，其中第 1~3 章和第 8~16 章由张骏温翻译，第 4~7 章和第 19~23 章由许向东翻译，第 17、18 章由许红升翻译，文前和第 24、25 章以及附录 A 及附录 B 由张博远翻译。在翻译过程中，我们对书中的复杂难句进行了反复商讨和核对，尽量做到通俗易懂，让译文能够达到信、达、雅的标准。

在此，我们非常感谢机械工业出版社的编辑人员，他们的高效工作和辛苦付出让这本书能够快速地呈现在读者面前。由于译者水平有限，翻译难免有不足之处，欢迎读者提出宝贵建议，给予批评指正。

许向东

2024 年 1 月

Preface 前　言

本书采用一种独特而高效的方式向读者介绍 Oracle PL/SQL 编程语言，并通过实验让读者学习和使用 Oracle PL/SQL 编程语言，而不是简单地通过阅读来学习。

正如同语法手册首先通过示例进行演示，然后让我们编写语句，最后教我们有关名词和动词的用法一样，本书首先通过示例进行演示，然后让读者自己创建这些对象，以此教读者有关循环、游标、过程、触发器等的用法。

本书的目标读者

本书是为那些需要快速详细了解 Oracle PL/SQL 语言的编程人员准备的。本书特别适合那些有一点关系数据库和 Oracle 经验，特别是会使用 SQL、SQL*Plus 和 SQL Developer 但对 PL/SQL 或大多数其他编程语言不太了解的人阅读。

本书的内容主要基于哥伦比亚大学计算机技术与应用（Computer Technology and Applications，CTA）项目中"Introduction to PL/SQL"课程所教授的内容。学生的知识背景参差不齐，有一些学生具有多年的信息技术（IT）和编程经验，但没有 Oracle PL/SQL 方面的经验；还有一些学生则完全没有 IT 或编程经验。与那门课一样，本书内容兼顾了这两种极端的需求。

本书的组织结构

本书旨在通过解释编程概念或特定的 PL/SQL 功能教会读者有关 Oracle PL/SQL 的编程知识，然后通过示例进一步说明。通常，随着主题的讨论越来越深入，这些示例将被修改，以便用来说明新涉及的内容。

本书各章的基本结构如下：
- 目标
- 简介

❑ 实验
❑ 本章小结

"目标"部分列出章内所包含的主题。基本上每个目标都对应一个实验。

"简介"提供章内所涉及的概念和功能的简要概述。

每个实验都涵盖了"目标"部分列出的一个目标。在某些情况下,目标在实验中被进一步分解为更小的单元主题,然后每个主题都通过各种示例和输出结果来说明和演示。需要注意的是,我们会尽可能完整地提供每个示例,以便读者可以获得完整的代码示例。

每章的最后都有"本章小结"部分,它对章内所讨论的内容进行了简要的总结。

先决条件

完成本书中的实验既需要有软件程序,也需要具备必要的知识。需要注意的是,本书涉及的一些功能只适用于 Oracle 21c。但是,使用下列产品可以运行书中的大部分示例:

❑ Oracle 18c 或更高版本。
❑ SQL Developer、SQL*Plus 18c 或更高版本。
❑ 互联网。

可以使用 Oracle 个人版或 Oracle 企业版来执行本书中的示例。如果使用 Oracle 企业版,这些示例可以在一台远程服务器或本地机器上运行。建议使用 Oracle 21c 或 Oracle 18c 执行本书中的所有或大部分示例。当某个特性仅适用于 Oracle 数据库的最新版本时,本书会明确说明。此外,读者应该能够访问 SQL Developer 或 SQL*Plus 工具并熟悉它们。

关于如何在 SQL Developer 或 SQL*Plus 中编辑和运行脚本,有多种选择。当然,也有许多第三方程序可用来编辑和调试 PL/SQL 代码。本书使用 SQL Developer 和 SQL*Plus 工具,因为这两个工具都是 Oracle 提供的,安装 Oracle 软件时即可安装它们。

 提醒 第 1 章有一个标题为"PL/SQL 开发环境"的实验,其中介绍了如何启动与使用 SQL Developer 和 SQL*Plus 工具。但是,本书中的大多数示例都是在 SQL Developer 工具中执行的。

关于示例中使用的模式

STUDENT 模式包含表和其他对象,用来保存一个虚构大学的注册和登记系统的相关信息。系统中的 10 个表存储了学生、课程、教师等相关数据。除了存储学生和教师的联系信息(地址和电话号码)以及有关课程的描述信息(费用和必修课程)之外,STUDENT 模式还记录了课程的课班(section)以及学生已经登记的课班。

SECTION 表是 STUDENT 模式中最重要的表之一,因为它保存了为每门课程创建的各个课班的数据。每个课班记录还保存了此课班的时间、地点以及教师信息。SECTION 表与 COURSE 表、INSTRUCTOR 表之间存在着关联关系。

ENROLLMENT 表也同样重要，因为它记录着哪些学生已经注册了哪些课班。每条记录还保存了有关学生的成绩和注册日期的信息。ENROLLMENT 表与 STUDENT 表、SECTION 表之间存在着关联关系。

STUDENT 模式还有其他几个表，用来管理每个课班中每个学生的成绩。

STUDENT 模式的详细结构参见附录 B。

致谢 Acknowledgements

  我想说这本书的出版离不开很多人的帮助和建议。特别感谢 Tonya Simpson 和 Chris Zahn 进行一丝不苟的编辑，以及 Michael Rinomhota 和 Dan Hotka 提供宝贵的技术经验。非常感谢 Malobika Chakraborty 和 Pearson 公司的工作人员，是他们的不懈努力使这本书得以面世。此外，我也非常感谢我的家人，他们的激励、热忱、灵感和支持鼓励着我努力工作并坚持到最后，正是他们的爱，才使我顺利地完成本书的编写。

Elena Rakhimov

Oracle 21c PL/SQL 新特性简介

Oracle 21c 为 PL/SQL 引入了一些新特性和增强功能。这里将概述本书未涵盖的特性，同时给出本书涉及的新特性所在的具体章节。此处描述的特性列表也可在 *PL/SQL Language Reference* 的 "Changes in This Release for Oracle Database PL/SQL Language Reference" 一章中找到，该手册也是 Oracle 联机帮助的一部分。

下面列出了 PL/SQL 的新特性和增强功能：
- PL/SQL 循环迭代功能的扩展。
- PL/SQL 限定表达式的增强。
- SQL 宏。
- 新的 JSON 数据类型。
- 新的编程指令 SUPPRESSES_WARNING_6009。
- 在非持久性用户定义类型中增加了 PL/SQL 类型属性。
- PL/SQL 函数结果集缓存功能的增强。

PL/SQL 循环迭代功能的扩展

在 Oracle 21c 版本中，Oracle 扩展了数字型 FOR 循环的功能。例如，我们可以在单循环中使用逗号分隔符将多个迭代的限定值组合到一个列表中。在 Oracle 21c 之前，我们需要为每个迭代限定值指定不同的 FOR 循环。此功能在 6.3 节和 15.4 节中有更详细的介绍。

PL/SQL 限定表达式的增强

限定表达式是在 Oracle 18c 中引入的，在 Oracle 21c 中得到了进一步改进。实际上，从 Oracle 18c 开始，我们能够将表达式构造函数所提供的值插入记录或集合这类数据类型中。限定表达式的内容将在 15.4 节和第 16 章中介绍。

SQL 宏

从 Oracle 21c 开始，我们能够创建 PL/SQL 函数并将其标记为 SQL 宏。当在 SQL 语句中使用 PL/SQL 函数时，此功能特别有用。每次从 SQL 语句调用 PL/SQL 函数时，都会在 SQL 和 PL/SQL 引擎之间进行上下文转换。这种上下文转换增加了一定的处理开销。但是，在函数被标记为 SQL 宏之后，上下文转换就会被取消。SQL 宏指令将在 22.3 节中介绍。

新的 JSON 数据类型

JSON（JavaScript Object Notation）是 SQL 和 PL/SQL 中一种新的可用数据类型。在 Oracle 21c 之前，JSON 数据可以存储为 VARCHAR2 或 CLOB 数据类型。在 Oracle 21c 中，当我们在表中创建列、在 SQL 中执行查询或用 PL/SQL 编程时，都可以使用 JSON 数据类型。如以下示例所示，表中包含了 JSON 数据类型的列。

示例　包含 JSON 列的表

```
CREATE TABLE json_test
    (id       NUMBER
    ,json_doc JSON);

-- Insert sample data
INSERT INTO json_test
VALUES (1
       ,'{"Doc"       : 1
         ,"DocName"   : "Sample JSON Doc 1"
         ,"DocAuthor" : "John Smith" }');
INSERT INTO json_test
VALUES (2
       ,'{"Doc"       : 2
         ,"DocName"   : "Sample JSON Doc 2"
         ,"DocAuthor" : "Mary Brown" }');
```

请注意，INSERT 语句中的字符串 '{...}' 被转换为 JSON 数据类型。JSON 数据可以像下面这样被查询，如以下示例所示。

示例　查询 JSON 数据

```
SELECT json_doc
  FROM json_test;
JSON_DOC
-----------------------------------------------------------------
{"Doc":1,"DocName":"Sample JSON Doc 1","DocAuthor":"John Smith"}
{"Doc":2,"DocName":"Sample JSON Doc 2","DocAuthor":"Mary Brown"}

-- Select Doc Name and Doc Author from json_doc
SELECT j.json_doc.DocName, j.json_doc.DocAuthor
  FROM json_test j;
```

```
DOCNAME                DOCAUTHOR
------------------     ------------
"Sample JSON Doc 1"    "John Smith"
"Sample JSON Doc 2"    "Mary Brown"
```

请仔细看第二条 SELECT 语句。当引用 JSON 数据的单个元素时，需要使用表别名。如果没有使用表别名，第二条 SELECT 语句将导致以下错误：

```
ERROR at line 1:
ORA-00904: "JSON_DOC"."DOCAUTHOR": invalid identifier
```

如前所述，我们可以在 PL/SQL 中使用 JSON 数据。它包含了各种内置函数（如 JSON_EXISTS 和 JSON_EQUAL）以及 JSON 对象类型（如 JSON_OBJECT_T）。

请注意，JSON 数据类型的内容没有包含在本书中，有关它的详细信息可以通过在网上查询 Oracle's JSON Developer's Guide 来获得。

新的编程指令 SUPPRESSES_WARNING_6009

新的编程指令 SUPPRESSES_WARNIG_6009 用于消除 PL/SQL 的告警错误 PLW-06009。当异常处理程序没有使用 RAISE 或 RAISE_APPLICATION_ERROR 语句时，就会出现此告警错误。此告警错误用于独立的程序包、函数以及类型定义中的方法。SUPPRESSES_WARNING_6009 编程指令不在本书的介绍范围中，有关它的更多信息可以参考 *PL/SQL Language Reference*，该手册可以在 Oracle 联机帮助中获得。

在非持久性用户定义类型中增加了 PL/SQL 类型属性

从 Oracle 18c 开始，我们能够将用户定义的类型定义为持久性的类型或非持久性的类型。Oracle 的默认选项是定义持久性的对象类型，创建完这样的对象类型后，我们可以在 PL/SQL 程序、SQL 语句和 DDL 语句中引用它。

当用户定义的类型被定义为非持久性的对象时，我们只能在 PL/SQL 代码和 SQL 语句中引用它。当我们在 CREATE TABLE 之类的 DDL 语句中引用它时会产生错误。

示例　创建非持久性的对象

```
CREATE TYPE non_persist_type_obj AS OBJECT
   (city    VARCHAR2(30)
   ,state   VARCHAR2(2)
   ,zip     VARCHAR2(5))
NOT PERSISTABLE;
/
Type NON_PERSIST_TYPE_OBJ compiled

CREATE TABLE test_obj
   (id       NUMBER
```

```
,zip_obj non_persist_type_obj);

ORA-22384: cannot create a column or table of a non-persistable type
```

这种非持久性的对象类型可以在 PL/SQL 代码中使用，如以下示例所示。

示例　在 PL/SQL 代码中使用非持久性的对象类型
```
DECLARE
   v_zip_obj non_persist_type_obj :=
       non_persist_type_obj('New York', 'NY', null);
BEGIN
   DBMS_OUTPUT.PUT_LINE ('City: '||v_zip_obj.city);
   DBMS_OUTPUT.PUT_LINE ('State: '|| v_zip_obj.state);
END;
/

City: New York
State: NY
```

从 Oracle 21c 开始，非持久性用户定义类型得到了增强，我们可以针对数据类型为 BOOLEAN 或 PLS_INTEGER 的 PL/SQL 对象的属性进行操作。

示例　创建非持久性的对象
```
DROP TYPE non_persist_type_obj;
/
Type NON_PERSIST_TYPE_OBJ dropped.
CREATE TYPE non_persist_type_obj AS OBJECT
   (city     VARCHAR2(30)
   ,state    VARCHAR2(2)
   ,zip      VARCHAR2(5)
   ,is_valid BOOLEAN)
NOT PERSISTABLE;
/
Type NON_PERSIST_TYPE_OBJ compiled

DECLARE
   v_zip_obj non_persist_type_obj :=
       non_persist_type_obj('New York', 'NY', null, true);
BEGIN
   DBMS_OUTPUT.PUT_LINE ('City: '||v_zip_obj.city);
   DBMS_OUTPUT.PUT_LINE ('State: '|| v_zip_obj.state);
   IF v_zip_obj.is_valid
   THEN
       DBMS_OUTPUT.PUT_LINE ('Valid');
   ELSE
       DBMS_OUTPUT.PUT_LINE ('Not valid');
   END IF;
END;
/
City: New York
State: NY
Valid
```

对于非持久性用户定义类型所能支持的更多 PL/SQL 数据类型的相关信息，可以参考 *PL/SQL Language Reference*，该手册可以在 Oracle 联机帮助中获得。

PL/SQL 函数结果集缓存功能的增强

在 Oracle 21c 中，结果集缓存功能得到了扩展，以便更好地控制缓存的结果集，增加该函数的用例，从而进一步提高数据库的性能，降低系统的工作负载。我们将在 22.2 节介绍结果集缓存的函数。

目 录 Contents

译者序
前　言
致　谢
Oracle 21c PL/SQL 新特性简介

第 1 章　PL/SQL 概念 ⋯⋯⋯⋯⋯⋯ 1

1.1　实验 1：PL/SQL 架构 ⋯⋯⋯⋯⋯ 1
　　1.1.1　PL/SQL 架构 ⋯⋯⋯⋯⋯⋯ 2
　　1.1.2　PL/SQL 块结构 ⋯⋯⋯⋯⋯ 4
　　1.1.3　PL/SQL 是如何执行的 ⋯⋯ 7
1.2　实验 2：PL/SQL 开发环境 ⋯⋯⋯ 7
　　1.2.1　初步掌握 SQL Developer ⋯ 8
　　1.2.2　初步掌握 SQL*Plus ⋯⋯⋯ 9
　　1.2.3　执行 PL/SQL 脚本 ⋯⋯⋯ 11
1.3　实验 3：PL/SQL 基础知识 ⋯⋯⋯ 14
　　1.3.1　DBMS_OUTPUT.PUT_LINE
　　　　　 语句 ⋯⋯⋯⋯⋯⋯⋯⋯⋯ 14
　　1.3.2　替代变量的功能 ⋯⋯⋯⋯ 16
本章小结 ⋯⋯⋯⋯⋯⋯⋯⋯⋯⋯⋯⋯ 19

第 2 章　PL/SQL 语言的基础知识 ⋯ 21

2.1　实验 1：PL/SQL 语言的各种组件 ⋯ 21
　　2.1.1　PL/SQL 变量 ⋯⋯⋯⋯⋯ 22
　　2.1.2　PL/SQL 保留字 ⋯⋯⋯⋯ 24
　　2.1.3　分隔符 ⋯⋯⋯⋯⋯⋯⋯⋯ 25
　　2.1.4　PL/SQL 中的文字 ⋯⋯⋯ 25
2.2　实验 2：锚定数据类型 ⋯⋯⋯⋯ 26
2.3　实验 3：变量、块、嵌套块和
　　 标签的作用域 ⋯⋯⋯⋯⋯⋯⋯⋯ 27
　　2.3.1　变量的作用域 ⋯⋯⋯⋯⋯ 28
　　2.3.2　嵌套块和标签 ⋯⋯⋯⋯⋯ 28
本章小结 ⋯⋯⋯⋯⋯⋯⋯⋯⋯⋯⋯⋯ 30

第 3 章　PL/SQL 中的 SQL 语句 ⋯ 31

3.1　实验 1：PL/SQL 中的 SQL 语句 ⋯ 31
　　3.1.1　使用 SELECT INTO 语句对
　　　　　 变量进行初始化 ⋯⋯⋯⋯ 31
　　3.1.2　在 PL/SQL 块中使用 DML 语句 ⋯ 33
　　3.1.3　在 PL/SQL 块中使用序列 ⋯⋯ 34
3.2　实验 2：在 PL/SQL 中使用
　　 事务控制语句 ⋯⋯⋯⋯⋯⋯⋯⋯ 35
　　3.2.1　COMMIT、ROLLBACK 和
　　　　　 SAVEPOINT 语句 ⋯⋯⋯⋯ 35
　　3.2.2　SET TRANSACTION 语句 ⋯ 38
本章小结 ⋯⋯⋯⋯⋯⋯⋯⋯⋯⋯⋯⋯ 39

第4章 条件控制：IF 语句 40
- 4.1 实验1：IF 语句 40
  - 4.1.1 IF-THEN 语句 41
  - 4.1.2 IF-THEN-ELSE 语句 42
- 4.2 实验2：ELSIF 语句 44
- 4.3 实验3：嵌套的 IF 语句 48
- 本章小结 50

第5章 条件控制：CASE 语句 52
- 5.1 实验1：CASE 语句 52
  - 5.1.1 简单 CASE 语句 52
  - 5.1.2 搜索 CASE 语句 54
- 5.2 实验2：CASE 表达式 59
- 5.3 实验3：NULLIF 和 COALESCE 函数 63
  - 5.3.1 NULLIF 函数 63
  - 5.3.2 COALESCE 函数 64
- 本章小结 67

第6章 迭代控制：第一部分 68
- 6.1 实验1：简单循环 68
  - 6.1.1 EXIT 语句 69
  - 6.1.2 EXIT WHEN 语句 72
- 6.2 实验2：WHILE 循环 73
  - 6.2.1 使用 WHILE 循环 73
  - 6.2.2 提前终止 WHILE 循环 76
- 6.3 实验3：数字型 FOR 循环 78
  - 6.3.1 在循环中使用 IN 选项 79
  - 6.3.2 在循环中使用 REVERSE 选项 82
  - 6.3.3 在循环中使用迭代控制选项 82
  - 6.3.4 提前终止数字型 FOR 循环 86
- 本章小结 87

第7章 迭代控制：第二部分 88
- 7.1 实验1：CONTINUE 语句 88
  - 7.1.1 使用 CONTINUE 语句 88
  - 7.1.2 使用 CONTINUE WHEN 语句 91
- 7.2 实验2：嵌套循环 94
  - 7.2.1 使用嵌套循环 94
  - 7.2.2 使用循环标签 95
- 本章小结 97

第8章 错误处理和内置异常 98
- 8.1 实验1：错误处理 98
- 8.2 实验2：内置异常 100
- 本章小结 105

第9章 异常 106
- 9.1 实验1：异常的作用域 106
- 9.2 实验2：用户定义的异常 109
- 9.3 实验3：异常的传播 113
  - 9.3.1 异常如何传播 113
  - 9.3.2 重新触发异常 117
- 本章小结 118

第10章 异常：高级概念 119
- 10.1 实验1：RAISE_APPLICATION_ERROR 过程 119
- 10.2 实验2：EXCEPTION_INIT 指令 122
- 10.3 实验3：SQLCODE 和 SQLERRM 函数 124
- 本章小结 126

第11章 游标 127
- 11.1 实验1：游标的类型 127
  - 11.1.1 隐式游标 128

11.1.2 显式游标 ·········· 130
11.2 实验 2：基于表和基于游标的记录 ·········· 136
　　11.2.1 基于表的记录 ·········· 136
　　11.2.2 基于游标的记录 ·········· 138
11.3 实验 3：游标型 FOR 循环 ·········· 139
11.4 实验 4：嵌套的游标 ·········· 141
本章小结 ·········· 143

第 12 章　高级游标 ·········· 144
12.1 实验 1：参数化游标 ·········· 144
12.2 实验 2：游标变量和游标表达式 ·········· 149
　　12.2.1 游标变量 ·········· 149
　　12.2.2 游标表达式 ·········· 155
12.3 实验 3：FOR UPDATE 游标 ·········· 157
本章小结 ·········· 160

第 13 章　触发器 ·········· 161
13.1 实验 1：什么是触发器 ·········· 161
　　13.1.1 数据库触发器 ·········· 161
　　13.1.2 BEFORE 触发器 ·········· 164
　　13.1.3 AFTER 触发器 ·········· 168
　　13.1.4 自治事务 ·········· 169
13.2 实验 2：触发器的类型 ·········· 171
　　13.2.1 行级触发器和语句级触发器 ·········· 171
　　13.2.2 INSTEAD OF 触发器 ·········· 172
本章小结 ·········· 176

第 14 章　变异表和组合触发器 ·········· 177
14.1 实验 1：变异表 ·········· 177
14.2 实验 2：组合触发器 ·········· 179
本章小结 ·········· 183

第 15 章　集合 ·········· 184
15.1 实验 1：PL/SQL 表 ·········· 184
　　15.1.1 关联数组 ·········· 185
　　15.1.2 嵌套表 ·········· 187
　　15.1.3 集合方法 ·········· 190
15.2 实验 2：变长数组 ·········· 193
15.3 实验 3：多维集合 ·········· 197
15.4 实验 4：集合迭代控制和限定表达式 ·········· 199
　　15.4.1 集合迭代控制 ·········· 199
　　15.4.2 限定表达式 ·········· 202
本章小结 ·········· 208

第 16 章　记录 ·········· 209
16.1 实验 1：用户定义的记录 ·········· 209
　　16.1.1 用户定义的记录 ·········· 209
　　16.1.2 在记录中使用限定表达式 ·········· 211
　　16.1.3 记录的兼容性 ·········· 212
16.2 实验 2：嵌套记录 ·········· 215
16.3 实验 3：记录集合 ·········· 217
本章小结 ·········· 220

第 17 章　本地动态 SQL ·········· 221
17.1 实验 1：EXECUTE IMMEDIATE 语句 ·········· 221
17.2 实验 2：OPEN FOR、FETCH 和 CLOSE 语句 ·········· 230
本章小结 ·········· 234

第 18 章　批量 SQL ·········· 235
18.1 实验 1：FORALL 语句 ·········· 235

18.1.1 FORALL 语句 ……………… 236
18.1.2 SAVE EXCEPTIONS 选项 …… 239
18.1.3 INDICES OF 选项 …………… 241
18.1.4 VALUES OF 选项 …………… 242
18.2 实验 2：BULK COLLECT 子句 … 244
18.3 实验 3：在 SQL 语句中使用
绑定集合变量 ………………… 252
18.3.1 在 EXECUTE IMMEDIATE
语句中使用绑定集合变量 … 252
18.3.2 在 OPEN FOR、FETCH 和
CLOSE 语句中使用绑定集
合变量 ………………… 258
本章小结 ………………………… 262

第 19 章 过程 …………………… 263
19.1 实验 1：创建嵌套过程 ……… 263
19.1.1 嵌套过程 ………………… 264
19.1.2 参数模式 ………………… 265
19.1.3 前向声明 ………………… 269
19.2 实验 2：创建独立过程 ……… 270
本章小结 ………………………… 273

第 20 章 函数 …………………… 274
20.1 实验 1：创建嵌套函数 ……… 274
20.2 实验 2：创建独立函数 ……… 278
本章小结 ………………………… 282

第 21 章 包 ……………………… 283
21.1 实验 1：创建包 ……………… 283
21.1.1 创建包规范 ……………… 284
21.1.2 创建包体 ………………… 285
21.2 实验 2：包的实例化和初始化 … 289
21.2.1 包的实例化和初始化 …… 290

21.2.2 包的运行状态 …………… 291
21.3 实验 3：指定 SERIALLY_
REUSABLE 选项的包 ………… 292
本章小结 ………………………… 296

第 22 章 存储代码中涉及的
高级概念 ………………… 297
22.1 实验 1：子程序重载 ………… 297
22.2 实验 2：结果集缓存的函数 …… 303
22.3 实验 3：在 SQL 语句中调用
PL/SQL 函数 ………………… 306
22.3.1 在 SQL 语句中调用函数 … 306
22.3.2 使用管道表函数 ………… 307
22.3.3 使用 SQL 宏 …………… 309
本章小结 ………………………… 316

第 23 章 Oracle 对象类型 ………… 317
23.1 实验 1：对象类型 …………… 317
23.1.1 创建对象类型 …………… 319
23.1.2 对象类型与集合的嵌套
使用 ……………………… 322
23.2 实验 2：对象类型方法 ……… 325
23.2.1 使用构造函数方法 ……… 326
23.2.2 使用成员方法 …………… 328
23.2.3 使用静态方法 …………… 329
23.2.4 比较对象 ………………… 330
本章小结 ………………………… 334

第 24 章 在表中存储对象类型 …… 335
24.1 实验 1：在关系表中存储
对象类型 ……………………… 335
24.2 实验 2：在对象表中存储
对象类型 ……………………… 339

24.3 实验 3：对象类型的演化……… 340
本章小结 ……………………… 345

第 25 章　使用 DBMS_SQL 包构建动态 SQL ………… 346

25.1 实验 1：使用 DBMS_SQL 包

生成动态 SQL …………………… 346
本章小结 …………………………… 354

附录 A　PL/SQL 格式化规则 ……… 355

附录 B　STUDENT 数据库模式 …… 358

第 1 章 Chapter 1

PL/SQL 概念

通过本章，我们将掌握以下内容：
- PL/SQL 架构。
- PL/SQL 开发环境。
- PL/SQL 基础知识。

PL/SQL 的含义是"一种过程化的 SQL 语言，是对 SQL 语句的扩展"（Procedural Language Extension to SQL）。由于它与 SQL 语言的紧密集成，因此 PL/SQL 支持绝大多数 SQL 语言特性，如 SQL 数据操作、数据类型、运算符、函数和事务控制语句。作为对 SQL 语句的扩展，PL/SQL 将 SQL 语句和其他高级语言中常用的编程结构和子程序结合起来使用。

PL/SQL 既可以用于服务器端开发，也可以用于客户端开发。例如，使用 PL/SQL 可以在服务器端编写数据库触发器（我们将在第 13 章和第 14 章中讨论这些相关的代码和表），也可以在客户端编写 Oracle Form 背后的逻辑。此外，与各种 Oracle 开发工具配合使用时，PL/SQL 还可以用来在传统平台和云环境中开发网络应用程序和移动应用程序。

1.1 实验 1：PL/SQL 架构

完成此实验后，我们将能够实现以下目标：
- 描述 PL/SQL 架构。
- 介绍 PL/SQL 块结构。
- 了解 PL/SQL 是如何执行的。

大部分 Oracle 应用程序都是由多个层构成的，这也被称为 N 层结构，其中每一层都代

表一个独立的逻辑和物理层。例如，三层架构通常包含三个层：数据管理层、应用处理层和展现层。在这个三层架构中，Oracle 数据库位于数据管理层，而针对该数据库发出请求的程序位于展现层或应用处理层。这类程序可以使用包括 PL/SQL 在内的多种编程语言来编写。简化的三层架构如图 1.1 所示。

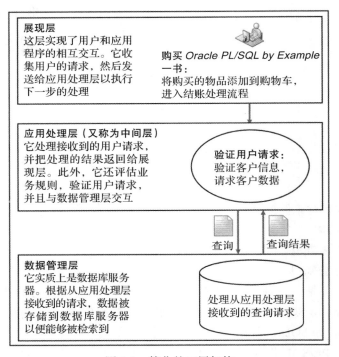

图 1.1　简化的三层架构

1.1.1　PL/SQL 架构

尽管 PL/SQL 与其他编程语言很类似，但它不是一门独立的编程语言。相反，PL/SQL 是 Oracle RDBMS 以及各种 Oracle 开发工具的一部分，如作为 Oracle Application Express（APEX）、Oracle Forms 和 Oracle Reports 以及 Oracle Fusion Middleware 的组件。因此，PL/SQL 可位于多层架构中的任何一层。

无论 PL/SQL 位于架构的哪一层，PL/SQL 的所有块或子程序都是由 PL/SQL 引擎处理的，PL/SQL 引擎是 Oracle 各种产品的一个专用组件。因此，PL/SQL 模块能够轻松地在各层之间移动。PL/SQL 引擎处理并执行所有的 PL/SQL 语句，同时把 SQL 语句发送给 SQL 语句处理器。SQL 语句处理器始终位于 Oracle 服务器中。图 1.2 显示了位于 Oracle 服务器中的 PL/SQL 引擎。

当 PL/SQL 引擎位于服务器时，整个 PL/SQL 块都被发送给 Oracle 服务器中的 PL/SQL

引擎。PL/SQL 引擎按照图 1.2 所示的模式对 PL/SQL 块进行处理。

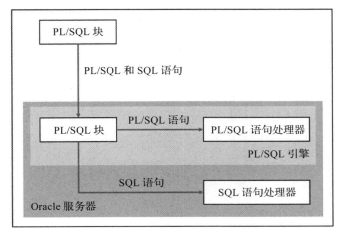

图 1.2　PL/SQL 引擎

当 PL/SQL 引擎位于客户端时，就像在 Oracle 开发工具中一样，PL/SQL 处理是在客户端完成的。嵌入 PL/SQL 块中的所有 SQL 语句都被发送到 Oracle 服务器上执行下一步的处理。当 PL/SQL 块中没有嵌入 SQL 语句时，整个块都在客户端执行。

使用 PL/SQL 具有以下优点。例如，当在 SQL*Plus 或 SQL Developer 中针对 STUDENT 表发出 SELECT 语句时，它将检索出学生的名单。在客户端计算机上发出的 SELECT 语句被发送到数据库服务器中执行，检索的结果被返回给客户端，对应的数据行将被显示在客户端机器上。

现在，假设需要发出多个 SELECT 语句。每个 SELECT 语句都是针对数据库的请求，它们都被发送到 Oracle 服务器。每个 SELECT 语句的结果都被发送回客户端。每执行一次 SELECT 语句，都会产生网络流量。因此，多个 SELECT 语句将产生多次往返传输，这会显著地增加网络流量。

当我们把这些 SELECT 语句编写成一个 PL/SQL 程序时，它们将作为一个独立的单元被发送到服务器。PL/SQL 程序中的所有 SELECT 语句都在服务器上被执行，服务器会把这些 SELECT 语句的结果作为一个独立的单元返回给客户端。因此，包含多个 SELECT 语句的 PL/SQL 程序可以在服务器上执行，并且所有结果都通过一次往返传输被返回给客户端。对比让每个 SELECT 语句都独立地执行，这显然是一种更高效的方法。图 1.3 给出了这个模型的示例。

图 1.3 给出了两个应用程序的对比。第一个应用程序使用 4 个独立的 SQL 语句并产生了 4 次网络往返传输。第二个应用程序把 SQL 语句打包成一个 PL/SQL 块，然后将其发送到 PL/SQL 引擎。该引擎将 SQL 语句发送到 SQL 语句处理器，并检查 PL/SQL 语句的语法。如图 1.3 所示，使用第二个应用程序只产生了 1 次网络往返传输。

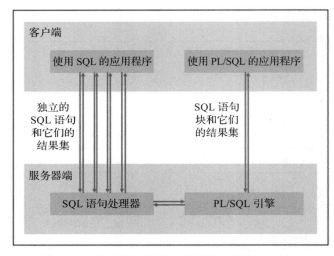

图1.3 在客户端-服务器端架构中使用PL/SQL

此外，用PL/SQL编写的应用程序是可移植的。它们可以在Oracle产品可以运行的任何环境中运行，由于PL/SQL不会随着运行环境的变化而变化，因此不同的Oracle产品工具可以使用同一个PL/SQL程序。

1.1.2 PL/SQL块结构

块是PL/SQL中最基本的单元。所有的PL/SQL程序都由块构成。这些块也可以互相嵌套。通常情况下，PL/SQL块是由独立地完成一个逻辑任务的语句所构成的。因此，可以根据程序执行的不同任务将语句分成多个块。采用这种结构可以轻松理解和维护程序的逻辑任务。

PL/SQL块可以分为两类：命名块和匿名块。当创建子程序时，会使用命名PL/SQL块。这些子程序包括过程、函数和包，可以存储在数据库中，后续可以通过名称来引用。此外，过程和函数之类的子程序也可以使用匿名PL/SQL块定义。只要该匿名块被执行，这些子程序就存在，但它们不能在块外被引用。换句话说，在一个PL/SQL块中定义的子程序不能被其他PL/SQL块调用，后续也不能使用名称来引用。子程序将在第19~21章讨论。你可能已经猜到了，匿名PL/SQL块没有名字。因此，它们不能被存储在数据库中，也不能在后续被引用。

PL/SQL块包含三部分：声明部分、可执行部分和异常处理部分。可执行部分是块中不可缺少的，而声明部分和异常处理部分都是可选的。因此，PL/SQL块结构如清单1.1所示。

清单1.1　PL/SQL块结构

```
DECLARE
    Declaration statements
BEGIN
    Executable statements
```

```
EXCEPTION
    Exception-handling statements
END;
```

1. 声明部分

声明部分是 PL/SQL 块的第一个组成部分，它包含 PL/SQL 标识符（如变量、常量、游标等）的定义。PL/SQL 标识符会在本书进行详细的介绍。

示例

```
DECLARE
    v_first_name VARCHAR2(35);
    v_last_name  VARCHAR2(35);
```

这个示例显示了 PL/SQL 匿名块的声明部分。它以关键字 DECLARE 开头，包含两个变量声明。变量名 v_first_name 和 v_last_name 后面跟着的是它们的数据类型和大小。请注意，每个声明语句都以分号结尾。

2. 可执行部分

可执行部分是 PL/SQL 块的第二个组成部分。它包含可执行语句，允许对声明部分所定义的变量执行操作。

示例

```
BEGIN
  SELECT first_name, last_name
    INTO v_first_name, v_last_name
    FROM student
   WHERE student_id = 123;

  DBMS_OUTPUT.PUT_LINE ('Student name: '||v_first_name||' '||
  v_last_name);
END;
```

这个示例显示了 PL/SQL 块的可执行部分。它以关键字 BEGIN 开头，对 STUDENT 表执行 SELECT INTO 查询操作。将学生 ID 为 123 的学生名字和姓氏放入两个变量：v_first_name 和 v_last_name。我们会在第 3 章详细介绍 SELECT INTO 语句。然后，使用 DBMS_OUTPUT.PUT_LINE 语句将变量 v_first_name 和 v_last_name 的值显示在屏幕上。我们会在本章后面详细地介绍该语句。最后，由关键字 END 来标记 PL/SQL 块的结尾。

 所有 PL/SQL 块的可执行部分总是以关键字 BEGIN 开头，以关键字 END 结尾。

3. 异常处理部分

执行 PL/SQL 块时可能会出现两种类型的错误：编译错误（或语法错误）和运行时错误。编译错误是由 PL/SQL 编译器检测到的，通常是由保留字存在拼写错误或语句结尾处缺少分号引起的。

示例

```
BEGIN
    DBMS_OUTPUT.PUT_LINE ('This is a test')
END;
```

这个示例包含一个语法错误：DBMS_OUTPUT.PUT_LINE 语句未以分号结尾。

运行时错误是在程序运行时发生的，它并不能被 PL/SQL 编译器检测到。这类错误通常由 PL/SQL 块的异常处理部分检测或处理。它包含了在块中发生运行时错误时执行的所有语句。

一旦发生运行时错误，就将控制权转到块的异常处理部分，然后判断该错误，同时生成或执行一个特定的异常。我们可以用以下示例来更好地说明。异常处理部分用粗体表示。

示例

```
BEGIN
   SELECT first_name, last_name
     INTO v_first_name, v_last_name
     FROM student
    WHERE student_id = 123;

   DBMS_OUTPUT.PUT_LINE ('Student name: '||v_first_name||' '||
     v_last_name);
EXCEPTION
   WHEN NO_DATA_FOUND
   THEN
      DBMS_OUTPUT.PUT_LINE ('There is no student with student id
        123');
END;
```

这个示例显示了 PL/SQL 块的异常处理部分。它以关键字 EXCEPTION 开头。WHEN 子句判断生成的异常。在这个示例中，只有一个被称为 NO_DATA_FOUND 的异常，它是在 SELECT 语句不返回任何数据行时生成的。如果 STUDENT 表中没有学生 ID 为 123 的记录，则将控制权转到异常处理部分，并继续执行下面的 DBMS_OUTPUT.PUT_LINE 语句。第 8~10 章都涵盖了异常处理部分的详细介绍。

我们已经了解了声明部分、可执行部分和异常处理部分的示例。它们可以被整合到一个完整的 PL/SQL 块中。

示例　ch01_1a.sql

```
DECLARE
   v_first_name VARCHAR2(35);
   v_last_name  VARCHAR2(35);
BEGIN
   SELECT first_name, last_name
     INTO v_first_name, v_last_name
     FROM student
    WHERE student_id = 123;

   DBMS_OUTPUT.PUT_LINE ('Student name: '||v_first_name||' '||
     v_last_name);
EXCEPTION
   WHEN NO_DATA_FOUND
   THEN
      DBMS_OUTPUT.PUT_LINE ('There is no student with student id
```

```
             123');
END;
```

1.1.3 PL/SQL 是如何执行的

每当执行匿名 PL/SQL 块时，其代码就会被发送到 PL/SQL 引擎，并在那里进行编译。而命名 PL/SQL 块仅在被创建或被更改时才会编译。编译过程包括语法检查、语义检查以及代码生成。

语法检查涉及检查 PL/SQL 代码是否存在语法或编译错误。如前所述，当语句不符合编程语言的语法时，就会发生语法错误。关键字拼写错误、语句结尾缺少分号，以及未声明变量都属于语法错误。语法错误被纠正后，编译器就会生成一棵解析树。

 解析树是一个树形结构，它代表一门计算机语言的语言规则。

语义检查涉及对解析树的进一步处理。它判断 SELECT 语句中引用的表名和列名等数据库对象是否有效，以及你是否有权限访问它们。与此同时，编译器可以为用于保存数据的程序变量分配存储地址。这个过程被称为绑定（binding），它允许 Oracle 软件在程序运行时引用存储地址。

PL/SQL 块的代码创建有两种模式：解释模式和本机模式。以解释模式创建的代码被称为 P 代码。P 代码是 PL/SQL 引擎的指令清单，它在运行时解释。以本机模式创建的代码是与处理器相关的系统代码，被称为本机代码。由于本机代码并不需要在运行时进行解释，因此它的运行速度通常更快。

PL/SQL 引擎生成代码的模式由数据库初始化参数 PLSQL_CODE_TYPE 决定。它的默认值为 INTERPRETED。此参数通常由数据库管理员设置。

对于命名 PL/SQL 块，P 代码和本机代码都存储在数据库中，并在下次执行该程序时使用。一旦命名 PL/SQL 块的编译过程成功完成，其状态就被设置为 VALID，它也存储在数据库中。如果编译过程不成功，命名 PL/SQL 块的状态就被设置为 INVALID。

注意 即使命名 PL/SQL 块编译成功，也并不能保证它在未来能成功地执行。如果在执行时，该块引用的任何一个存储对象不在数据库中或无法访问，那么执行操作将会失败。此时，命名 PL/SQL 块的状态将会被改为 INVALID。

1.2 实验 2：PL/SQL 开发环境

完成此实验后，我们将能够实现以下目标：
- 初步掌握 SQL Developer。
- 初步掌握 SQL*Plus。
- 执行 PL/SQL 脚本。

SQL Developer 和 SQL*Plus 是 Oracle 提供的两个工具，可以用来开发和运行 PL/SQL 脚本。SQL*Plus 是一个老式的命令行实用程序工具，它从数据库诞生起就一直是 Oracle 平台的一部分。它被内置在每个平台的 Oracle 安装程序中。SQL Developer 是一个免费的图形工具，用于数据库开发和管理。它既可以作为 Oracle 安装程序的一部分，也可以直接从 Oracle 网站下载。

由于具有图形界面，SQL Developer 比 SQL*Plus 更容易使用。它允许我们浏览数据库对象，运行 SQL 语句，创建、调试和运行 PL/SQL 语句。此外，它支持语法突出显示和格式化模板，让我们在开发和调试复杂的 PL/SQL 模块时更加得心应手。

尽管 SQL*Plus 和 SQL Developer 是两种差别较大的工具，但它们的基本功能以及与数据库的交互方式是非常相似的。它们在运行时都把 SQL 和 PL/SQL 语句发送到数据库。一旦这些语句被处理完，结果就会从数据库发回并显示在屏幕上。

本章中所使用的示例都会在这两个工具中同时执行，这是为了能在适当的时候说明一些界面上的区别。需要注意的是，本书的重点是介绍 PL/SQL，因此，对这些工具的探讨只限于运行本书提供的 PL/SQL 示例。

1.2.1 初步掌握 SQL Developer

不管 SQL Developer 是作为 Oracle 软件的一个组成部分被安装还是作为一个独立的模块被安装，我们首先必须创建一个与数据库服务器的连接。通过单击左上角 Connections（连接）选项卡中的加号图标来完成创建。此时 New/ Select Database Connection（新建/选择数据库连接）对话框出现，如图 1.4 所示。

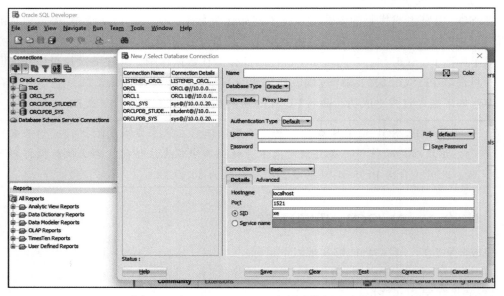

图 1.4　在 SQL Developer 中创建数据库连接

如图1.4所示，我们需要提供连接名（ORCLPDB_STUDENT）、用户名（student）和密码（learn）。

在这个对话框中，我们需要提供数据库连接信息，如主机名（通常是本机的IP地址或数据库服务器所在的机器名）、数据库监听连接请求的默认端口（通常是1521）、标识特定数据库的SID（系统ID）或服务名。无论是SID还是服务名，都取决于我们安装Oracle数据库时所使用的名字。可插拔数据库（Pluggable Database，PDB）的默认SID通常被设置为ORCLPDB。

> **注意** 如果还没有创建STUDENT模式，则无法成功地创建该连接。如果要创建STUDENT模式，请参阅配套网站提供的安装说明。

一旦成功创建连接，我们就可以通过双击ORCLPDB_STUDENT连接到数据库。通过展开ORCLPDB_STUDENT（单击位于它左侧的加号），我们可以浏览STUDENT模式中可用的各种数据库对象。例如，图1.5显示了STUDENT模式中可用的表的清单。此时，我们就可以开始在Worksheet（工作表）窗口中输入SQL或PL/SQL命令了。

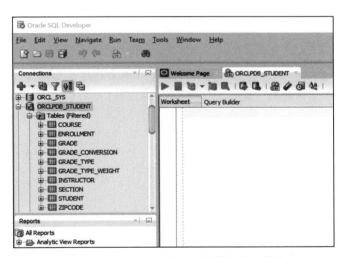

图1.5　STUDENT模式中可用的表的清单

如果需要断开与STUDENT模式的连接，请通过右键单击ORCLPDB_STUDENT，然后单击Disconnect（断开连接）选项。此操作如图1.6所示。

1.2.2　初步掌握SQL*Plus

我们可以通过"程序"（Programs）菜单或者在命令提示符窗口中输入sqlplus命令来访问SQL*Plus。当打开SQL*Plus工具时，系统会提示我们输入用户名（student或者student@orclpdb）和密码（learn）。

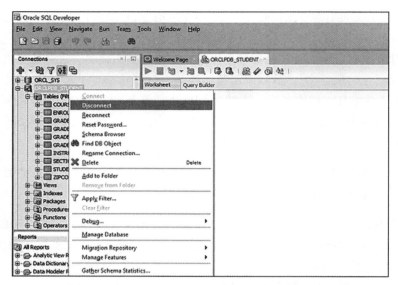

图 1.6　在 SQL Developer 中断开与数据库的连接

> **提醒**　在 SQL*Plus 中，密码不会显示在屏幕上，加密的文本密码也不会显示在屏幕上。

> **注意**　我们需要在 TNSNAMES.ORA 文件中包含一个可插拔数据库容器的入口，以便能够通过 SQL*Plus 连接到 STUDENT 模式。入口的格式如下：

```
ORCLPDB =
(DESCRIPTION =
   (ADDRESS = (PROTOCOL = TCP)(HOST = localhost)(PORT = 1521))
   (CONNECT_DATA =
     (SERVER = DEDICATED)
     (SERVICE_NAME = orclpdb)
   )
 )
```

成功登录后，我们就可以在 SQL> 提示符后输入各种命令，如图 1.7 所示。

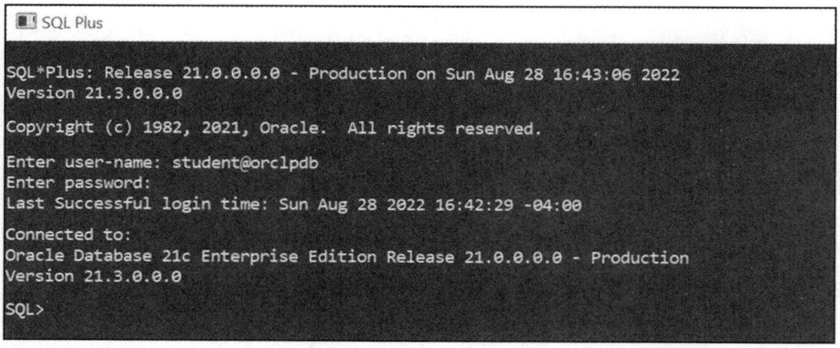

图 1.7　在 SQL*Plus 中连接数据库

如果要终止与数据库的连接,可以输入 EXIT 或 QUIT 命令,然后按 <Enter> 键。

> **你知道吗?**
>
> 在 SQL Developer 或 SQL*Plus 中终止数据库连接只是终止了你自己的客户端连接。在多用户环境中,任何时刻可能有数百个客户端连接到数据库服务器。当这些连接被终止并有新的连接发起时,数据库服务器将持续运行并把各种查询结果发送回它的客户端。

1.2.3 执行 PL/SQL 脚本

如前所述,在运行时,SQL 和 PL/SQL 语句都是从客户端发送给数据库的。处理完毕后,结果就会从数据库被发送回客户端并显示在屏幕上。但是,输入 SQL 和 PL/SQL 语句之间存在一些不同。

我们一起看看下面这个 SQL 语句。

示例

```
SELECT first_name, last_name
  FROM student
 WHERE student_id = 102;
```

如果在 SQL Developer 中执行这个语句,分号就成了可选项。如果要执行这个语句,则需要单击 ORCLPDB_ STUDENT SQL Worksheet(工作表)中的三角形按钮或按 <F9> 键,查询结果会在 Query Result(查询结果)窗口中显示出来,如图 1.8 所示。请注意,这个语句并没有使用分号。

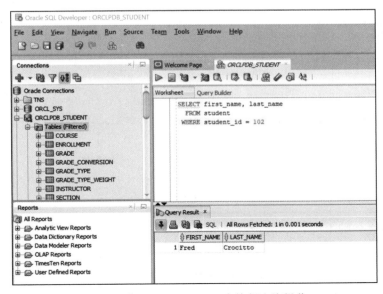

图 1.8 在 SQL Developer 中执行查询操作

当在 SQL*Plus 中执行同样的 SELECT 语句时，分号是必选项。它告诉 SQL*Plus 该语句已经结束。只有当按 <Enter> 键时，查询请求才会被发送给数据库，查询结果才会在屏幕上显示出来，如图 1.9 所示。

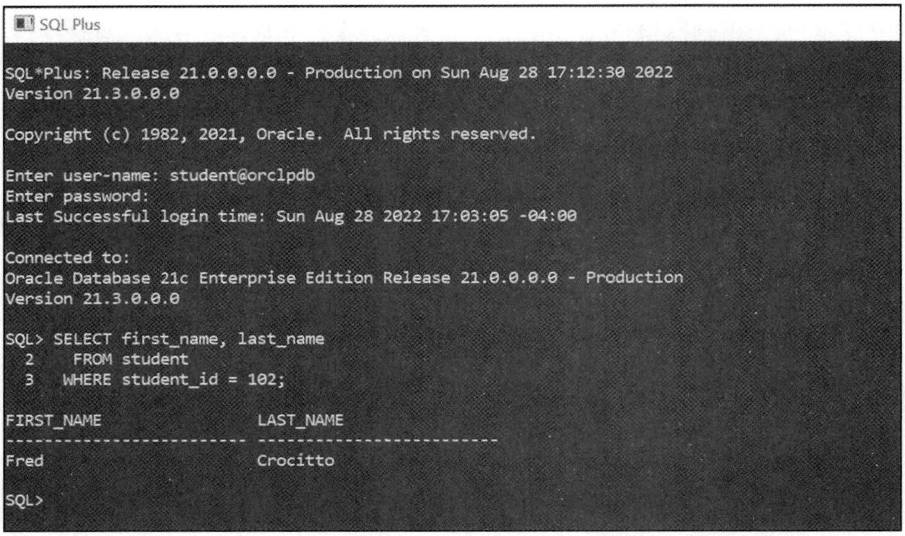

图 1.9 在 SQL*Plus 中执行查询操作

现在，让我们来看看实验 1 中使用的 PL/SQL 块。

示例　ch01_1a.sql

```
DECLARE
   v_first_name VARCHAR2(35);
   v_last_name  VARCHAR2(35);
BEGIN
   SELECT first_name, last_name
     INTO v_first_name, v_last_name
     FROM student
    WHERE student_id = 123;

   DBMS_OUTPUT.PUT_LINE ('Student name: '||v_first_name||' '||
   v_last_name);
EXCEPTION
   WHEN NO_DATA_FOUND
   THEN
      DBMS_OUTPUT.PUT_LINE ('There is no student with student id
      123');
END;
```

请注意，这个脚本的每个语句都以分号结尾。每个变量声明、SELECT INTO 语句、DBMS_OUTPUT.PUT_LINE 语句和关键字 END 也都是以分号结尾的。这是语法要求的，因为在 PL/SQL 中，分号标志着块内每个语句的结束。换句话说，分号并不是块结束符。

SQL Developer 是一个图形工具，它不需要专门的块结束符。上述示例可以在 SQL

Developer 中通过单击 ORCLPDB_STUDENT SQL Worksheet（工作表）中的三角形按钮或按 <F9> 键来执行，如图 1.10 所示。

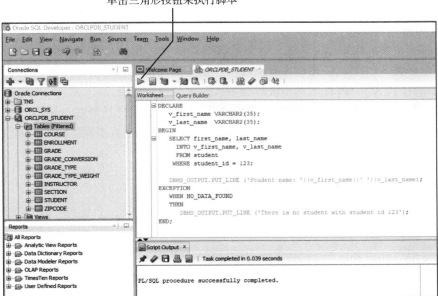

图 1.10　在 SQL Developer 中执行 PL/SQL 块

当在 SQL*Plus 中执行同样的示例时，块结束符就是必需的。因为 SQL*Plus 是一个命令行工具，它需要通过一种文本方式来知道块何时结束，并准备好执行。符号"/"被 SQL*Plus 解释为块结束符。一旦按下 <Enter> 键，PL/SQL 块就会被发送给数据库，其结果就会在屏幕上显示出来，如图 1.11a 所示。

如果省略符号"/"，SQL*Plus 将不会执行 PL/SQL 脚本。当按下 <Enter> 键时，它只会在脚本中添加一个空行，如图 1.11b 所示，第 16～20 行都是空行。

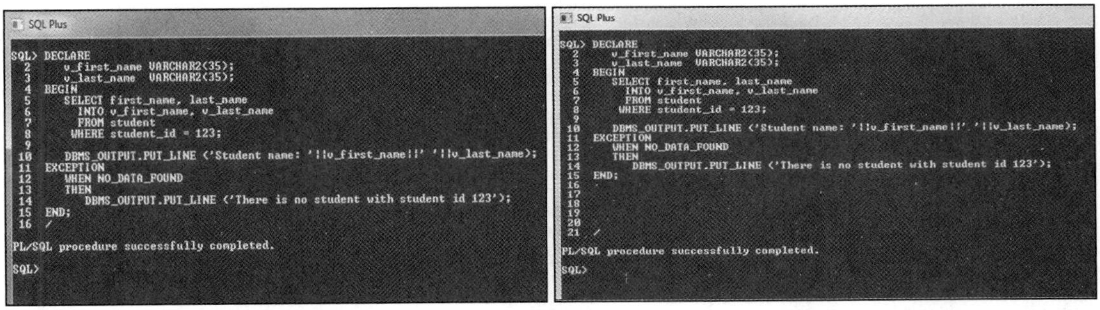

a）使用块结束符　　　　　　　　　　b）不使用块结束符

图 1.11　在 SQL*Plus 中执行 PL/SQL 块

1.3 实验3：PL/SQL 基础知识

完成此实验后，我们将能够实现以下目标：
- 使用 DBMS_OUTPUT.PUT_LINE 语句。
- 使用替代变量的功能。

我们前面指出，PL/SQL 不是一门独立的编程语言，相反，它只作为 Oracle 环境中的一个工具而存在。因此，它并不具有接收用户输入的功能。而弥补这个不足的方法是使用 SQL Developer 和 SQL*Plus 工具中被称为替代变量的专用功能。

同样，在执行完 PL/SQL 块之后，把相关信息提供给用户是非常有用的，这通常使用 DBMS_OUTPUT.PUT_LINE 语句来实现。请注意，与替代变量不同，这个语句是 PL/SQL 语言的一部分。

1.3.1 DBMS_OUTPUT.PUT_LINE 语句

在本章的前面部分，我们已经看到了在脚本中如何使用 DBMS_OUTPUT.PUT_LINE 语句在屏幕上显示信息。DBMS_OUTPUT.PUT_LINE 是对 PUT_LINE 过程的调用。这个过程是由 Oracle SYS 用户拥有的 DBMS_OUTPUT 包的一部分。

DBMS_OUTPUT.PUT_LINE 语句将信息写入缓冲区中进行存储。一旦程序执行完成，缓冲区中的信息就会显示在屏幕上。缓冲区的大小可以设置在 $2\times10^3 \sim 1\times10^6$ B 之间。

要想在屏幕上看到 DBMS_OUTPUT.PUT_LINE 语句的结果，首先需要启用它。在 SQL Developer 中，选择 View（视图）→Dbms Output（DBMS 输出）选项，如图 1.12 所示。

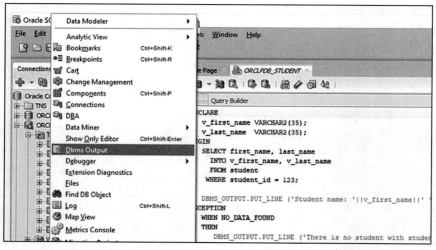

图 1.12　在 SQL Developer 中启用 DBMS_OUTPUT：第 1 步

当 SQL Developer 中出现 Dbms Output 窗口后，单击加号按钮，如图 1.13 所示。

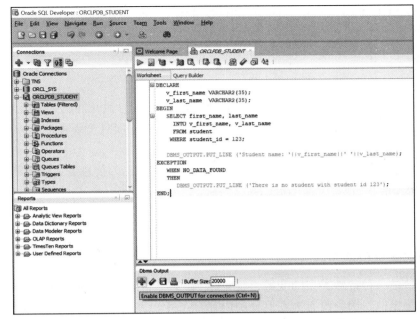

图 1.13　在 SQL Developer 中启用 DBMS_OUTPUT：第 2 步

单击加号按钮后，系统就会提示输入要启用该语句的连接名。选择 ORCLPDB_STUDENT，然后单击 OK（确定）按钮。得到的操作结果如图 1.14 所示。

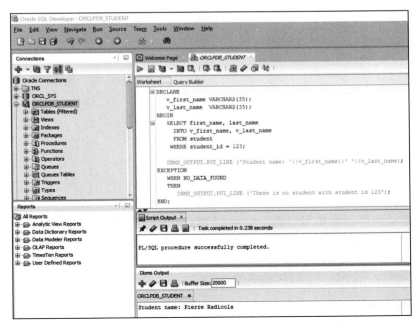

图 1.14　在 SQL Developer 中启用 DBMS_OUTPUT：第 3 步

如果想在 SQL*Plus 中启用 DBMS_OUTPUT 语句，则必须在 PL/SQL 块之前输入下面的任意一条语句：

```
SET SERVEROUTPUT ON;
SET SERVEROUTPUT ON SIZE 5000;
```

第一个 SET 语句使用默认的缓冲区大小启用 DBMS_OUTPUT.PUT_LINE 语句。第二个 SET 语句不仅启用了 DBMS_OUTPUT.PUT_LINE 语句，而且把缓冲区大小从默认值改为 5000B。

同样，如果不想把 DBMS_OUTPUT.PUT_LINE 语句输出的信息显示在屏幕上，则可以在 PL/SQL 块之前发出以下 SET 命令：

```
SET SERVEROUTPUT OFF;
```

1.3.2 替代变量的功能

替代变量是一种特殊类型的变量，它允许 PL/SQL 在运行时接收用户的输入。但是它们不能用于输出值，因为没有为它们分配内存。在将 PL/SQL 块发送给数据库之前，替代变量会被替换为用户提供的值。这些变量通常以 & 或 && 字符作为前缀。

请看下面的示例。

示例　ch01_1b.sql

```
DECLARE
   v_student_id NUMBER := &sv_student_id;
   v_first_name VARCHAR2(35);
   v_last_name  VARCHAR2(35);
BEGIN
   SELECT first_name, last_name
     INTO v_first_name, v_last_name
     FROM student
    WHERE student_id = v_student_id;

   DBMS_OUTPUT.PUT_LINE ('Student name: '||v_first_name||' '||
      v_last_name);
EXCEPTION
   WHEN NO_DATA_FOUND
   THEN
      DBMS_OUTPUT.PUT_LINE ('There is no such student');
END;
```

当执行此示例时，需要用户输入学生 ID 的值。如果数据库中有对应学生 ID 的记录，那么学生的姓名就可以从 STUDENT 表中检索出来。如果数据库中没有对应学生 ID 的记录，则在屏幕上显示来自异常处理部分的信息。

在 SQL Developer 中，对替代变量的操作如图 1.15 所示。

提供了替代变量的值后，执行的结果就会显示在 Script Output（脚本输出）窗口中，如图 1.16 所示。

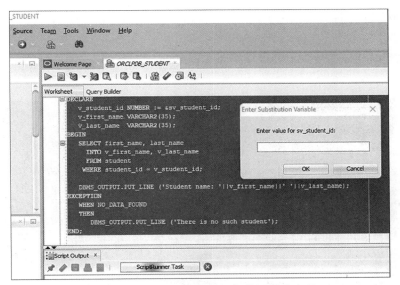

图 1.15　在 SQL Developer 中使用替代变量

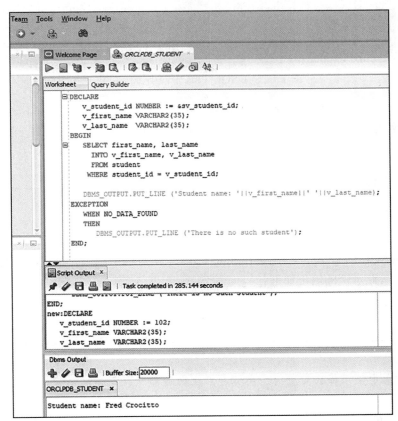

图 1.16　在 SQL Developer 中使用替代变量：Script Output 窗口

如图 1.16 所示，替代变量在 Script Output 窗口中显示，而执行结果显示在 Dbms Output 窗口中。

在 SQL*Plus 中，替代变量的操作如图 1.17 所示。

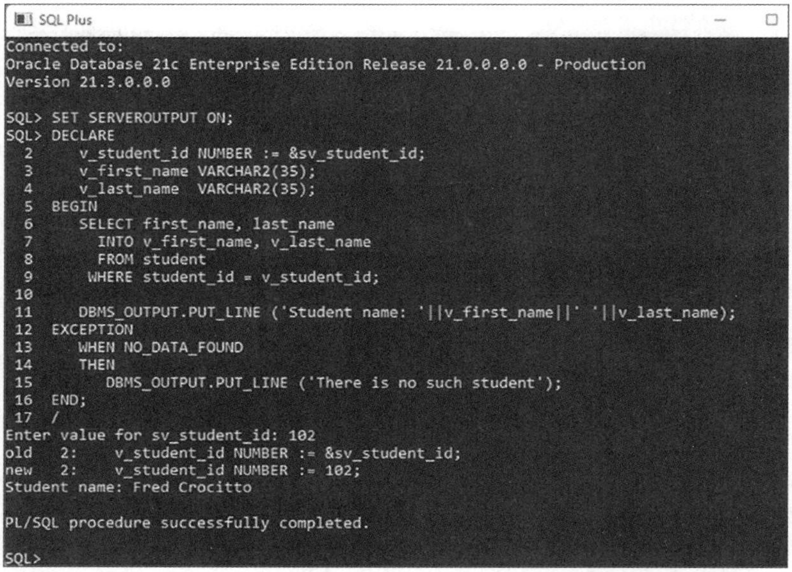

```
SQL Plus
Connected to:
Oracle Database 21c Enterprise Edition Release 21.0.0.0.0 - Production
Version 21.3.0.0.0

SQL> SET SERVEROUTPUT ON;
SQL> DECLARE
  2      v_student_id NUMBER := &sv_student_id;
  3      v_first_name VARCHAR2(35);
  4      v_last_name  VARCHAR2(35);
  5  BEGIN
  6      SELECT first_name, last_name
  7        INTO v_first_name, v_last_name
  8        FROM student
  9       WHERE student_id = v_student_id;
 10
 11      DBMS_OUTPUT.PUT_LINE ('Student name: '||v_first_name||' '||v_last_name);
 12  EXCEPTION
 13      WHEN NO_DATA_FOUND
 14      THEN
 15         DBMS_OUTPUT.PUT_LINE ('There is no such student');
 16  END;
 17  /
Enter value for sv_student_id: 102
old   2:     v_student_id NUMBER := &sv_student_id;
new   2:     v_student_id NUMBER := 102;
Student name: Fred Crocitto

PL/SQL procedure successfully completed.

SQL>
```

图 1.17　在 SQL*Plus 中使用替代变量

请注意，SQL*Plus 不会在结果中列出完整的 PL/SQL 块，而只显示替代操作。

前面的示例中替代变量只使用了一个 & 符号。当 PL/SQL 块中使用一个 & 符号前缀时，需要为每次出现的替代变量输入一个值。

示例　ch01_2a.sql

```
BEGIN
   DBMS_OUTPUT.PUT_LINE ('Today is '||'&sv_day');
   DBMS_OUTPUT.PUT_LINE ('Tomorrow will be '||'&sv_day');
END;
```

无论是在 SQL Developer 中还是在 SQL*Plus 中执行这个示例，系统都会两次提示输入替代变量的值。此示例的输出如下：

```
Today is Monday
Tomorrow will be Tuesday
```

> **你知道吗？**
>
> 当在脚本中使用替代变量时，由程序产生的输出中会包含显示替代变量如何被执行的语句。
>
> 如果不希望在脚本生成的输出中显示这些行，则可以在运行脚本之前使用 SET 命令选项：

```
SET VERIFY OFF;
```
此命令在 SQL Developer 和 SQL*Plus 工具中都可以使用。

如前文所示,当同一个替代变量使用了 & 前缀时,该变量如果在脚本中多次出现,系统每次都会提示用户输入其值。为了避免重复输入,可以在替代变量第一次出现时使用 && 前缀,如下面的示例中用粗体显示的内容。

示例 ch01_2b.sql

```
BEGIN
    DBMS_OUTPUT.PUT_LINE ('Today is '||'&&sv_day');
    DBMS_OUTPUT.PUT_LINE ('Tomorrow will be '||'&sv_day');
END;
```

在这个示例中,第一个 DBMS_OUTPUT.PUT_LINE 语句中的替代变量 sv_day 使用了 && 前缀。因此,这个版本的示例产生的输出结果与前面的不同:

```
Today is Monday
Tomorrow will be Monday
```

从输出的结果可以清楚地看到,用户只需要输入一次替代变量 sv_day 的值。这两个 DBMS_OUTPUT.PUT_LINE 语句都使用了用户输入的 Monday 值。

当替代变量被赋给字符串(文本)数据类型时,最好用单引号引起来。虽然不能保证所有的用户都使用单引号提供文本信息,但这种做法可以保证程序不会出错,如以下示例所示。

示例

```
DECLARE
    v_course_no VARCHAR2(5) := '&sv_course_no';
```

如前所述,替代变量通常以 & 或 && 作为前缀,它们都是替代变量的默认字符。在 SQL Developer 和 SQL *Plus 中,也可以使用 SET 命令选项将默认字符更改为其他字符或者禁用替代变量的功能。SET 命令的语法如下:

```
SET DEFINE character

SET DEFINE ON

SET DEFINE OFF
```

第一个 SET 命令的功能是将替代变量的前缀 & 改为其他字符。但是请注意,该字符不能是字母、数字或空格。第二个(ON 选项)和第三个(OFF 选项)命令控制 SQL*Plus 是否要查找替代变量。此外,ON 选项也可将替代变量的字符前缀改回 & 符号。

本章小结

通过本章的介绍,我们了解了 PL/SQL 架构以及如何在多层架构中正确地使用 PL/SQL。我们也了解了 PL/SQL 如何通过替代变量和 DBMS_OUTPUT.PUT_LINE 语句与用户进行交互。最后，我们学习了两种 PL/SQL 开发工具：SQL Developer 和 SQL*Plus。本章中所用的示例都同时使用这两个工具来执行，以便说明它们的差异。这两个工具的主要区别在于，SQL Developer 具有图形化的用户界面，而 SQL*Plus 是命令行界面。本书中所用的 PL/SQL 示例都可以用这两个工具中的任何一个来执行，所得的结果是完全相同的。你可以根据自己的喜好选择使用其中的任何一个工具。但是，最好能同时掌握这两个工具，因为几乎每个 Oracle 数据库的安装程序都涉及这两个工具。

第 2 章

PL/SQL 语言的基础知识

通过本章，我们将掌握以下内容：
- PL/SQL 语言的各种组件。
- 锚定数据类型（Anchored Data Types）。
- 变量、块、嵌套块和标签的作用域。

在第 1 章"PL/SQL 概念"中，我们学习了 PL/SQL 块的基本结构，以及 PL/SQL 与 SQL 的区别。在本章中，我们将继续学习 PL/SQL 块的结构，并探索范围和嵌套块的概念。此外，我们将深入了解 PL/SQL 语言的基础知识，如词汇单元、保留字或关键字以及锚定数据类型。

2.1 实验 1：PL/SQL 语言的各种组件

完成此实验后，我们将能够实现以下目标：
- 描述 PL/SQL 语言的各种组件。

Oracle 数据库支持两种字符集——数据库字符集和国家字符集。字符集是字符编码的集合，其中字符编码是单个字符的字节转换。PL/SQL 也支持这些字符集。

每个数据库字符集由四组基本的字符组成：
- 字母：A, …, Z, a, …, z。
- 数字：0, …, 9。
- 空字符：空格、制表符、换行符、回车键。
- 运算符号：*、+、-、= 等。

数据库字符集表示存储的 PL/SQL 单元（如过程和函数）的文本以及字符类型（如

CHAR 和 VARCHAR2）的值。

数据库字符集的各元素被组合起来，就构成了 PL/SQL 的词汇单元，即语言的构建块。PL/SQL 的词汇单元类似于英语中的单词。同样，这些词汇单元按照 PL/SQL 的特定规则去执行操作。PL/SQL 的词汇单元可分为以下几类：

- 标识符：标识符用来给不同的 PL/SQL 元素（如变量、常量、过程和函数）命名。
- 保留字：保留字是指在 PL/SQL 中具有特定含义的单词，被 PL/SQL 自己保留使用（例如，BEGIN、END、SELECT）。
- 分隔符：这些字符对 PL/SQL 具有特殊的含义，例如算术运算符和引号。
- 文字：文字是除了标识符之外的任何值，包括字符、数字或布尔值（true 或 false）。例如，123、Declaration of Independence 和 FALSE。
- 注释：注释可以是单行注释（--）也可以是多行注释（/* */）。

PL/SQL 使用手册详细介绍了词汇单元。

PL/SQL 引擎对不同的字符进行辨识，根据每个字符的含义进行不同的操作处理。字母构成了各种词汇单元，如标识符或关键字；数学符号构成了词汇单元，而这些我们熟知的分隔符会执行运算；剩下的其他符号，如 /* 是注释符，表示不会执行任何操作。

2.1.1 PL/SQL 变量

在 PL/SQL 中，变量是一个被命名的用于保存某个数据类型值的存储。变量也被称为用户定义的标识符。在使用变量之前，必须声明该变量：

```
<variable-name> <data type> [optional default assignment]
```

变量的命名存在一些限制。具体来说，变量必须以字母开头，可以包含数字、美元符号（$）、数字符号（#）和下划线（_）。以下示例包含了有效的标识符。

示例

```
DECLARE
    v_student_id
    v_last_name
    V_LAST_NAME
    apt_#
```

请注意，因为 PL/SQL 不区分大小写，标识符 v_last_name 和 V_LAST_NAME 被认为是相同的变量。

以下示例为无效标识符。

示例

```
X+Y
1st_year
student ID
```

标识符 X+Y 是无效的，因为它包含"+"号。"+"号是 PL/SQL 的保留字，用来表示加法运算，它被称为数学符号。标识符 1st_year 是无效的，因为它以数字开头。最后的标识符 student ID 也是无效的，因为它包含一个空格。

现在我们再看一个示例。

示例　ch02_1a.sql

```
DECLARE
    first&last_names VARCHAR2(30);
BEGIN
    first&last_names := 'TEST NAME';
    DBMS_OUTPUT.PUT_LINE (first&last_names);
END;
```

在此示例中，我们首先声明了一个名为 first&last_names 的变量。然后，为该变量赋值，并将变量的值显示在屏幕上。

当我们执行语句后，看到以下输出结果：

TEST NAME

考虑一下此脚本产生的输出结果。由于 & 符号是变量 first&last_names 名字中的一部分，因此 PL/SQL 编译器将 & 符号后面的变量部分视为替代变量（我们在第 1 章中已经学习了替代变量）。因此，当 PL/SQL 编译器发现这个 & 符号后，提示要求我们输入 last_names 变量的值。

尽管此示例不会产生任何语法错误（如果我们对每次提示给出不同的变量值，就会产生语法错误），但变量 first&last_names 却是无效的标识符，因为 & 符号是替代变量的保留字。要避免此问题，可以将变量名 first&last_names 更改为 first_and_last_names，如以下示例所示。

示例　ch02_1b.sql

```
DECLARE
    first_and_last_names VARCHAR2(30);
BEGIN
    first_and_last_names := 'TEST NAME';
    DBMS_OUTPUT.PUT_LINE (first_and_last_names);
END;
```

换言之，只有在脚本中将变量用作替代变量时，我们才应该在变量名中使用 & 符号。下面我们看一个不同的示例。

示例　ch02_2a.sql

```
DECLARE
    v_name VARCHAR2(30);
    v_dob   DATE;
BEGIN
    DBMS_OUTPUT.PUT_LINE (v_name||' born on '||v_dob);
END;
```

当运行此示例时，我们会看到屏幕只显示"born on"。其原因是，变量v_name和v_dob都没有被赋值。

尽管变量v_name和v_dob已被声明，但它们都未被初始化。所以，它们的值为空。因此，DBMS_OUTPUT.PUT_LINE语句无法显示它们的值。

下面我们修改一下这个脚本，使用COALESCE函数来获得我们想要的结果：No Name born on 08-SEP-22。

示例　ch02_2b.sql

```
DECLARE
    v_name VARCHAR2(30);
    v_dob  DATE;
BEGIN
    DBMS_OUTPUT.PUT_LINE (COALESCE(v_name, 'No Name')||
    ' born on '||COALESCE(v_dob, SYSDATE));
END;
```

2.1.2　PL/SQL 保留字

如前所述，保留字是在PL/SQL中具有特殊含义的单词，被PL/SQL保留为特定用途使用（例如，BEGIN、END和SELECT）。请看下面的示例。

示例　ch02_3a.sql

```
DECLARE
    exception VARCHAR2(15);
BEGIN
    exception := 'This is a test';
    DBMS_OUTPUT.PUT_LINE (exception);
END;
```

在此示例中，我们首先声明了一个变量，该变量被命名为exception。然后，对此变量进行初始化，并在屏幕上显示其值。

这个示例说明了对保留字的错误使用。对于PL/SQL编译器来说，"exception"是一个保留字，表示PL/SQL块中异常处理部分的开始。因此，这个单词不能用作变量名。上述这段代码将会生成冗长的错误消息：

```
ORA-06550: line 2, column 4:
PLS-00103: Encountered the symbol "" when expecting one of the following:
    begin function pragma procedure subtype type <an identifier>
    <a double-quoted delimited-identifier> current cursor delete
    exists prior
```

PL/SQL支持在用户定义的标识符（如变量名）中使用双引号。使用双引号可以解决前面示例中出现的错误；但是，我们认为这并不是一种好的编程习惯，不推荐使用。

示例　ch02_3b.sql

```
DECLARE
    "exception" VARCHAR2(15);
BEGIN
    "exception" := 'This is a test';
    DBMS_OUTPUT.PUT_LINE ("exception");
END;
```

尽管这个脚本在 SQL Developer 中执行时会产生同样的错误，但它在 SQL*Plus 中却能够编译成功。

```
This is a test
PL/SQL procedure successfully completed.
```

2.1.3　分隔符

分隔符是 PL/SQL 中具有特殊含义的字符，例如算术运算符和引号。例如，"+"号和"-"号是用于执行加法和减法运算的分隔符。

分隔符、变量和保留字都是在 PL/SQL 程序中被用来构建语句的。它们用于执行计算、比较和操作数据，同时控制 PL/SQL 引擎计算表达式的顺序。

示例　ch02_4a.sql

```
DECLARE
    v_result1 NUMBER;
    v_result2 NUMBER;
BEGIN
    v_result1 := (3 + 47) / 10;
    v_result2 := (3 + 47 / 10);
    DBMS_OUTPUT.PUT_LINE ('v_result1: '||v_result1);
    DBMS_OUTPUT.PUT_LINE ('v_result2: '||v_result2);
END;
```

运行该脚本后，输出如下结果：

```
v_result1: 5
v_result2: 7.7
```

请注意在此示例和之前的其他示例中看到的"||"分隔符。它是一个连接运算符，允许我们将两个或多个字符串连接在一起。

2.1.4　PL/SQL 中的文字

文字是除了标识符之外的任何值，包括字符、数字或布尔值（`true` 或 `false`）。请看以下使用文字的示例。

示例　ch02_5a.sql

```
DECLARE
    v_var1 VARCHAR2(20);
```

```
    v_var2 VARCHAR2(6);
    v_var3 NUMBER(5,3);
BEGIN
    v_var1 := 'string literal';
    v_var2 := '12.345';
    v_var3 := 12.345;

    DBMS_OUTPUT.PUT_LINE('v_var1: '||v_var1);
    DBMS_OUTPUT.PUT_LINE('v_var2: '||v_var2);
    DBMS_OUTPUT.PUT_LINE('v_var3: '||v_var3);
END;
```

在此示例中,我们声明并初始化了三个变量。我们使用不同的文字给这些变量赋值。前两个值 'string literal' 和 '12.345' 是字符串型文字,因为它们由单引号引起。第三个值, 12.345 是数字型文字。在运行该脚本后,此示例的输出如下:

```
v_var1: string literal
v_var2: 12.345
v_var3: 12.345
```

需要注意的是,PL/SQL 中的字符型文字是区分大小写的。这意味着"APPLE""Apple"和"apple"是三个不同的文字。类似地,空字符也会影响两个文字是否被认为是相同的。例如,"APPLE"和"APPLE "是不同的。

2.2 实验 2:锚定数据类型

完成此实验后,我们将能够实现以下目标:
❑ 描述锚定数据类型(Anchored Data Type)。

我们可以声明一个新变量,并定义其数据类型与已有变量的数据类型或者表中某列的数据类型一致。这种类型的变量声明被称为锚定声明,因为新变量的数据类型取决于底层对象的数据类型。它的语法如清单 2.1 所示。

清单 2.1 锚定数据类型的语法

```
<variable_name> <type_attribute>%TYPE
```

语法中的 variable_name 是引用项,而 type_attribute 是被引用项。请看以下示例,其中变量的数据类型被指定为数据库表中某些列的数据类型。

示例

```
DECLARE
    v_first_name     student.first_name%TYPE;
    v_numeric_grade  grade.numeric_grade%TYPE;
```

变量 v_first_name 的数据类型被声明为与 STUDENT 表中的列 first_name 相同的数据类型,即 VARCHAR2(25)。变量 v_numeric_grade 的数据类型被声明为与 GRADE 数据库表中的列 numeric_grade 相同的数据类型,即 NUMBERC(3)。

需要注意的一点，如果列 first_name 具有 NOT NULL 或 UNIQUE 约束，那么变量 v_name 并不会继承此约束。但是，如果一个变量被声明为与另一个变量具有锚定数据类型，约束条件会被继承。请看下面示例。

示例　ch02_6a.sql

```
DECLARE
   v_first_name student.first_name%TYPE := 'Fred';
   v_name       VARCHAR2(15) NOT NULL   := 'Some Name';
   v_new_name   v_name%TYPE;
BEGIN
   DBMS_OUTPUT.PUT_LINE ('v_first_name: '||v_first_name);
   DBMS_OUTPUT.PUT_LINE ('v_name: '||v_name);
   DBMS_OUTPUT.PUT_LINE ('v_new_name: '||v_new_name);
END;
```

运行这个脚本后，产生如下错误消息：

```
ORA-06550: line 4, column 17:
PLS-00218: a variable declared NOT NULL must have an initialization assignment
```

请注意，该错误消息表明在变量 v_new_name 的声明中没有进行初始化赋值。一旦对该变量进行了初始化赋值，脚本就能成功地执行了，如以下示例所示。

示例　ch02_6b.sql

```
DECLARE
   v_first_name student.first_name%TYPE := 'Fred';
   v_name       VARCHAR2(15) NOT NULL   := 'Some Name';
   v_new_name   v_name%TYPE             := 'Another Name';
BEGIN
   DBMS_OUTPUT.PUT_LINE ('v_first_name: '||v_first_name);
   DBMS_OUTPUT.PUT_LINE ('v_name: '||v_name);
   DBMS_OUTPUT.PUT_LINE ('v_new_name: '||v_new_name);
END;


v_first_name: Fred
v_name: Some Name
v_new_name: Another Name
```

2.3　实验 3：变量、块、嵌套块和标签的作用域

在完成此实验后，我们将实现以下目标：
- ❑ 了解变量、块、嵌套块和标签的作用域。

在 PL/SQL 块中使用变量或其他标识符时，有一点非常重要，就是要知道变量或标识符的作用域（scope）和可见性（visibility）。标识符的作用域是指 PL/SQL 块中可以引用该标识符的代码范围。标识符的可见性意味着它在作用域范围内可以不必限定，直接引用。

2.3.1 变量的作用域

变量的作用域是指程序中可以访问该变量的那段代码,也是该变量的可见性所在的那段代码。它通常是从声明变量开始一直到该块结束。变量的可见性是程序中可访问该变量的代码范围,如清单 2.2 所示。

清单 2.2 变量的可见性

```
DECLARE
    v_var1 NUMBER; -- Scope and visibility of V_VAR1 begins
BEGIN
    …
END; -- Scope and visibility of V_VAR1 ends
```

2.3.2 嵌套块和标签

在 PL/SQL 中,我们可以将一个块放在另一个块中,这种块被称为嵌套块。

示例

```
-- Outer Block
DECLARE
    …
BEGIN
    -- Inner Block
    DECLARE
        …
    BEGIN
        …
    END;
END;
```

嵌套块这种功能让我们能够更好地控制程序的执行,因为它可以将某段代码与主程序隔离开来。这在异常处理中非常有用,类似于其他语言中的 try-catch 结构。

下面这个示例说明了嵌套块中变量的作用域和可见性。请注意,变量 v_var1 在外部块和内部块中都被声明和初始化了。因此,v_var1 的作用域涵盖了外部块和内部块,但它仅在外部块中可见。

示例 ch02_7a.sql

```
-- Outer Block
DECLARE
    v_var1 NUMBER;
    v_var2 VARCHAR2(3);
BEGIN
    v_var1 := 10;
    v_var2 := 'ABC';

    DBMS_OUTPUT.PUT_LINE ('Outer Block');
    DBMS_OUTPUT.PUT_LINE ('v_var1: '||v_var1);
    DBMS_OUTPUT.PUT_LINE ('v_var2: '||v_var2);

    -- Inner Block
```

```
    DECLARE
        -- v_var1 from the outer block is no longer
        -- visible without a qualifier
        v_var1 NUMBER;

    BEGIN
        v_var1 := 20;

        DBMS_OUTPUT.PUT_LINE ('Inner Block');
        DBMS_OUTPUT.PUT_LINE ('v_var1: '||v_var1);
        DBMS_OUTPUT.PUT_LINE ('v_var2: '||v_var2);
    END;

        DBMS_OUTPUT.PUT_LINE ('Back in Outer Block');
        DBMS_OUTPUT.PUT_LINE ('v_var1: '||v_var1);
        DBMS_OUTPUT.PUT_LINE ('v_var2: '||v_var2);
    END;
```

运行此示例后会输出以下结果：

```
Outer Block
v_var1: 10
v_var2: ABC
Inner Block
v_var1: 20
v_var2: ABC
Back in Outer Block
v_var1: 10
v_var2: ABC
```

请注意，在外部块中声明的变量被认为是内部块的全局变量。

我们可以在块中添加标签，以提高代码的可读性，同时也可以使用标签来标识嵌套块中具有相同名称的对象。标签必须位于块的第一个可执行语句之前，如清单 2.3 所示。

清单 2.3　标签

```
<<outer>> -- label
DECLARE
   …
BEGIN
   …
END outer;
```

下面的示例对示例 ch02_7a.sql 的代码进行了一些修改，把块名部分的注释改用块标签来替换。请注意，在外部块中声明的变量 v_var1，在内部块中被引用时其变量名的前面增加了一个标识符——块名，对其进行限定，因此变量 v_var1 在内部块中可见。

示例　ch02_7b.sql

```
<<Outer>>
DECLARE
   v_var1 NUMBER;
   v_var2 VARCHAR2(3);
BEGIN
   v_var1 := 10;
   v_var2 := 'ABC';
```

```
   DBMS_OUTPUT.PUT_LINE ('Outer Block');
   DBMS_OUTPUT.PUT_LINE ('v_var1: '||v_var1);
   DBMS_OUTPUT.PUT_LINE ('v_var2: '||v_var2);
   <<Inner>>
   DECLARE
      -- v_var1 from the outer block is no longer
      -- visible without a qualifier
      v_var1 NUMBER;

   BEGIN
      v_var1 := 20;

      DBMS_OUTPUT.PUT_LINE ('Inner Block');
      DBMS_OUTPUT.PUT_LINE ('outer.v_var1: '||outer.v_var1);
      DBMS_OUTPUT.PUT_LINE ('v_var1: '||v_var1);
      DBMS_OUTPUT.PUT_LINE ('v_var2: '||v_var2);
   END;

   DBMS_OUTPUT.PUT_LINE ('Back in Outer Block');
   DBMS_OUTPUT.PUT_LINE ('v_var1: '||v_var1);
   DBMS_OUTPUT.PUT_LINE ('v_var2: '||v_var2);
END;
```

此示例的输出结果如下：

```
Outer Block
v_var1: 10
v_var2: ABC
Inner Block
outer.v_var1: 10
v_var1: 20
v_var2: ABC
Back in Outer Block
v_var1: 10
v_var2: ABC
```

本章小结

本章我们学习了 PL/SQL 语言的基础知识。我们分别介绍了 PL/SQL 语言的基本组件和锚定数据类型，以及如何通过这些组件和数据类型来编写 PL/SQL 代码。我们也学习了变量的作用域和可见性、嵌套的 PL/SQL 块和标签，以及如何利用标签来提高 PL/SQL 代码的可读性。

第 3 章　Chapter 3

PL/SQL 中的 SQL 语句

通过本章，我们将掌握以下内容：
- PL/SQL 中的 SQL 语句。
- 在 PL/SQL 中使用事务控制语句。

本章概要地介绍了在 PL/SQL 块中使用 SQL 语句的基础知识。在上一章中，我们学习了使用 ":=" 赋值运算符对变量进行初始化，在本章中，我们将学习使用 SELECT 语句给变量赋值。同时，我们将介绍在 PL/SQL 代码中如何使用 DML（Data Manipulation Language，数据操作语言）语句。最后，我们将学习在 PL/SQL 代码中如何实现事务控制。

3.1　实验 1：PL/SQL 中的 SQL 语句

完成此实验后，我们将能够实现以下目标：
- 使用 SELECT INTO 语句对变量进行初始化。
- 在 PL/SQL 块中使用 DML 语句。
- 在 PL/SQL 块中使用序列。

3.1.1　使用 SELECT INTO 语句对变量进行初始化

在 PL/SQL 中，有两种常用的变量赋值方法。第一种方法就是我们在第 1 章中所学的使用 ":=" 赋值运算符对变量进行初始化。在本实验中，我们将学习如何使用 SELECT INTO 语句对变量进行初始化。请看下面的示例。

示例 ch03_1a.sql

```
DECLARE
   v_average_cost VARCHAR2(10);
BEGIN
   SELECT TO_CHAR(AVG(cost), '$9,999.99')
     INTO v_average_cost
     FROM course;

   DBMS_OUTPUT.PUT_LINE ('Average cost: '||v_average_cost);
END;
```

在本示例中，我们使用 SELECT INTO 语句对变量（即课程费用的平均值）进行初始化。TO_CHAR 函数用来格式化 cost 列的数据类型，即将原来的数字型转换为字符型。当变量被赋值后，屏幕显示如下结果：

```
Average cost: $1,198.45
```

我们对此示例中的代码稍作修改，从 SELECT INTO 语句中删除函数。

示例 ch03_1b.sql

```
DECLARE
   v_average_cost VARCHAR2(10);
BEGIN
   SELECT TO_CHAR(cost, '$9,999.99')
     INTO v_average_cost
     FROM course;

   DBMS_OUTPUT.PUT_LINE ('Average cost: '||v_average_cost);
END;
```

当运行此代码时，系统报错：

```
ORA-01422: exact fetch returns more than requested number of rows
ORA-06512: at line 4
```

出错的原因是本示例中的 SELECT INTO 语句返回了多行而不是一行。类似的情况还有，如果 SELECT INTO 语句不返回任何行，也会导致不同的报错信息，如下面的示例。

示例 ch03_1c.sql

```
DECLARE
   v_average_cost VARCHAR2(10);
BEGIN
   SELECT TO_CHAR(cost, '$9,999.99')
     INTO v_average_cost
     FROM course
    WHERE course_no = 12345;

   DBMS_OUTPUT.PUT_LINE ('Average cost: '||v_average_cost);
END;
```

```
ORA-01403: no data found
ORA-06512: at line 4
```

此示例中出现的这两种错误都可以通过异常处理技术来解决。我们将在第 8～10 章中学习异常处理的方法。

3.1.2　在 PL/SQL 块中使用 DML 语句

DML 语句通常用于操作数据库表中的数据。PL/SQL 支持以下 DML 语句：

- 插入（INSERT）。
- 更新（UPDATE）。
- 删除（DELETE）。
- 合并（MERGE）。

请注意，SQL 语言对 DML 语句的定义不同，它涵盖的范围更加广泛。我们来看下面这个 PL/SQL 块的示例，它对 ZIPCODE 表中的现有记录进行更新操作。

示例　ch03_2a.sql

```
DECLARE
   v_city zipcode.city%TYPE;
BEGIN
   SELECT city
     INTO v_city
     FROM zipcode
    WHERE zip = '43224';

   DBMS_OUTPUT.PUT_LINE ('City name before UPDATE: '||v_city);
   UPDATE zipcode
      SET city = UPPER(city)
    WHERE zip = '43224';

   SELECT city
     INTO v_city
     FROM zipcode
    WHERE zip = '43224';

   DBMS_OUTPUT.PUT_LINE ('City name after UPDATE: '||v_city);
END;
```

为了解释 UPDATE 语句的操作结果，我们从 ZIPCODE 表中查询出 city 这列的值，并分别显示执行 UPDATE 语句之前和之后的查询结果。运行结束后，此脚本产生以下输出结果：

```
City name before UPDATE: Columbus
City name after UPDATE: COLUMBUS
```

下面我们再来看另一个示例，首先插入一条记录，然后从 ZIPCODE 表中删除这条记录。

示例　ch03_3a.sql

```
DECLARE
   v_zip    zipcode.zip%TYPE    := '30075';
```

```
      v_city   zipcode.city%TYPE  := 'Roswell';
      v_state  zipcode.state%TYPE := 'GA';
BEGIN
   INSERT INTO zipcode
      (zip, city, state, created_by, created_date
      ,modified_by, modified_date)
   VALUES
      (v_zip, v_city, v_state, user, sysdate
      ,user, sysdate);

   UPDATE zipcode
      SET city = 'ROSWELL'
    WHERE zip = '30075';

   DELETE
     FROM zipcode
    WHERE zip = '30075'
   RETURNING city, zip
      INTO v_city, v_zip;

   DBMS_OUTPUT.PUT_LINE (v_city||', '||v_zip);
END;
```

请注意我们在 DELETE 语句中使用了 RETURNING INTO 子句。此段代码执行后产生以下输出结果：

```
ROSWELL, 30075
```

3.1.3 在 PL/SQL 块中使用序列

序列是 Oracle 提供的用于产生一组唯一数字的数据库对象。我们可以使用序列自动地生成主键值。

当我们创建了序列后，可以使用以下伪列访问其值：

❑ CURRVAL：返回序列的当前值。

❑ NEXTVAL：返回下一个序列的值。

下面给出创建序列 test_seq 的示例。

示例

```
CREATE SEQUENCE test_seq
INCREMENT BY 10
```

我们再看一个示例，使用表来演示如何在 PL/SQL 中使用序列。

示例　ch03_4a.sql

```
CREATE TABLE test_tab (col1 number, col2 varchar2(30));

DECLARE
   v_seq_value NUMBER;
BEGIN
   -- Generate initial sequence number
   v_seq_value := test_seq.NEXTVAL;
```

```
    DBMS_OUTPUT.PUT_LINE ('Initial sequence value: '||
       to_char(v_seq_value));

    INSERT INTO test_tab (col1, col2)
    VALUES (v_seq_value, 'Row '||v_seq_value);

    -- Update col1 with the next sequence value
    UPDATE test_tab
       SET col1 = test_seq.NEXTVAL;

    -- Display current sequence value
    DBMS_OUTPUT.PUT_LINE ('Current sequence value: '||
       to_char(test_seq.CURRVAL));
END;
```

在本示例中，我们先对 `test_seq` 进行初始化，将其初始值赋给变量 `v_seq_value`，并在屏幕上显示其结果。接着，在 `test_tab` 表中插入一行并执行更新操作。请注意，在本示例中，我们使用了 `NEXTVAL` 伪列。最后，我们调用 `CURRVAL` 伪列在屏幕上显示序列的当前值。执行此代码后会产生以下输出：

```
Initial sequence value: 1
Current sequence value: 11
```

3.2 实验 2：在 PL/SQL 中使用事务控制语句

完成此实验后，我们将能够实现以下目标：
- 学会使用 COMMIT、ROLLBACK 和 SAVEPOINT 语句。
- 学会使用 SET TRANSACTION 语句。

在 Oracle 中，事务可以由单条或者多条 SQL 语句构成，它被 Oracle 数据库视为一个独立的单元。这意味着单元中的所有语句要么成功，要么失败。

每个应用程序（SQL*Plus、SQL Developer 和各种第三方 PL/SQL 工具）在用户登录时，都会为每个实例维护一个数据库会话。每个数据库会话对数据所做的更改仅在该会话中可见，在其他会话中都是不可见的，直到这些更改被提交给数据库或者说被"保存"之后在其他会话中才是可见的。如果对数据的更改尚未提交，那么它们可以被丢弃或被回滚。

PL/SQL 使用 TCL（Transaction Control Language，事务控制语言）语句管理事务处理。在本实验中，我们会学习如何使用 COMMIT、ROLLBACK、SAVEPOINT 和 SETTRANSA-CTION 语句。

3.2.1 COMMIT、ROLLBACK 和 SAVEPOINT 语句

数据库事务从第一个 DML 语句或 DDL（Data Definition Language，数据定义语言）语句的执行开始，而以下列多种操作方式结束：
- 执行 COMMIT 或 ROLLBACK（不包含 SAVEPOINT）语句。
- 遇到 CREATE 或 ALTER 等 DDL 语句。

❑ 用户自己结束数据库会话，换句话说，会话不会异常终止。

当执行 COMMIT 语句后，事务中的所有数据更改都将被永久保存，并且对那些使用相同数据结构的其他用户变得可见。另外，当执行 ROLLBACK 语句时，事务中的所有数据更改都将被撤销，数据会返回到以前的状态。

SAVEPOINT 语句允许我们将事务分解为更小的单元，以便将其中的部分事务回滚到保存点。这就意味着我们可以将保存点之后的所有语句执行回滚，而保留那些在保存点之前的语句。

示例 ch03_5a.sql

```
SELECT *
  FROM TEST_TAB;

DECLARE
   v_col1 test_tab.col1%TYPE;
   v_col2 test_tab.col2%TYPE;
BEGIN
   INSERT INTO test_tab (col1, col2)
   VALUES (test_seq.NEXTVAL, 'Row '||test_seq.CURRVAL);

   SAVEPOINT A;

   UPDATE test_tab
      SET col2 = 'Update1 - '||col2
    WHERE col1 = 11
   RETURNING col1, col2
     INTO v_col1, v_col2;

   DBMS_OUTPUT.PUT_LINE ('After update: '||v_col1||', '||v_col2);

   ROLLBACK TO A;
END;
/
SELECT *
  FROM TEST_TAB;
```

在本示例中，我们在 TEST_TAB 表中插入一条新记录，然后定义了保存点 A，更新了 TEST_TAB 表中的一行，并在屏幕上显示最新更改的值。在 UPDATE 语句之后，我们将更新操作回滚到保存点 A，并提交事务的其余部分。本示例前面的 SELECT 语句和后面的 SELECT 语句反映了脚本运行前后 TEST_TAB 表中的数据变化。

```
      COL1 COL2
---------- ----------
        11 Row 1

After update: 11, Update1 - Row 1

      COL1 COL2
---------- ----------
        11 Row 1
        31 Row 31
```

请注意，UPDATE 语句发出的更改操作并没有反映在 TEST_TAB 表上。

由于数据库事务本身的特点，一个 PL/SQL 块可能包含多个事务，而一个事务可能跨越多个 PL/SQL 块。我们来看以下示例中的 PL/SQL 块，它包含三个事务，其中前两个事务被提交，第三个事务被回滚。

示例　ch03_6a.sql

```sql
DECLARE
   v_col1 test_tab.col1%TYPE;
   v_col2 test_tab.col2%TYPE;
BEGIN
   -- Start a new transaction
   INSERT INTO test_tab (col1, col2)
   VALUES (test_seq.NEXTVAL, 'Row '||test_seq.CURRVAL);

   -- End transaction
   COMMIT;

   -- Start a second transaction
   UPDATE test_tab
      SET col2 = 'Updated - '||col2
    WHERE col1 = 11
   RETURNING col1, col2
     INTO v_col1, v_col2;

   DBMS_OUTPUT.PUT_LINE ('After update: '||v_col1||', '||v_col2);

   -- End a second transaction
   COMMIT;

   -- Start a third transaction
   INSERT INTO test_tab (col1, col2)
   VALUES (test_seq.NEXTVAL, 'Row '||test_seq.CURRVAL);

   -- End a third transaction
   ROLLBACK;
END;
```

下面我们对这个示例的脚本稍作修改，让一个事务跨越两个 PL/SQL 块。

示例　ch03_6b.sql

```sql
-- Start a new transaction
INSERT INTO test_tab (col1, col2)
VALUES (test_seq.NEXTVAL, 'Row '||test_seq.CURRVAL);

-- PL/SQL Block 1
DECLARE
   v_col1 test_tab.col1%TYPE;
   v_col2 test_tab.col2%TYPE;
BEGIN
   UPDATE test_tab
      SET col2 = 'Updated - '||col2
    WHERE col1 = 11
   RETURNING col1, col2
     INTO v_col1, v_col2;
   DBMS_OUTPUT.PUT_LINE ('After update: '||v_col1||', '||v_col2);
END;
```

```
/
-- PL/SQL Block 2
BEGIN
   INSERT INTO test_tab (col1, col2)
   VALUES (test_seq.NEXTVAL, 'Row '||test_seq.CURRVAL);
END;
/
-- End transaction
COMMIT;
```

运行以上 2 个示例代码后，TEST_TAB 表中包含如下记录：

```
      COL1 COL2
---------- ------------------------
        11 Updated - Updated - Row 1
        31 Row 31
        41 Row 41
        61 Row 61
        71 Row 71
```

3.2.2 SET TRANSACTION 语句

SET TRANSACTION 语句允许我们对事务进行各种设置：

❑ READ ONLY 子句将事务设置为只读，意味着不允许对数据进行任何更改，READ WRITE 子句将事务设置为读/写，意味着允许对数据进行更改。

❑ ISOLATION LEVEL 子句将事务的隔离模式设置为 SERIALIZABLE 或 READ COMMITTED，从而决定事务的执行模式。

❑ USE ROLLBACK SEGMENT 子句隐式地将事务设置为读/写，并将事务分配到指定的回滚段。

❑ NAME 子句允许为事务命名。

Oracle 官方文档包含了有关 SET TRANSACTION 语句和相关选项的详细信息。

 提醒　SET TRANSACTION 语句必须放在事务语句的开头，而且只能出现一次。但正如本章前面部分的示例所述，并不是每条事务语句都会在开头使用 SET TRANSACTION 语句。

下面我们看一个简单的示例，说明如何使用 SET TRANSACTION 语句。

示例　ch03_7a.sql

```
DECLARE
   v_date DATE;
BEGIN
   -- End a previous transaction that you may have
   COMMIT;

   -- Start a new READ ONLY transaction
   SET TRANSACTION READ ONLY NAME 'Get date';
```

```
    SELECT sysdate
      INTO v_date
      FROM DUAL;

    DBMS_OUTPUT.PUT_LINE ('Today is '||
       TO_CHAR(v_date, 'MM/DD/YYYY'));

    -- End READ ONLY transaction
    COMMIT;
END;
```

在本示例中,我们定义了一个只读事务,用于获取今天的日期。请注意此脚本使用了两个 COMMIT 语句。第一个 COMMIT 语句用于结束在此会话中可能已开始的其他事务。第二个 COMMIT 语句用于结束这个"获取日期"的只读事务。

本章小结

在本章中,我们学习了如何利用 PL/SQL 中的 SQL 语句为变量赋值,使用序列以及操作数据库表中的数据。我们也学习了如何使用 COMMIT、ROLLBACK、SAVEPOINT 和 SET TRANSACTION 语句来控制 PL/SQL 中的事务处理。

第 4 章

条件控制：IF 语句

通过本章，我们将掌握以下内容：
- IF 语句。
- ELSIF 语句。
- 嵌套的 IF 语句。

几乎在我们编写的每个程序中，我们都需要做出决定。例如，在本财年结束时，必须根据员工的工作情况给他们发奖金。为了计算员工的奖金，程序需要做一个条件控制。换句话说，它需要使用一种选择结构。

条件控制让我们能够基于条件来控制程序的执行流程。从编程的术语来说，这意味着程序中的语句不是顺序执行的，而是按照程序中条件的计算结果去执行一组语句或另一组语句。

在 PL/SQL 中，有三种类型的条件控制：IF、ELSIF 和 CASE 语句。在本章中，我们将学习两种条件控制语句——IF 和 ELSIF，并了解它们之间是如何相互嵌套使用的。CASE 语句将在第 5 章中介绍。

4.1 实验 1：IF 语句

完成此实验后，我们将能够实现以下目标：
- 使用 IF-THEN 语句。
- 使用 IF-THEN-ELSE 语句。

IF 语句有两种形式：IF-THEN 和 IF-THEN-ELSE。IF-THEN 语句只允许我们指定满足条件的一组操作。换句话说，仅当条件判断的结果为 TRUE 时，这组操作才会执行。

IF-THEN-ELSE 语句允许我们指定两组操作，第二组操作在条件判断的结果为 FALSE 或 NULL 时执行。

4.1.1　IF-THEN 语句

IF-THEN 语句是最基本的条件控制语句，其结构如清单 4.1 所示。

清单 4.1　**IF-THEN** 语句结构

```
IF CONDITION
THEN
    STATEMENT 1;
    ...
    STATEMENT N;
END IF;
```

保留字 IF 代表 IF 语句的开始。语句 1…N 是一组可执行语句，由一个或多个标准的编程结构组成。关键字 IF 和 THEN 之间的**条件**决定了这些语句能否被执行。END IF 是一个保留词，表示 IF-THEN 语句结构结束。IF-THEN 语句的逻辑流程如图 4.1 所示。

当 IF-THEN 语句被执行时，条件语句的计算结果为 TRUE 或 FALSE。如果条件语句的计算结果为 TRUE，那么控制操作转到第一条可执行语句。如果条件语句的计算结果为 FALSE，那么控制操作转到 END IF 语句后的第一条可执行语句。

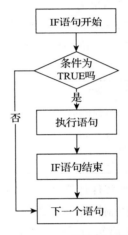

图 4.1　IF-THEN 语句的逻辑流程

请看下面的示例。我们想把两个数字型数值存储在变量 v_num1 和 v_num2 中。我们需要排列这些值，让较小的数值总是存储在变量 v_num1 中，而较大的数值总是存储在变量 v_num2 中。

示例　ch04_1a.sql

```
DECLARE
    v_num1 NUMBER := 5;
    v_num2 NUMBER := 3;
    v_temp NUMBER;
BEGIN
    -- if v_num1 is greater than v_num2 rearrange their values
    IF v_num1 > v_num2
    THEN
        v_temp := v_num1;
        v_num1 := v_num2;
        v_num2 := v_temp;
    END IF;

    -- display the values of v_num1 and v_num2
    DBMS_OUTPUT.PUT_LINE ('v_num1 = '||v_num1);
```

```
DBMS_OUTPUT.PUT_LINE ('v_num2 = '||v_num2);
END;
```

在本示例中,因为5＞3,所以条件语句v_num1 > v_num2 的计算结果为TRUE。于是,我们重新进行赋值操作,把3赋给变量v_num1,而把5赋给变量v_num2。其中,在赋值操作中我们利用第三个变量v_temp作为临时数据的存储。

该示例输出如下的结果:

```
v_num1 = 3
v_num2 = 5
```

4.1.2　IF-THEN-ELSE 语句

IF-THEN 语句只有在条件计算结果为 TRUE 时,才执行 THEN 后面指定的语句。当条件计算结果为 FALSE 或 NULL 时,它会跳过 THEN 后面指定的语句,继续程序的执行。

IF-THEN-ELSE 语句允许我们指定两组语句。一组语句在条件计算结果为 TRUE 时被执行,另一组语句在条件计算结果为 FALSE 或 NULL 时被执行。其语句结构如清单 4.2 所示。

清单 4.2　**IF-THEN-ELSE** 语句结构

```
IF CONDITION
THEN
 STATEMENT 1;
ELSE
 STATEMENT 2;
END IF;
STATEMENT 3;
```

当**条件**计算结果为 TRUE 时,控制操作转到**语句** 1;当条件计算结果为 FALSE 或 NULL 时,控制操作转到**语句** 2;当 IF-THEN-ELSE 语句执行完成后,**执行语句** 3。IF-THEN-ELSE 语句的逻辑流程如图 4.2 所示。

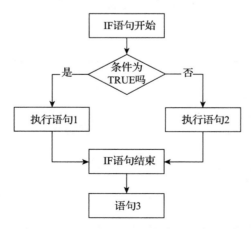

图 4.2　IF-THEN-ELSE 语句的逻辑流程

> **你知道吗?**
>
> 当我们想在两个相互排斥的操作之间进行选择时,最好使用 IF-THEN-ELSE 语句。请看下面的示例:
>
> ```
> DECLARE
>    v_num NUMBER := &sv_user_num;
> BEGIN
>    -- test if the number provided by the user is even
>    IF MOD(v_num,2) = 0
>    THEN
>       DBMS_OUTPUT.PUT_LINE (v_num||' is even number');
>    ELSE
>       DBMS_OUTPUT.PUT_LINE (v_num||' is odd number');
>    END IF;
> END;
> ```
>
> 无论变量被赋给什么值,程序只执行其中的一条 DBMS_OUTPUT.PUT_LINE 语句。因此,IF-THEN-ELSE 语句允许我们指定两个相互排斥的操作。
>
> 运行这个示例代码后产生下面的输出:
>
> ```
> 24 is even number
> ```

NULL 条件值

在某些情况下,IF 语句的条件计算结果可能为 NULL,而不是 TRUE 或 FALSE。对于 IF-THEN 结构,如果 IF 语句的条件计算结果为 NULL,那么 THEN 结构后面的语句不会被执行。程序的控制操作将转到 END IF 后面的第一个可执行语句。对于 IF-THEN-ELSE 结构,如果 IF 语句的条件计算结果为 NULL,那么会执行关键字 ELSE 后面所指定的语句。

示例　ch04_2a.sql

```
DECLARE
   v_num1 NUMBER := 0;
   v_num2 NUMBER;
BEGIN
   DBMS_OUTPUT.PUT_LINE ('Before IF statement…');

   IF v_num1 = v_num2
   THEN
      DBMS_OUTPUT.PUT_LINE ('v_num1 = v_num2');
   END IF;

   DBMS_OUTPUT.PUT_LINE ('After IF statement…');
END;
```

该示例的运行结果如下:

```
Before IF statement…
After IF statement…
```

因为变量 v_num2 未被赋值,所以条件 v_num1 = v_num2 的计算结果为 NULL。请注意，当条件计算结果为 NULL 时，IF-THEN 结构会按照 FALSE 结果去执行后面的程序，换言之，在 IF-THEN 结构中的 DBMS_OUTPUT.PUT_LINE 语句不会执行。

下面看一个类似的示例，程序采用了 IF-THEN-ELSE 结构（我们把新添加的语句用粗体显示）。

示例　ch04_2b.sql

```
DECLARE
   v_num1 NUMBER := 0;
   v_num2 NUMBER;
BEGIN
   DBMS_OUTPUT.PUT_LINE ('Before IF statement…');
   IF v_num1 = v_num2
   THEN
      DBMS_OUTPUT.PUT_LINE ('v_num1 = v_num2');
   ELSE
      DBMS_OUTPUT.PUT_LINE ('v_num1 != v_num2');
   END IF;

   DBMS_OUTPUT.PUT_LINE ('After IF statement…');
END;
```

该示例的输出结果如下：

```
Before IF statement…
v_num1 != v_num2
After IF statement…
```

对比上一个示例，条件 v_num1 = v_num2 的计算结果为 NULL，程序执行 IF-THEN-ELSE 结构的 ELSE 部分。

4.2　实验 2：ELSIF 语句

完成此实验后，我们将能够实现以下目标：
- 使用 ELSIF 语句。

ELSIF 语句的结构如清单 4.3 所示。

清单 4.3　ELSIF 语句结构

```
IF CONDITION 1
THEN
 STATEMENT 1;
ELSIF CONDITION 2
THEN
 STATEMENT 2;
ELSIF CONDITION 3
THEN
 STATEMENT 3;
…
ELSE
 STATEMENT N;
END IF;
```

保留字 IF 代表 ELSIF 结构的开始。而**条件 1** 到**条件 N** 代表一组条件，这些条件的计算结果为 TRUE 或 FALSE。这些条件是相互排斥的。换言之，如果**条件 1** 的计算结果为 TRUE，就执行语句 1，然后控制权被转到保留字 END IF 后的第一个可执行语句。ELSIF 结构的其余语句不执行。当**条件 1** 的计算结果为 FALSE 时，控制权被转到 ELSIF 语句部分，并对**条件 2** 进行判断，依此类推。如果所有条件的计算结果都不为 TRUE，则控制权被转到 ELSIF 结构的 ELSE 部分。ELSIF 结构可以包含任意数量的 ELSIF 子句。其逻辑流程如图 4.3 所示。

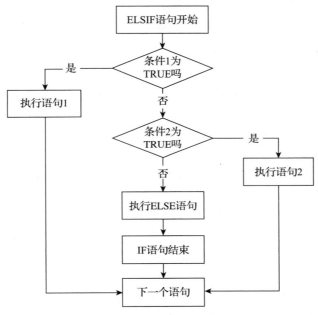

图 4.3　ELSIF 语句的逻辑流程

图 4.3 显示，如果条件 1 的判断结果为 TRUE，则执行语句 1，然后控制权被转到 END IF 后面的第一条语句；如果条件 1 的判断结果为 FALSE，则控制权被转到条件 2。如果条件 2 的判断结果为 TRUE，则执行语句 2；否则，执行 ELSE 语句。我们来看下面的示例。

示例　ch04_3a.sql

```
DECLARE
   v_num NUMBER := &sv_num;
BEGIN
   DBMS_OUTPUT.PUT_LINE ('Before IF statement…');

   IF v_num < 0
   THEN
      DBMS_OUTPUT.PUT_LINE (v_num||' is a negative number');
   ELSIF v_num = 0
   THEN
      DBMS_OUTPUT.PUT_LINE (v_num||' is equal to zero');
```

```
   ELSE
      DBMS_OUTPUT.PUT_LINE (v_num||' is a positive number');
   END IF;

   DBMS_OUTPUT.PUT_LINE ('After IF statement…');
END;
```

变量v_num的值在运行时由用户输入，并根据ELSIF语句进行条件判断。如果v_num<0，则执行第一个DBMS_OUTPUT.PUT_LINE语句，并结束ELSIF结构的条件判断。如果v_num>0，那么v_num < 0和v_num = 0这两个条件的判断结果都为FALSE，控制权被转到ELSIF结构的ELSE部分。

假设变量v_num在运行时被赋值为5，那么该示例的输出结果如下：

```
Before IF statement…
5 is a positive number
After IF statement…
```

> **你知道吗？**
>
> 对于ELSIF语句结构：
>
> ❑ IF与END IF缺一不可。
>
> ❑ END和IF之间必须要有空格。如果省略了空格，编译器将产生以下错误：
>
> ```
> ORA-06550: line 13, column 4:
> PLS-00103: Encountered the symbol ";" when expecting one of the following: if
> ```
>
> 正如你所看到的，此错误消息的描述并不是很清楚，你可能会花费较长的时间去调试，特别是如果以前你从来没有遇到此类错误的话。
>
> ❑ ELSIF中没有第二个"E"。
>
> ❑ ELSIF语句中的判断条件必须是互相排斥的。这些条件按照从第一个到最后一个的顺序进行判断。一旦某个条件的判断结果为TRUE，则ELSIF语句的其余判断条件都被跳过。我们来看看下面这个ELSIF结构的示例：
>
> ```
> IF v_num >= 0
> THEN
>    DBMS_OUTPUT.PUT_LINE ('v_num is greater than 0');
> ELSIF v_num =< 10
> THEN
>    DBMS_OUTPUT.PUT_LINE ('v_num is less than 10');
> ELSE
>    DBMS_OUTPUT.PUT_LINE
>       ('v_num is less than ? or greater than ?');
> END IF;
> ```
>
> 假设v_num被赋值为5。因为0<5<10，所以IF和ELSIF语句中两个条件的判断结果都为TRUE。然而，由于第一个条件v_num >= 0的判断结果为TRUE，因此，ELSIF结构的其余部分就被跳过，不再执行。

> 对于那些大于或等于 0 且小于或等于 10 的 v_num 值而言，这两个条件并不是相互排斥的。因此，对于在此数值范围内的变量 v_num 而言，ELSIF 子句后面的 DBMS_OUTPUT.PUT_LINE 语句不会执行。而要满足第二个条件 v_num <= 10 的判断结果为 TRUE，v_num 的值必须小于 0。
>
> 那我们如何来改写这个 ELSIF 结构，能让变量 v_num 在获得 [0, 10] 区间的数值后，通过一个判断条件将结果输出在屏幕上呢？

此外，在使用 ELSIF 条件语句时，如果没有任何条件的判断值为 TRUE，那么也不需要强行定义一个操作。换言之，ELSIF 结构中 ELSE 子句不是必需的。我们看下面的这个示例。

示例　ch04_3b.sql

```
DECLARE
    v_num NUMBER := &sv_num;
BEGIN
    DBMS_OUTPUT.PUT_LINE ('Before IF statement…');

    IF v_num < 0
    THEN
        DBMS_OUTPUT.PUT_LINE (v_num||' is a negative number');
    ELSIF v_num > 0
    THEN
        DBMS_OUTPUT.PUT_LINE (v_num||' is a positive number');
    END IF;
    DBMS_OUTPUT.PUT_LINE ('After IF statement…');
END;
```

如我们在此示例中所看到的，当变量 v_num 的值是 0 时，没有指定任何操作。如果 v_num 被赋值为 0，这两个条件的判断结果都为 FALSE，ELSIF 语句也不会执行。此时，该示例的输出结果如下：

```
Before IF statement…
After IF statement…
```

> **你知道吗？**
>
> 你可能注意到了，在所有 IF 语句的示例中，保留字 IF、ELSIF、ELSE 和 END IF 都是单独一行，并与 IF 语句对齐。此外，在 IF 结构中的所有可执行语句都被缩进。这种 IF 结构的格式对编译器来说是没有区别的，但是对我们编程人员来说，用这种格式化的 IF 结构编写的程序具有更强的可读性。
>
> IF-THEN-ELSE 语句
>
> ```
> IF x = y THEN v_txt := 'YES'; ELSE v_txt := 'NO'; END IF;
> ```

> 相当于
>
> ```
> IF x = y
> THEN
>  v_txt := 'YES';
> ELSE
>  v_txt := 'NO';
> END IF;
> ```
>
> 因此，格式化后的 IF 结构更容易阅读和理解。

4.3 实验 3：嵌套的 IF 语句

完成此实验后，我们将能够实现以下目标：
- 使用嵌套的 IF 语句。

我们已经学习了不同类型的条件控制语句：IF-THEN 语句、IF-THEN-ELSE 语句和 ELSIF 语句。这些类型的条件控制语句可以相互嵌套，例如，一个 IF 语句可以嵌套在 ELSIF 语句中，反之亦然。请看下面的示例。

示例 ch04_4a.sql

```
DECLARE
   v_num1  NUMBER := &sv_num1;
   v_num2  NUMBER := &sv_num2;
   v_total NUMBER;
BEGIN
   IF v_num1 > v_num2
   THEN
      DBMS_OUTPUT.PUT_LINE ('IF part of the outer IF');
      v_total := v_num1 - v_num2;
   ELSE
      DBMS_OUTPUT.PUT_LINE ('ELSE part of the outer IF');
      v_total := v_num1 + v_num2;

      IF v_total < 0
      THEN
         DBMS_OUTPUT.PUT_LINE ('Inner IF');
         v_total := v_total * (-1);
      END IF;
   END IF;
   DBMS_OUTPUT.PUT_LINE ('v_total = '||v_total);
END;
```

因为 IF-THEN-ELSE 语句包含了 IF-THEN 语句（以粗体显示），所以它被称为外部 IF 语句。IF-THEN 语句被称为内部 IF 语句，因为它包含在 IF-THEN-ELSE 语句内。

假设变量 v_num1 和 v_num2 的值分别是 -4 和 3。首先对外部 IF 语句的条件 v_num1 > v_num2 进行判断。因为 -4<3，外部 IF 语句的 ELSE 部分被执行。其执行结果显示

如下：

```
ELSE part of the outer IF
```

接着计算出变量 v_total 的值。然后，对内部 IF 语句的条件 v_total < 0 进行判断。因为 v_total 的值等于 -1，所以条件判断值是 TRUE，其执行结果显示如下：

```
Inner IF
```

最后再次计算出 v_total 的值。运行整个程序后，其输出结果如下：

```
ELSE part of the outer IF
Inner IF
v_total = 1
```

逻辑运算符

到目前为止，本章已经给出了各种不同的 IF 语句示例。所有这些示例都使用了比较运算符，如 >、< 和 = 来执行条件判断。逻辑运算符也可以用来执行条件判断。此外，程序员在有需要时将多个条件合并成一个单一的条件也是允许的。

示例　ch04_5a.sql

```
DECLARE
   v_letter CHAR(1) := '&sv_letter';
BEGIN
   IF (v_letter >= 'A' AND v_letter <= 'Z') OR
      (v_letter >= 'a' AND v_letter <= 'z')
   THEN
      DBMS_OUTPUT.PUT_LINE ('This is a letter');
   ELSE
      DBMS_OUTPUT.PUT_LINE ('This is not a letter');

      IF v_letter BETWEEN '0' and '9'
      THEN
         DBMS_OUTPUT.PUT_LINE ('This is a number');
      ELSE
         DBMS_OUTPUT.PUT_LINE ('This is not a number');
      END IF;
   END IF;
END;
```

在本示例中，条件语句

```
(v_letter >= 'A' AND v_letter <= 'Z') OR
(v_letter >= 'a' AND v_letter <= 'z')
```

使用了逻辑运算符 AND 和 OR。而这两个判断条件 (v_letter >= 'A' AND v_letter <= 'Z') 和 (v_letter >= 'a' AND v_letter <= 'z')
使用 OR 运算符被合并成一个判断条件。注意这里括号的使用。在本示例中，这些括号仅被用来提高程序的可读性，因为运算符 AND 的操作顺序优先于运算符 OR。

当我们在运行时输入符号"?"后，示例输出如下结果：

```
This is not a letter
This is not a number
```

你知道吗？

我们可以将IF语句嵌套到任意深度级别，最高能达PL/SQL块的最大长度，并且块本身的嵌套深度可以达到255级。看看下面这个示例，其中IF语句嵌套深度有4级。

```
DECLARE
   v_var1 PLS_INTEGER := 100;
   v_var2 PLS_INTEGER := 200;
   v_var3 PLS_INTEGER := 300;
   v_var4 PLS_INTEGER := 400;
BEGIN
   IF v_var1 >= 100
   THEN
      IF v_var2 >= 200
      THEN
         IF v_var3 >= 300
         THEN
            IF v_var4 >= 400
            THEN
               DBMS_OUTPUT.PUT_LINE
                  ('v_var1 = '   ||v_var1||
                   ', v_var2 = '||v_var2||
                   ', v_var3 = '||v_var3||
                   ', v_var4 = '||v_var4);
            END IF;
         END IF;
      END IF;
   END IF;
END;
```

虽然这个脚本很简单，并没有完成太多操作，但这种深度嵌套的IF语句理解起来比较困难，并在实现复杂的业务解决方案时，会变得非常复杂。

在这个示例中，我们可以利用AND运算符合并这些条件，把四个嵌套的IF语句重组为一个IF语句。

```
IF v_var1 >= 100 AND v_var2 >= 200 and v_var3 >= 300 AND
   v_var4 >= 400
THEN
   ...
END IF;
```

本章小结

在本章中，我们学习了不同类型的IF语句，以及IF语句之间如何嵌套。我们也学习了如何使用逻辑运算符，将多个不同的条件合并成一个单一的条件，以便于判断。几乎所有的编程语言都支持条件控制语句，尽管语法可能会有不同，但它们的使用方法却是相同的。

在下一章中，我们将通过 CASE 语句和 CASE 表达式来进一步地了解条件控制语句。此外，我们也将学习 SQL 和 PL/SQL 语言支持的两个函数：NULLIF 和 COALESCE 函数。

Chapter 5　第 5 章

条件控制：CASE 语句

通过本章，我们将掌握以下内容：
- CASE 语句。
- CASE 表达式。
- NULLIF 和 COALESCE 函数。

在前一章中，我们通过 IF 和 ELSIF 语句学习了条件控制的概念。在本章中，我们将通过学习不同类型的 CASE 语句和 CASE 表达式继续探讨条件控制语句。我们也将学习如何使用 NULLIF 和 COALESCE 函数，这两个函数是对 CASE 语句的扩展。

5.1　实验 1：CASE 语句

完成此实验后，我们将能够实现以下目标：
- 使用简单 CASE 语句。
- 使用搜索 CASE 语句（searched CASE）。

CASE 语句有两种形式：简单 CASE 语句和搜索 CASE 语句。简单 CASE 语句先定义一个选择条件（selector），由它来判断执行哪组操作。搜索 CASE 语句不需要定义一个选择条件，它通过计算搜索条件来判断执行哪组操作。

5.1.1　简单 CASE 语句

简单 CASE 语句的结构如清单 5.1 所示。

清单 5.1 简单 CASE 语句的结构

```
CASE SELECTOR
   WHEN EXPRESSION 1 THEN STATEMENT 1;
   WHEN EXPRESSION 2 THEN STATEMENT 2;
   …
   WHEN EXPRESSION N THEN STATEMENT N;
   ELSE STATEMENT N+1;
END CASE;
```

保留字 CASE 代表了 CASE 语句的开始。选择条件的值决定了哪个 WHEN 子句应该被执行。每个 WHEN 子句都包含一个**表达式**和与之关联的一个或多个可执行语句。ELSE 子句是可选的，工作原理类似于 IF-THEN-ELSE 语句中的 ELSE 子句。END CASE 是保留字，表示 CASE 语句结束。上述简单 CASE 语句的逻辑流程如图 5.1 所示。

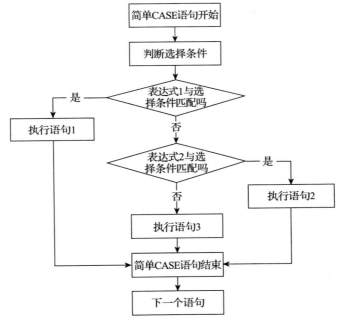

图 5.1　简单 CASE 语句的逻辑流程

需要注意的是，选择条件只执行一次，而 WHEN 子句是按顺序逐次执行的。每次都将 WHEN 子句中的表达式值与选择条件的值进行比较，如果这两个值是相同的，就执行与该 WHEN 子句相关联的语句，而其他 WHEN 子句的表达式都不执行。如果所有 WHEN 子句中的表达式值与选择条件的值都不相同，则执行 ELSE 子句。

我们复习一下第 4 章中 IF-THEN-ELSE 语句的示例，这里将其列出以供参考。

示例　ch05_1a.sql

```
DECLARE
   v_num NUMBER := &sv_user_num;
```

```
BEGIN
    -- test if the number provided by the user is even
    IF MOD(v_num,2) = 0
    THEN
        DBMS_OUTPUT.PUT_LINE (v_num||' is even number');
    ELSE
        DBMS_OUTPUT.PUT_LINE (v_num||' is odd number');
    END IF;
END;
```

现在我们修改一下代码，使用简单 CASE 语句代替示例中的 IF-THEN-ELSE 语句。

示例　ch05_1b.sql

```
DECLARE
    v_num       NUMBER := &sv_user_num;
    v_num_flag  NUMBER;
BEGIN
    v_num_flag := MOD(v_num,2);

    -- test if the number provided by the user is even
    CASE v_num_flag
    WHEN 0
    THEN
        DBMS_OUTPUT.PUT_LINE (v_num||' is even number');
    ELSE
        DBMS_OUTPUT.PUT_LINE (v_num||' is odd number');
    END CASE;
END;
```

在这个新示例中，我们使用了一个新变量 v_num_flag 作为简单 CASE 语句的选择条件。如果 MOD 函数返回 0，则 v_num 为偶数；否则，v_num 为奇数。如果在运行时将 7 赋值给变量 v_num，那么本例将输出以下结果：

```
7 is odd number
```

5.1.2　搜索 CASE 语句

搜索 CASE 语句由多个搜索条件组成，这些搜索条件的计算结果为布尔值 TRUE、FALSE 或 NULL。当其中某个搜索条件的计算结果为 TRUE 时，则与此条件相关联的那组语句被执行。搜索 CASE 语句的结构如清单 5.2 所示。

清单 5.2　搜索 CASE 语句的结构

```
CASE
    WHEN SEARCH CONDITION 1 THEN STATEMENT 1;
    WHEN SEARCH CONDITION 2 THEN STATEMENT 2;
    …
    WHEN SEARCH CONDITION N THEN STATEMENT N;
    ELSE STATEMENT N+1;
END CASE;
```

当某个搜索条件的计算结果为 TRUE 时，控制操作会转到与它相关联的语句并执行。

如果没有一个搜索条件的计算结果为 TRUE，那么控制操作会转到与 ELSE 子句相关联的语句并执行。请注意，ELSE 子句是可选的。搜索 CASE 语句的逻辑流程如图 5.2 所示。

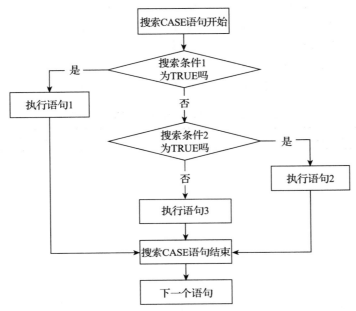

图 5.2　搜索 CASE 语句的逻辑流程

以下示例是 ch05_1b.sql 示例的修改版本，其中修改的地方以粗体突出显示。

示例　ch05_1c.sql

```
DECLARE
   v_num NUMBER := &sv_user_num;
BEGIN
   -- test if the number provided by the user is even
   CASE
      WHEN MOD(v_num,2) = 0
      THEN
         DBMS_OUTPUT.PUT_LINE (v_num||' is even number');
      ELSE
         DBMS_OUTPUT.PUT_LINE (v_num||' is odd number');
   END CASE;
END;
```

在示例 ch05_1b.sql 中，使用变量 v_num_flag 为选择条件，并将函数 MOD 的计算值赋值给它，然后比较选择条件的值与表达式的值。

示例 ch05_1c.sql 使用了搜索 CASE 语句，没有选择条件。变量 v_num 为搜索条件的一部分，因此不需要声明变量 v_num_flag。当我们把相同的输入赋值给变量 v_num 时，该示例的输出结果与前面的示例是相同的。

```
7 is odd number
```

简单 CASE 语句和搜索 CASE 语句之间的差异

请注意简单 CASE 语句和搜索 CASE 语句之间的差异。我们在前面的示例中看到，搜索 CASE 语句中不需要定义选择条件。此外，它的 WHEN 子句中包含了搜索条件，这个搜索条件（类似于 IF 语句）会产生布尔值。简单 CASE 语句中包含了表达式，表达式的值涵盖了除 PL/SQL 记录、索引表、嵌套表、变长数组、BLOB、BFILE 及对象类型之外的其他类型。我们会在后面的章节中学习这些类型。

表 5.1 所示的两个程序是我们在本章前面看到的部分示例代码。

表 5.1 简单 CASE 语句与搜索 CASE 语句

简单 CASE 语句	搜索 CASE 语句
| ```
DECLARE
   v_num    NUMBER :=
&sv_user_num;
   v_num_flag NUMBER;
BEGIN
   v_num_flag := MOD(v_num,2);

   -- test if the number
   -- provided by the user
   -- is even
   CASE v_num_flag
      WHEN 0
      THEN ...
``` | ```
DECLARE
   v_num NUMBER :=
&sv_user_num;
BEGIN



   -- test if the number
   -- provided by the user
   -- is even
   CASE
      WHEN MOD(v_num,2) = 0
      THEN ...
``` |

在表 5.1 简单 CASE 语句的代码部分中，v_num_flag 是选择条件，它被定义为 NUMBER 类型的 PL/SQL 变量。因为表达式的值要与选择条件的值进行比较，所以表达式也必须返回一个类似的数据类型。WHEN 0 子句包含了一个数字，因此表达式的数据类型是数值型。

在搜索 CASE 语句的代码部分中，不需要定义选择条件，因为它被搜索条件 MOD(v_num, 2) = 0 代替。

该表达式的计算结果为 TRUE 或 FALSE，类似于一个 IF 条件语句。

下面是一个报错的简单 CASE 语句示例，由于表达式返回的数据类型与定义的选择条件的数据类型不一致，从而产生了一个语法错误。

示例　ch05_2a.sql

```
DECLARE
   v_num      NUMBER := &sv_num;
   v_num_flag NUMBER;
BEGIN
   CASE v_num_flag
```

```
            WHEN MOD(v_num,2) = 0
            THEN
                DBMS_OUTPUT.PUT_LINE (v_num||' is even number');
            ELSE
                DBMS_OUTPUT.PUT_LINE (v_num||' is odd number');
        END CASE;
END;
```

在本示例中,变量 v_num_flag 被定义为 NUMBER 型。而 WHEN 子句的表达式所计算出的结果是布尔型。于是,输出以下语法错误消息:

```
ORA-06550: line 5, column 9:
PLS-00615: type mismatch found at 'V_NUM_FLAG' between CASE operand and WHEN operands
ORA-06550: line 5, column 4:
PL/SQL: Statement ignored
```

现在我们修改一下这个示例代码,将 v_num_flag 变量声明为布尔型(被修改的地方以粗体显示)。

示例　ch05_2b.sql

```
DECLARE
    v_num       NUMBER := &sv_num;
    v_num_flag  Boolean;
BEGIN
    CASE v_num_flag
        WHEN MOD(v_num,2) = 0
        THEN
            DBMS_OUTPUT.PUT_LINE (v_num||' is even number');
        ELSE
            DBMS_OUTPUT.PUT_LINE (v_num||' is odd number');
    END CASE;
END;
```

如果再次将数值 7 赋给变量 v_num,那么示例将显示如下输出:

```
7 is odd number
```

乍一看,这似乎是你所期望的输出结果。但是,当我们将数值 4 赋值给变量 v_num 后,该示例产生如下输出:

```
4 is odd number
```

> **注意**　第二次运行代码时,示例产生了不正确的输出结果,尽管它并没有产生任何语法错误。当我们将数值 4 赋值给变量 v_num 时,表达式 MOD(v_num, 2)=0 的结果为 TRUE,TRUE 被用来与选择条件 v_num_flag 作比较。由于变量 v_num_flag 还没有初始化,所以它的值为 NULL。因为 NULL 与 TRUE 不相等,所以控制操作转到 ELSE 子句去执行。如果要获得正确的输出结果,变量 v_num_flag 必须初始化为 TRUE。

我们前面也提到，简单 CASE 语句中的表达式和搜索 CASE 语句中的搜索条件是按顺序执行的。而且，只要表达式或搜索条件的值为希望的结果，那么表达式和搜索条件后边的其他语句都不会执行。也就是说，此时只会执行与这个表达式或搜索条件相关联的可执行语句。一旦该语句被执行完成，控制操作就转到 END CASE 子句后的第一个可执行语句。这种逻辑结构意味着，表达式和搜索条件的排列顺序会影响语句的执行顺序，下面的示例说明了这种逻辑关系。

示例　ch05_3a.sql

```
DECLARE
    v_final_grade   NUMBER := &sv_final_grade;
    v_letter_grade CHAR(1);
BEGIN
    CASE
        WHEN v_final_grade >= 60
        THEN
            v_letter_grade := 'D';
        WHEN v_final_grade >= 70
        THEN
            v_letter_grade := 'C';
        WHEN v_final_grade >= 80
        THEN
            v_letter_grade := 'B';
        WHEN v_final_grade >= 90
        THEN
            v_letter_grade := 'A';
        ELSE
            v_letter_grade := 'F';
    END CASE;

    -- control resumes here
    DBMS_OUTPUT.PUT_LINE ('Final grade is: '||v_final_grade);
    DBMS_OUTPUT.PUT_LINE ('Letter grade is: '||v_letter_grade);
END;
```

在这个搜索 CASE 语句的示例中，用字母表示的成绩是根据用户在运行时输入的数字成绩得出的。如果在运行时将 67 赋值给变量 v_final_grade，那么示例会输出如下结果：

```
Final grade is: 67
Letter grade is: D
```

乍一看，这就是我们所期望的输出结果。然而，当我们将 94 赋值给变量 v_final_grade 时，该示例的输出结果如下：

```
Final grade is: 94
Letter grade is: D
```

在运行完成后，该示例产生了不正确的输出结果。之所以出现这种错误，主要原因是第一个搜索条件

```
v_final_grade >= 60
```

的计算结果为 TRUE，所以"D"被赋值给变量 v_letter_grade。为了纠正这个错误，我们需要对搜索条件的顺序进行如下调整（所有被修改的部分都以粗体突出显示）：

示例　ch05_3b.sql

```
DECLARE
   v_final_grade NUMBER := &sv_final_grade;
   v_letter_grade CHAR(1);
BEGIN
   CASE
      WHEN v_final_grade >= 90
      THEN
         v_letter_grade := 'A';
      WHEN v_final_grade >= 80
      THEN
         v_letter_grade := 'B';
      WHEN v_final_grade >= 70
      THEN
         v_letter_grade := 'C';
      WHEN v_final_grade >= 60
      THEN
         v_letter_grade := 'D';
      ELSE
         v_letter_grade := 'F';
   END CASE;

   -- control resumes here
   DBMS_OUTPUT.PUT_LINE ('Final grade is: '||v_final_grade);
   DBMS_OUTPUT.PUT_LINE ('Letter grade is: '||v_letter_grade);
END;
```

在修改后的示例中，搜索条件的顺序被重新调整。修改后的结果是，程序在变量输入值为 67 和 94 的情况下都得到了正确的输出结果。

```
Final grade is: 67
Letter grade is: D
Final grade is: 94
Letter grade is: A
```

5.2　实验 2：CASE 表达式

完成此实验后，我们将能够实现以下目标：
- 使用 CASE 表达式。

在本书中，我们遇到了各种 PL/SQL 表达式。回想一下，我们看到 PL/SQL 表达式执行后得到的结果会赋值给一个变量。同样地，CASE 表达式被执行后得到的结果也会赋值给一个变量。

CASE 表达式的结构几乎与 CASE 语句的结构完全相同。因此，CASE 表达式也有两种形式：CASE 和搜索 CASE。我们以本章实验 1 中的示例 ch05_1b.sql 的 CASE 语句作为示例。

示例　ch05_1d.sql

```
DECLARE
   v_num      NUMBER := &sv_user_num;
   v_num_flag NUMBER;
BEGIN
   v_num_flag := MOD(v_num,2);

   -- test if the number provided by the user is even
   CASE v_num_flag
      WHEN 0
      THEN
         DBMS_OUTPUT.PUT_LINE (v_num||' is even number');
      ELSE
         DBMS_OUTPUT.PUT_LINE (v_num||' is odd number');
   END CASE;
END;
```

现在对这个示例进行修改，采用 CASE 表达式来代替 CASE 语句。被修改的地方以粗体显示。

示例　ch05_1e.sql

```
DECLARE
   v_num      NUMBER := &sv_user_num;
   v_num_flag NUMBER;
   v_result   VARCHAR2(30);
BEGIN
   v_num_flag := MOD(v_num,2);

   -- test if the number provided by the user is even
   v_result := CASE v_num_flag
                  WHEN 0
                  THEN
                     v_num||' is even number'
                  ELSE
                     v_num||' is odd number'
               END;
   DBMS_OUTPUT.PUT_LINE (v_result);
END;
```

在这个示例中，我们定义了一个新变量 v_result 来保存 CASE 表达式返回的值。如果将 8 赋值给变量 v_num，该示例将输出如下结果：

```
8 is even number
```

请注意 CASE 语句和 CASE 表达式之间的语法差异。CASE 语句和 CASE 表达式的部分代码如表 5.2 所示。

表 5.2　CASE 语句与 CASE 表达式

CASE 语句	CASE 表达式
CASE v_num_flag 　　WHEN 0 　　THEN	CASE v_num_flag 　　WHEN 0 　　THEN

（续）

CASE 语句	CASE 表达式

DBMS_OUTPUT.PUT_LINE
　　(v_num||
　　' is even number');
　ELSE
　　DBMS_OUTPUT.PUT_LINE
　　(v_num||
　　' is odd number');
END CASE;
	v_num||' is even number'
	
	　ELSE
	　　v_num||' is odd number'
	
	END;

在 CASE 语句中，WHEN 和 ELSE 子句都包含一个可执行语句，每个可执行语句都以分号结尾；在 CASE 表达式中，WHEN 和 ELSE 子句都是不以分号结尾的表达式，分号在保留字 END 之后，表示 CASE 表达式结束。此外，CASE 语句以保留字 END CASE 结尾。

下面我们修改一下示例 ch05_1e.sql，将其修改为搜索 CASE 表达式（被修改的语句以粗体显示）。

示例　ch05_1f.sql

```
DECLARE
    v_num     NUMBER := &sv_user_num;
    v_result VARCHAR2(30);
BEGIN
    -- test if the number provided by the user is even
    v_result := CASE
                    WHEN MOD(v_num,2) = 0
                    THEN
                       v_num||' is even number'
                    ELSE
                       v_num||' is odd number'
                END;
    DBMS_OUTPUT.PUT_LINE (v_result);
END;
```

在这个示例中，不需要声明变量 v_num_flag，因为搜索 CASE 表达式不需要选择条件，而是将 MOD 函数直接放入搜索条件中。当我们运行这个示例时，它的输出结果与之前示例的输出结果完全相同。

```
8 is even number
```

我们从示例 ch05_1e.sql 中可以看到，CASE 表达式会返回一个值，然后将该值赋给一个变量。在这个示例中，赋值操作是通过赋值运算符":="完成的。不知你是否还记得，有另一种方法可以给 PL/SQL 变量赋值，即通过 SELECT INTO 语句为变量赋值。请看下面的示例，在 SELECT INTO 语句中使用 CASE 表达式进行赋值操作。

示例 ch05_4a.sql

```
DECLARE
   v_course_no    NUMBER;
   v_description  VARCHAR2(50);
   v_prereq       VARCHAR2(35);
BEGIN
   SELECT course_no, description
         ,CASE
             WHEN prerequisite IS NULL
             THEN
                 'No prerequisite course required'
             ELSE
                 TO_CHAR(prerequisite)
          END prerequisite
     INTO v_course_no, v_description, v_prereq
     FROM course
    WHERE course_no = 20;

   DBMS_OUTPUT.PUT_LINE ('Course:       '||v_course_no);
   DBMS_OUTPUT.PUT_LINE ('Description:  '||v_description);
   DBMS_OUTPUT.PUT_LINE ('Prerequisite: '||v_prereq);
END;
```

此脚本运行后，屏幕上会显示课程编号、课程描述和预修课程编号。此外，如果给定的课程不需要预修课程，会在屏幕上输出信息"No prerequisite course required"。为了输出我们想要的结果，在 SELECT INTO 语句的一列中使用 CASE 表达式。CASE 表达式的值赋给变量 v_prereq。请注意，CASE 表达式中的保留字 END 之后没有分号。

这个示例的输出结果如下：

```
Course:       20
Description:  Intro to Information Systems
Prerequisite: No prerequisite course required
```

说明编号是 20 的课程不需要预修课程。因此，搜索条件

```
WHEN prerequisite IS NULL
```

的结果为 TRUE，字符串"No prerequisite course required"（不需要预修课程）被赋给变量 v_prereq。

请注意下面的这段代码，为什么要在 CASE 表达式的 ELSE 子句中使用 TO_CHAR 函数？

```
CASE
 WHEN prerequisite IS NULL
 THEN
   'No prerequisite course required'
 ELSE
   TO_CHAR(prerequisite)
END
```

CASE 表达式总是返回一个值，因此只有一个数据类型。为此，我们必须保证不管执行 CASE 表达式的哪个子句，它总是返回相同的数据类型。在前面的 CASE 表达式中，WHEN 子句返回 VARCHAR2 数据类型，而 ELSE 子句返回 COURSE 表的 PREREQUISITE 列值。

该列在表中被定义为 NUMBER 类型，因此，需要将其转换成字符串数据类型。

当没有使用 TO_CHAR 函数时，执行 CASE 表达式会出现以下语法错误：

```
ORA-06550: line 12, column 17:
PL/SQL: ORA-00932: inconsistent datatypes: expected CHAR got NUMBER
ORA-06550: line 6, column 4:
PL/SQL: SQL Statement ignored
```

5.3 实验 3：NULLIF 和 COALESCE 函数

完成此实验后，我们将能够实现以下目标：
- 使用 NULLIF 函数。
- 使用 COALESCE 函数。

NULLIF 和 COALESCE 函数被 ANSI 1999 标准定义为"CASE abbreviations"（CASE 缩写），提供了编写 CASE 表达式的简便方法。

5.3.1 NULLIF 函数

NULLIF 函数对两个表达式进行比较。如果它们的值相等，则该函数返回 NULL；否则，返回第一个表达式的值。NULLIF 函数的结构如清单 5.3 所示。

清单 5.3　NULLIF 函数

```
NULLIF (EXPRESSION 1, EXPRESSION 2)
```

如果表达式 1 等于表达式 2，则 NULLIF 函数返回 NULL；如果表达式 1 不等于表达式 2，则 NULLIF 函数返回表达式 1。注意，NULLIF 函数的功能与 NVL 函数的功能并不是相反的。对于 NVL（表达式 1，表达式 2）函数而言，如果表达式 1 为 NULL，则 NVL 函数返回表达式 2；如果表达式 1 不为 NULL，则 NVL 函数返回表达式 1。

NULLIF 函数等同于以下 CASE 表达式：

```
CASE
   WHEN EXPRESSION 1 = EXPRESSION 2 THEN NULL
   ELSE EXPRESSION 1
END
```

我们来看下面的 NULLIF 函数示例。

示例　ch05_5a.sql

```
DECLARE
   v_num        NUMBER := &sv_user_num;
   v_remainder NUMBER;
BEGIN
   -- calculate the remainder and if it is zero return NULL
   v_remainder := NULLIF(MOD(v_num, 2),0);
   DBMS_OUTPUT.PUT_LINE ('v_remainder: '||v_remainder);
END;
```

该示例与本章前面的示例有些类似，执行过程如下：首先给变量 v_num 赋值，然后将该值对 2 取模，通过 NULLIF 函数将得到的余数与 0 进行比较。如果两者相等，则 NULLIF 函数返回 NULL；如果两者不相等，则返回余数值。而 NULLIF 函数返回的值被存储在变量 v_remainder 中，通过 DBMS_OUTPUT.PUT_LINE 语句被显示在屏幕上。

假设第一次运行时，给变量 v_num 赋值为 5。该示例的输出结果如下：

```
v_remainder: 1
```

假设在第二次运行时，给变量 v_num 赋值为 4。该示例的输出结果如下：

```
v_remainder:
```

在第一次运行中，5 不能被 2 整除，因此 NULLIF 函数返回余数的值。而在第二次运行中，4 能被 2 整除，因此 NULLIF 函数返回 NULL。

NULLIF 函数有一个限制：**不能将文字 NULL 赋给表达式 1**。我们在第 2 章中学习了有关文字的定义。现在我们把本示例中的变量 v_num 赋值为 NULL。在这种情况下，本示例输出以下结果：

```
v_remainder:
```

当变量 v_num 被赋值为 NULL 时，无论是 MOD 函数还是 NULLIF 函数都会返回 NULL 值。该示例不会产生任何错误，因为文字 NULL 被赋值给了变量 v_num，而不是被用作 NULLIF 函数的第一个表达式。

下面示例是我们对代码 ch05_5a.sql 稍作修改后的版本（修改部分以粗体显示）。

示例　ch05_5b.sql

```
DECLARE
   v_remainder NUMBER;
BEGIN
   -- calculate the remainder and if it is zero return NULL
   v_remainder := NULLIF(NULL,0);
   DBMS_OUTPUT.PUT_LINE ('v_remainder: '||v_remainder);
END;
```

在示例 ch05_5a.sql 中，MOD 函数被用作**表达式 1**。而在示例 ch05_5b.sql 中，文字 NULL 代替了 MOD 函数，因此，此示例产生以下语法错误：

```
v_remainder := NULLIF(NULL,0);
                     *
ERROR at line 5:
ORA-06550: line 5, column 26:
PLS-00619: the first operand in the NULLIF expression must not be NULL
ORA-06550: line 5, column 4:
PL/SQL: Statement ignored
```

5.3.2　COALESCE 函数

COALESCE 函数将其表达式列表中的每个表达式与 NULL 进行比较，并返回第一个非

NULL 表达式的值。COALESCE 函数的结构如清单 5.4 所示。

清单 5.4　COALESCE 函数结构

```
COALESCE (EXPRESSION 1, EXPRESSION 2, …, EXPRESSION N)
```

如果**表达式 1** 的计算结果为 NULL，则计算**表达式 2**。如果**表达式 2** 的计算结果不为 NULL，则函数返回**表达式 2**。如果表达式 2 的计算结果也为 NULL，则计算下一个表达式。如果所有的表达式的计算结果都为 NULL，则函数返回 NULL。

需要注意，COALESCE 函数就像是一个嵌套的 NVL 函数。

```
NVL(EXPRESSION 1
   ,NVL(EXPRESSION 2
       ,NVL(EXPRESSION 3,…)
          )
)
```

我们也可以把 COALESCE 函数看作对 CASE 表达式的一种替代方法。例如，

```
COALESCE (EXPRESSION 1, EXPRESSION 2)
```

相当于

```
CASE
   WHEN EXPRESSION 1 IS NOT NULL
   THEN
       EXPRESSION 1
   ELSE
       EXPRESSION 2
END
```

如果有两个以上的表达式要计算，那么

```
COALESCE (EXPRESSION 1, EXPRESSION 2, …, EXPRESSION N)
```

相当于

```
CASE
   WHEN EXPRESSION 1 IS NOT NULL
   THEN
       EXPRESSION 1
   ELSE
       COALESCE (EXPRESSION 2, …, EXPRESSION N)
END
```

这又相当于

```
CASE
   WHEN EXPRESSION 1 IS NOT NULL
   THEN
       EXPRESSION 1
   WHEN EXPRESSION 2 IS NOT NULL
   THEN
       EXPRESSION 2
       …
```

```
        ELSE
           EXPRESSION N
END
```

考虑下面的 COALESCE 函数示例:

示例   ch05_6a.sql

```
SELECT e.student_id
      ,e.section_id
      ,e.final_grade
      ,g.numeric_grade
      ,COALESCE(e.final_grade, g.numeric_grade, 0) grade
  FROM enrollment e
      ,grade g
 WHERE e.student_id = g.student_id
   AND e.section_id = g.section_id
   AND e.student_id = 102
   AND g.grade_type_code = 'FI';
```

这个 SELECT 语句返回下面的输出:

```
STUDENT_ID  SECTION_ID  FINAL_GRADE  NUMERIC_GRADE  GRADE
----------  ----------  -----------  -------------  -----
       102          86       (null)             85     85
       102          89           92             92     92
```

GRADE 的值等于第一行中 NUMERIC_GRADE 的值。COALESCE 函数先将 FINAL_GRADE 的值与 NULL 进行比较。如果比较后得到的值是 NULL, 再将 NUMERIC_GRADE 的值与 NULL 进行比较。因为 NUMERIC_GRADE 的值不是 NULL, 所以 COALESCE 函数返回 NUMERIC_GRADE 的值。

在示例 ch05_6a.sql 中使用的 COALESCE 函数等同于以下的 NVL 语句以及 CASE 表达式:

```
NVL(e.final_grade, NVL(g.numeric_grade, 0))

CASE
   WHEN e.final_grade IS NOT NULL
   THEN
       e.final_grade
   ELSE
       COALESCE(g.numeric_grade, 0)
END
```

以及 CASE 表达式:

```
CASE
   WHEN e.final_grade IS NOT NULL
   THEN
       e.final_grade
   WHEN g.numeric_grade IS NOT NULL
   THEN
       g.numeric_grade
   ELSE
       0
END
```

本章小结

在第 4 章中,我们开始探索 Oracle PL/SQL 语言支持的条件控制语句的结构。在本章中,我们通过学习 CASE 语句、CASE 表达式、COALESCE 函数和 NULLIF 函数继续深入探索条件控制语句。在完成本章的学习后,我们对在 SQL 和 PL/SQL 语言中如何使用 CASE 结构应该有了深入的了解。

第 6 章

迭代控制：第一部分

通过本章，我们将掌握以下内容：
- 简单循环。
- WHILE 循环。
- 数字型 FOR 循环。

通常我们编写计算机程序是因为某些任务必须多次重复执行。例如，许多企业都需要按月处理事务，这种任务能够通过在每个月末执行一个程序来完成。

同样，程序是由需要被重复执行的指令组成的。例如，一个程序可能需要将一些记录写入表中。利用循环，程序可以将所需数量的记录写入一个表。换言之，循环是允许一组指令被重复执行的编程方法。

在 PL/SQL 中，有四种类型的循环：简单循环、WHILE 循环、数字型 FOR 循环和游标型 FOR 循环。在本章中，我们将探讨简单循环、WHILE 循环和数字型 FOR 循环。在第 7 章中，我们将学习这些类型的循环语句之间如何进行相互嵌套。此外，我们还将学习 CONTINUE 和 CONTINUE WHEN 语句，将在第 11 章和第 12 章中学习游标型 FOR 循环。

6.1 实验 1：简单循环

完成此实验后，我们将能够实现以下目标：
- 使用 EXIT 条件的简单循环。
- 使用 EXIT WHEN 条件的简单循环。

正如其名称所描述的那样，简单循环是最基本的一种循环，其结构如清单 6.1 所示。

清单 6.1　简单循环结构

```
LOOP
    STATEMENT 1;
    STATEMENT 2;
    …
    STATEMENT N;
END LOOP;
```

保留字 LOOP 代表了简单循环的开始。语句 1~N 是被重复执行的语句序列。这些语句包含一个或多个标准的编程结构。END LOOP 是保留字，表示循环结构的结束。简单循环的逻辑流程如图 6.1 所示。

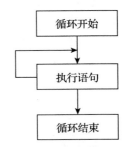

图 6.1　简单循环的逻辑流程

每次简单循环开始迭代时，就会执行一组语句序列，执行完成后控制操作返回循环的顶部。这些语句序列会被无限次地执行，因为并没有某个语句指定何时终止循环。因此，简单循环也被称为无限循环，因为没有办法退出循环。一个正确的循环结构需要有一个退出条件来决定循环何时结束。这种退出条件有两种类型：EXIT 和 EXIT WHEN。

6.1.1　EXIT 语句

当退出条件的计算结果为 TRUE 时，EXIT 语句终止循环的执行。退出条件的计算使用 IF 语句。当退出条件的计算结果为 TRUE 时，控制操作转到 END LOOP 语句后的第一个可执行语句。该循环结构如清单 6.2 所示。

清单 6.2　带有 **EXIT** 语句的简单循环结构

```
LOOP
    STATEMENT 1;
    STATEMENT 2;
    IF EXIT CONDITION THEN
        EXIT;
    END IF;
END LOOP;
STATEMENT 3;
```

在清单 6.2 中，可以看到，当**退出条件的**计算结果为 TRUE 时，控制操作转到**语句 3**，这是在 END LOOP 语句之后的第一个可执行语句。其逻辑流程如图 6.2 所示。

在图 6.2 中，在每次迭代期间，循环会执行一组语句序列，然后控制操作转到循环的退出条件。如果退出条件的计算结果为 FALSE，控制操作就转到循环的开始部分，重复地执行语句序列，直到退出条件的计算结果为 TRUE 才会终止。此时，循环被 EXIT 语句终止，控制操作转到循环后面的下一个可执行语句。

图 6.2 还显示，退出条件包含在循环体内。因此，循环是否终止的决定是在循环体内做出的，因此循环体或者循环的部分语句，至少要执行一次。然而，循环的迭代次数取决于

退出条件的计算结果,在循环终止前都是无法预知的。

下面的示例进一步解释了循环的执行流程。

示例 ch06_1a.sql

```
DECLARE
   v_counter BINARY_INTEGER := 0;
BEGIN
   LOOP
      -- increment loop counter by one
      v_counter := v_counter + 1;
      DBMS_OUTPUT.PUT_LINE ('v_counter = '||v_counter);

      -- if exit condition yields TRUE exit the loop
      IF v_counter = 5
      THEN
         EXIT;
      END IF;
   END LOOP;
   -- control resumes here
   DBMS_OUTPUT.PUT_LINE ('Done…');
END;
```

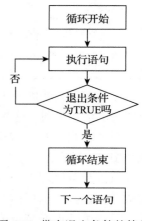

图 6.2 带有退出条件的简单循环的逻辑流程

在这个示例中,变量 v_counter 保存循环迭代的计数值,通常被称为循环计数器。语句

```
v_counter := v_counter + 1;
```

在执行循环时经常被调用,它将 v_counter 的值加 1 后再赋给变量 v_counter。当 v_counter 的值达到 5 时,退出条件

```
v_counter = 5
```

的计算结果变为 TRUE,循环终止。如前所述,循环一旦终止,控制操作就转到 END LOOP 语句之后的第一个可执行语句。

在执行这个示例时,它将产生下面的输出:

```
v_counter = 1
v_counter = 2
v_counter = 3
v_counter = 4
v_counter = 5
Done…
```

> **注意** 要成功地终止循环,必须对变量 v_counter 进行初始化。如果变量 v_counter 没有被初始化,那么它的值将是 NULL,而语句
>
> ```
> v_counter := v_counter + 1;
> ```
>
> 永远不会把 v_counter 的值加 1 递增,因为 NULL + 1 的计算结果永远为 NULL。因此,退出条件的计算结果永远不会为 TRUE,而这个循环变成了死循环。

如我们在前面示例中所看到的,在执行循环时,退出条件的位置会影响到在最后一次

的循环迭代中，循环体内的语句是否会执行。我们稍微修改一下示例 ch06_1a.sql，把退出条件直接放在 v_counter+1 语句的后面。被修改的语句以粗体表示。

示例　ch06_1b.sql

```
DECLARE
    v_counter BINARY_INTEGER := 0;
BEGIN
    LOOP
        -- increment loop counter by one
        v_counter := v_counter + 1;
        -- if exit condition yields TRUE exit the loop
        IF v_counter = 5
        THEN
            EXIT;
        END IF;
        DBMS_OUTPUT.PUT_LINE ('v_counter = '||v_counter);
    END LOOP;
    -- control resumes here
    DBMS_OUTPUT.PUT_LINE ('Done…');
END;
```

该示例的输出会稍有不同：

```
v_counter = 1
v_counter = 2
v_counter = 3
v_counter = 4
Done…
```

我们看下示例 ch06_1b.sql 中语句的执行顺序，循环体内位于退出条件前的那些语句被执行了 5 次。换言之，变量 v_counter 加 1 被执行了 5 次。然而，在循环的第五次迭代中，退出条件的计算结果为 TRUE，所以

```
DBMS_OUTPUT.PUT_LINE ('v_counter = '||v_counter);
```

语句没有被执行。此时，控制权被转到 END LOOP 之后的第一个可执行语句。因此，退出条件的位置使得循环体内的语句在最后一次迭代中只有在退出条件前面的那些语句被执行。

> **你知道吗?**
>
> EXIT 语句只有放在循环体内才是有效的。当我们把它放在循环体外时，会导致语法错误。为了避免错误的发生，在 PL/SQL 块正常结束前，可以使用 RETURN 语句终止后面语句的执行，如下所示：
>
> ```
> BEGIN
>     DBMS_OUTPUT.PUT_LINE ('Line 1');
>     RETURN;
>     DBMS_OUTPUT.PUT_LINE ('Line 2');
> END;
> ```

该示例产生的输出如下：

```
Line 1
```

因为 RETURN 语句终止了 PL/SQL 块，因此，第二个 DBMS_OUTPUT.PUT_LINE 语句永远不会被执行。

如果 EXIT 语句没有与退出条件一起被使用，那么 EXIT 语句只能让简单循环被执行一次。我们来看下面的示例：

```
DECLARE
   v_counter NUMBER := 0;
BEGIN
   LOOP
      DBMS_OUTPUT.PUT_LINE ('v_counter = '||v_counter);
      EXIT;
   END LOOP;
END;
```

该示例产生下面的输出：

```
v_counter = 0
```

因为 EXIT 语句没有与退出条件一起被使用，所以只要执行到 EXIT 语句，循环就被终止了。

6.1.2 EXIT WHEN 语句

EXIT WHEN 语句只有在退出条件的计算结果为 TRUE 时才会终止循环的执行，并将控制权转到 END LOOP 语句之后的第一个可执行语句。使用了 EXIT WHEN 语句的简单循环结构如清单 6.3 所示。

清单 6.3　使用了 EXIT WHEN 语句的简单循环结构

```
LOOP
   STATEMENT 1;
   STATEMENT 2;
   EXIT WHEN EXIT CONDITION;
END LOOP;
STATEMENT 3;
```

图 6.2 也给出了 EXIT WHEN 语句的逻辑流程，尽管 EXIT 语句和 EXIT WHEN 语句使用了不同格式的退出条件语句，但它们的逻辑流程是完全相同的。换言之，

```
IF EXIT CONDITION THEN
 EXIT;
END IF;
```

等同于

```
EXIT WHEN EXIT CONDITION;
```

我们将示例 ch06_1a.sql 中的 EXIT 语句部分修改为 EXIT WHEN 语句（被更改的语句以粗体显示）。

示例　ch06_1c.sql

```
DECLARE
   v_counter BINARY_INTEGER := 0;
BEGIN
   LOOP
      -- increment loop counter by one
      v_counter := v_counter + 1;
      DBMS_OUTPUT.PUT_LINE ('v_counter = '||v_counter);

      -- if exit condition yields TRUE exit the loop
      EXIT WHEN v_counter = 5;
   END LOOP;
   -- control resumes here
   DBMS_OUTPUT.PUT_LINE ('Done…');
END;
```

在这个示例中，IF 和 EXIT 语句被 EXIT WHEN 语句取代。正如我们预想的那样，其运行的结果与原来的示例完全相同：

```
v_counter = 1
v_counter = 2
v_counter = 3
v_counter = 4
v_counter = 5
Done…
```

6.2　实验 2：WHILE 循环

完成此实验后，我们将能够实现以下目标：
- 使用 WHILE 循环。
- 提前终止 WHILE 循环。

6.2.1　使用 WHILE 循环

WHILE 循环的结构如清单 6.4 所示。

清单 6.4　WHILE 循环结构

```
WHILE TEST CONDITION LOOP
   STATEMENT 1;
   STATEMENT 2;
   …
   STATEMENT N;
END LOOP;
```

保留字 WHILE 代表了循环结构的开始。**测试条件**是循环的判断依据，其结果为 TRUE 或 FALSE。**测试条件**的结果决定了循环是否会被执行。语句 1……语句 N 是被重复执行的一组语句序列。END LOOP 是保留字，表示循环结构的结束。其完整的逻辑流程如图 6.3 所示。

图 6.3 显示，在循环的每次迭代之前先计算测试条件。如果**测试条件**的计算结果为 TRUE，则开始执行语句序列，之后控制权被转到循环体的开始部分，再次计算测试条件。如果**测试条件**的计算结果为 FALSE，则循环终止，控制权被转到循环体外的下一个可执行语句。

如前所述，在循环体被执行之前，必须先计算出测试条件的结果。能否执行循环体内的语句，是在循环开始前就要做出的判断。因此，如果测试条件的计算结果为 FALSE，那么循环体内的语句根本不会执行。

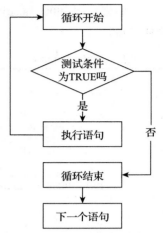

图 6.3 WHILE 循环的逻辑流程

示例　ch06_2a.sql

```
DECLARE
   v_counter NUMBER := 5;
BEGIN
   WHILE v_counter < 5
   LOOP
      DBMS_OUTPUT.PUT_LINE ('v_counter = '||v_counter);
      -- decrement the value of v_counter by one
      v_counter := v_counter - 1;
   END LOOP;
END;
```

在这个示例中，循环体根本不被执行，因为当变量 v_counter 被初始化为 5 时，循环的测试条件

v_counter < 5

的值为 FALSE。

要想执行循环体中的语句，必须要求测试条件的计算结果至少有一次为 TRUE。然而，保证测试条件的最终计算结果为 FALSE 也是非常重要的。否则，WHILE 循环将无限制地执行，如下面的示例所示（被修改的代码以粗体显示）。

示例　ch06_2b.sql

```
DECLARE
   v_counter NUMBER := 1;
BEGIN
   WHILE v_counter < 5
   LOOP
      DBMS_OUTPUT.PUT_LINE ('v_counter = '||v_counter);
      -- decrement the value of v_counter by one
      v_counter := v_counter - 1;
   END LOOP;
END;
```

这个示例是一个无法退出的 WHILE 死循环。测试条件的计算结果永远为 TRUE，因为 v_counter 的值每次减去 1，总是小于 5。

现在我们修改一下这个示例的代码，让循环只执行四次。在修改后的示例中，测试条件的最终计算结果为 FALSE，这是因为我们将 v_counter 的值每次加 1。示例中被修改的语句以粗体显示。

示例　ch06_2c.sql

```
DECLARE
   v_counter NUMBER := 1;
BEGIN
   WHILE v_counter < 5
   LOOP
      DBMS_OUTPUT.PUT_LINE ('v_counter = '||v_counter);

      -- increment the value of v_counter by one
      v_counter := v_counter + 1;
   END LOOP;
END;
```

运行这个示例得到下面的输出：

```
v_counter = 1
v_counter = 2
v_counter = 3
v_counter = 4
```

你知道吗？

我们也可以用布尔表达式来确定 WHILE 循环何时终止。

```
DECLARE
   v_test BOOLEAN := TRUE;
BEGIN
   WHILE v_test
   LOOP
      STATEMENTS;
      IF TEST CONDITION⊖
      THEN
         v_test := FALSE;
      END IF;
   END LOOP;
END;
```

当我们在 WHILE 循环中使用布尔表达式作为测试条件时，必须确保最终将不同的值赋给布尔型变量，以便能退出循环。否则，它会变成一个 WHILE 死循环。

⊖ IF 测试条件
　　THEN
　　　v_test := FALSE;
　　END IF;
　　可以简写为 v_test := 测试条件。——译者注

6.2.2 提前终止 WHILE 循环

我们可以在 WHILE 循环体内使用 EXIT 和 EXIT WHEN 语句。如果在测试条件的计算结果变为 FALSE 之前，退出条件的值已经变成 TRUE，那么循环提前终止。如果在退出条件的计算结果变为 TRUE 之前，测试条件的值已经变为 FALSE，那么循环不会提前终止。其逻辑结构如清单 6.5 所示。

清单 6.5　提前终止 WHILE 循环

```
WHILE TEST CONDITION LOOP
   STATEMENT 1;
   STATEMENT 2;

   IF EXIT CONDITION
   THEN
      EXIT;
   END IF;
END LOOP;
STATEMENT 3;
```

或

```
WHILE TEST CONDITION
LOOP
   STATEMENT 1;
   STATEMENT 2;
   EXIT WHEN EXIT CONDITION;
END LOOP;
STATEMENT 3;
```

我们来看下面的示例：

示例　ch06_3a.sql

```
DECLARE
   v_counter NUMBER := 1;
BEGIN
   WHILE v_counter <= 5
   LOOP
      DBMS_OUTPUT.PUT_LINE ('v_counter = '||v_counter);

      IF v_counter = 2
      THEN
         EXIT;
      END IF;

      v_counter := v_counter + 1;
   END LOOP;
END;
```

在 WHILE 循环体内的语句被执行之前，测试条件

`v_counter <= 5`

的计算结果为 TRUE。接着，在屏幕上显示 v_counter 的值。然后，对退出条件

```
v_counter = 2
```

进行计算。如果 `v_counter` 的值达到 2，循环就会终止；否则 `v_counter` 的值加 1，继续执行循环。

按照测试条件的计算结果，此循环应该执行五次。然而，此循环仅执行了两次，这是因为循环体内有退出条件（退出条件的计算结果为 `TRUE`）。因此，循环提前终止。

现在我们将测试条件和退出条件互换一下，如以下示例所示（被更改部分的语句以粗体显示）。

示例　ch06_3b.sql

```
DECLARE
   v_counter NUMBER := 1;
BEGIN
   WHILE v_counter <= 2
   LOOP
      DBMS_OUTPUT.PUT_LINE ('v_counter = '||v_counter);
      v_counter := v_counter + 1;

      IF v_counter = 5
      THEN
         EXIT;
      END IF;
   END LOOP;
END;
```

在此示例中，测试条件为

```
v_counter <= 2
```

而退出条件是

```
v_counter = 5
```

在这种情况下，`WHILE` 循环执行两次。但它并未提前终止，因为退出条件的计算结果永远不会为 `TRUE`。只要 `v_counter` 的值达到 3，测试条件的计算结果就为 `FALSE`，而 `WHILE` 循环便会终止。

这两个示例在运行时，都会输出以下的结果：

```
v_counter = 1
v_counter = 2
```

以上两个示例不仅演示了 `EXIT` 语句在 `WHILE` 循环体内的使用，而且也警示了一种不好的编程习惯。在示例 ch06_3a.sql 中，我们可以对测试条件做下修改，而无须再使用退出条件，因为本质上这两个条件都是用来终止 `WHILE` 循环的。在示例中 ch06_3b.sql，退出条件是多余的，因为永远都达不到它的终止值。我们不应该在程序中编写这些多余的代码。

6.3 实验 3：数字型 FOR 循环

完成此实验后，我们将能够实现以下目标：
- 在数字型 FOR 循环中使用 IN 选项。
- 在数字型 FOR 循环中使用 REVERSE 选项。
- 在数字型 FOR 循环中使用迭代控制选项。
- 提前终止数字型 FOR 循环。

数字型 FOR 循环之所以被称为"数字型"，是因为它要求终止条件必须是一个数字值。数字型 FOR 循环的结构如清单 6.6 所示。

清单 6.6　数字型 FOR 循环结构

```
FOR loop_counter IN [REVERSE] lower_limit..upper_limit
LOOP
    STATEMENT 1;
    STATEMENT 2;
    …
    STATEMENT N;
END LOOP;
```

保留字 FOR 表示数字型 FOR 循环结构的开始。变量 loop_counter 是一个被隐含定义的索引变量或循环变量（iterand variable）。我们不需要在 PL/SQL 块的声明部分中定义索引变量，这个变量是由循环结构自己定义的。lower_limit 和 upper_limit 可以是整数型的数值，也可以是表达式，要求表达式在运行时得到的计算结果是整数型的数值；双点（..）表示范围运算符。lower_limit 和 upper_limit 定义了循环的迭代次数，并在循环的第一次迭代中计算出它们的数值，这确定了循环的迭代次数。语句 1……语句 N 是一组被重复执行的语句序列。END LOOP 是保留字，表示循环结构的结束。

我们在定义数字型 FOR 循环的时候，必须使用保留字 IN 或 IN REVERSE。当使用关键字 REVERSE 时，循环计数器将从上限遍历到下限。但是，编程的规范语法并没有因此而改变，程序的编写顺序始终是从下限开始的。数字型 FOR 循环的逻辑流程如图 6.4 所示。

图 6.4 显示了循环计数器在循环的第一次迭代时被初始化为下限。而且，循环计数器的值会在循环的每次迭代中进行计算。只要 v_counter 的值在下限和上限之间，循环体中的语句就会执行。如果循环计数器的值落在下限和上限的范围之外，那么控制操作就会转到循环外的第一个可执行语句。

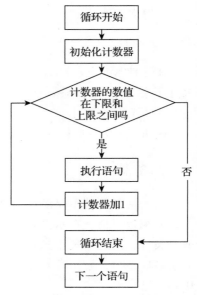

图 6.4　数字型 FOR 循环的逻辑流程

FOR..LOOP 语句，也称为循环头，表明了循环所用的迭代控制的类型。迭代控制决定了如何计算循环计数器的值以及它们如何变化。在 Oracle 21c 之前，迭代控制的结构如前所述，是最基本的；但在 Oracle 21c 中，迭代控制被扩展了，增加了以下选项：

❑ 指定步长迭代（Stepped range iteration）：迭代控制可以产生一组指定步长的数值。如果未指定步长的数值，则默认为 1。
❑ 单个表达式迭代（Single expression iteration）：循环体重复地对单个表达式执行计算。
❑ 多个迭代条件（Multiple iteration）：循环体顺序地对多个迭代条件执行计算。

这些选项将在本实验的后面详细讨论。

6.3.1 在循环中使用 IN 选项

请看下面的示例，它显示了最基本的步长为 1 的使用 IN 选项的数字型 FOR 循环。

示例　ch06_4a.sql

```
BEGIN
   FOR v_counter IN 1..5
   LOOP
      DBMS_OUTPUT.PUT_LINE ('v_counter = '||v_counter);
   END LOOP;
END;
```

在这个示例中，PL/SQL 块没有声明部分，因为唯一用到的变量 v_counter 是循环计数器。数值 1..5 指定此循环被执行的整数范围。

请注意，无论是在循环体内还是循环体外，代码中并没有下列这条语句

```
v_counter := v_counter + 1;
```

变量 v_counter 的值是在 FOR 循环体内被隐式地加 1。

该示例在运行时产生下面的输出：

```
v_counter = 1
v_counter = 2
v_counter = 3
v_counter = 4
v_counter = 5
```

如果我们在循环体内增加这条语句：

```
v_counter := v_counter + 1;
```

当我们尝试编译 PL/SQL 脚本时会报错。请看下面的示例（新增的语句以粗体显示）。

示例　ch06_4b.sql

```
BEGIN
   FOR v_counter IN 1..5
   LOOP
      v_counter := v_counter + 1;
```

```
         DBMS_OUTPUT.PUT_LINE ('v_counter = '|| v_counter);
      END LOOP;
END;
```

当运行脚本时,它会产生以下错误消息:

```
ORA-06550: line 4, column 7:
PLS-00363: expression 'V_COUNTER' cannot be used as an assignment target
ORA-06550: line 4, column 7:
PL/SQL: Statement ignored
```

> **注意** 在我们使用数字型 FOR 循环时,循环计数器是在循环体内被隐式地定义和递增的。因此,它不能在 FOR 循环体外被引用。请看下面的示例:

```
BEGIN
   FOR v_counter IN 1..5
   LOOP
      DBMS_OUTPUT.PUT_LINE ('v_counter = '||v_counter);
   END LOOP;
   DBMS_OUTPUT.PUT_LINE ('Counter outside the loop is '||
      v_counter);
END;
```

当运行本示例时,它将产生以下错误消息:

```
   ('Counter outside the loop is '||v_counter);
                                    *
ORA-06550: line 7, column 7:
PLS-00201: identifier 'V_COUNTER; must be declared
ORA-06550: line 6, column 4:
PL/SQL: Statement ignored
```

由于循环计数器是在循环体内被隐式地声明的,因此不能在循环体外引用变量 v_counter。一旦循环执行完成,循环计数器就不再存在。

下面我们来看一个示例,在这个示例中,PL/SQL 块中使用的变量和 FOR 循环体内的索引变量是同一个变量。

示例 ch06_4c.sql

```
DECLARE
   v_counter NUMBER := 7;
BEGIN
   DBMS_OUTPUT.PUT_LINE ('Before FOR loop…');
   DBMS_OUTPUT.PUT_LINE ('v_counter = '||v_counter);

   FOR v_counter IN 1..5
   LOOP
      DBMS_OUTPUT.PUT_LINE ('v_counter = '||v_counter);
   END LOOP;

   DBMS_OUTPUT.PUT_LINE ('After FOR loop…');
   DBMS_OUTPUT.PUT_LINE ('v_counter = '||v_counter);
END;
```

在这个示例中,首先,变量 v_counter 在声明部分被初始化为 7。接着,它在 FOR 循环体内被隐式地定义为循环计数器:

```
FOR v_counter IN 1..5
```

按照编程规范,在 PL/SQL 块中声明的变量 v_counter 在 FOR 循环体内是不可见的,其输出结果如下所示:

```
Before FOR loop…
v_counter = 7
v_counter = 1
v_counter = 2
v_counter = 3
v_counter = 4
v_counter = 5
After FOR loop…
v_counter = 7
```

我们可以回顾一下第 2 章中变量的作用域和可见性的概念。我们在 PL/SQL 块中声明的变量 v_counter 在 FOR 循环体内是不可见的。如果我们想引用这个变量,必须在它前面加上块标签这个限定符,如下面的示例中被加亮显示的部分。

示例   ch06_4d.sql

```
DECLARE
   v_counter NUMBER := 7;
BEGIN
   DBMS_OUTPUT.PUT_LINE ('Before FOR loop…');
   DBMS_OUTPUT.PUT_LINE ('v_counter = '||v_counter);

   FOR v_counter IN 1..5
   LOOP
      DBMS_OUTPUT.PUT_LINE ('v_counter = '||v_counter);
      DBMS_OUTPUT.PUT_LINE ('main_block.v_counter = '||
         main_block.v_counter);
   END LOOP;
   DBMS_OUTPUT.PUT_LINE ('After FOR loop…');
   DBMS_OUTPUT.PUT_LINE ('v_counter = '||v_counter);
END;
```

在此示例中,块变量 v_counter 在 FOR 循环体内被引用,其名称前缀被 main_block 块标签所限定。此脚本示例输出以下的结果:

```
Before FOR loop…
v_counter = 7
v_counter = 1
main_block.v_counter = 7
v_counter = 2
main_block.v_counter = 7
v_counter = 3
main_block.v_counter = 7
v_counter = 4
main_block.v_counter = 7
v_counter = 5
```

```
main_block.v_counter = 7
After FOR loop…
v_counter = 7
```

6.3.2 在循环中使用 REVERSE 选项

在前面的示例中我们已经看到，在对循环计数器执行计算时，有两个选项 `IN` 和 `IN REVERSE` 可用。对于 `IN` 选项的使用示例我们在前面已经演示过了。下面我们来介绍使用 `IN REVERSE` 选项的循环示例。

示例 ch06_5a.sql

```
BEGIN
    FOR v_counter IN REVERSE 1..5
    LOOP
        DBMS_OUTPUT.PUT_LINE ('v_counter = '||v_counter);
    END LOOP;
END;
```

当运行此脚本时，它产生以下输出：

```
v_counter = 5
v_counter = 4
v_counter = 3
v_counter = 2
v_counter = 1
```

如前所述，即使使用了 `REVERSE` 关键字，循环计数器也是从下限开始引用的。而 `IN REVERSE` 选项的循环示例中，循环计数器的数值是从上限递减到下限的。当第一次循环迭代时，`v_counter`（在本示例中，它就是循环计数器）被初始化为 5（上限），接着其数值显示在屏幕上；当第二次循环迭代时，`v_counter` 的值减 1，然后其数值显示在屏幕上。

循环体被执行的次数并不取决于使用 `IN` 选项还是 `IN REVERSE` 选项，而是取决于下限和上限的数值。

6.3.3 在循环中使用迭代控制选项

如前所述，在 Oracle 21c 中，数字型 `FOR` 循环的迭代控制选项得到了增强，增加了一些新的选项。我们在前几节中介绍了数字型 `FOR` 循环最基本的示例，这些示例的循环计数器都使用了步长为 1 的迭代控制。在本节中，我们将继续探索指定步长的迭代控制，学习数字型 `FOR` 循环的其他迭代控制选项。

1. 指定步长迭代

请看下面这个数字型 `FOR` 循环的示例，我们在循环头指定了迭代的步长值。

示例 ch06_6a.sql

```
BEGIN
    FOR v_counter IN 1..10 BY 2
```

```
    LOOP
        DBMS_OUTPUT.PUT_LINE ('v_counter = '||v_counter);
    END LOOP;
END;
```

请注意代码中的 BY 子句，该子句定义了循环变量 v_counter 将按照何种步长值被递增。当我们运行该脚本时，会输出以下的结果：

```
v_counter = 1
v_counter = 3
v_counter = 5
v_counter = 7
v_counter = 9
```

在目前我们所看到的示例中，循环计数器变量是由循环隐式声明的，并按照 PLS_INTEGER 值被递增。我们可以将循环计数器的步长值定义为分数，并在循环头中显式地声明循环计数器变量的步长值。下面我们来看一个示例。

示例　ch06_6b.sql

```
BEGIN
    FOR v_counter NUMBER(3, 1) IN 1..10 BY 2.5
    LOOP
        DBMS_OUTPUT.PUT_LINE ('v_counter = '||v_counter);
    END LOOP;
END;
```

这个脚本的运行结果如下：

```
v_counter = 1
v_counter = 3.5
v_counter = 6
v_counter = 8.5
```

请注意，在 Oracle 21c 之前，循环变量的步长值不可以是分数，然而下限和上限可以是分数，如下面这个示例。

示例　ch06_6c.sql

```
BEGIN
    FOR v_counter NUMBER(3, 1) IN 1.5..10.5
    LOOP
        DBMS_OUTPUT.PUT_LINE ('v_counter = '||v_counter);
    END LOOP;
END;
```

这个脚本的运行结果如下：

```
v_counter = 1.5
v_counter = 2.5
v_counter = 3.5
v_counter = 4.5
v_counter = 5.5
v_counter = 6.5
v_counter = 7.5
```

```
v_counter = 8.5
v_counter = 9.5
v_counter = 10.5
```

注意，本示例中没有 BY 子句，每次迭代时循环计数器变量加 1，因为默认的步长值是 1。

在 Oracle 21c 中，我们可以通过使用 WHEN 跳转子句跳出循环迭代，如下面这个示例。

示例　ch06_6d.sql

```
BEGIN
   FOR v_counter IN 1..10 WHEN MOD(v_counter, 2) = 0
   LOOP
      DBMS_OUTPUT.PUT_LINE ('v_counter = '||v_counter);
   END LOOP;
END;
```

在本示例中，当变量 v_counter 值为奇数时，表达式

```
WHEN MOD(v_counter, 2) = 0
```

的计算结果为 FALSE，于是跳出循环迭代。这个脚本的运行结果如下：

```
v_counter = 2
v_counter = 4
v_counter = 6
v_counter = 8
v_counter = 10
```

2. 单个表达式迭代

单个表达式的迭代控制只针对单个表达式执行计算。我们通过下面的示例说明它的基本结构。正如我们在示例中所看到的，循环迭代只被执行一次，因此它并没有实际的用途。

示例　ch06_7a.sql

```
BEGIN
   FOR v_counter IN 1
   LOOP
      DBMS_OUTPUT.PUT_LINE ('v_counter = '||v_counter);
   END LOOP;
END;
```

下面我们来看一个示例，它是对单个表达式循环迭代的扩展，利用了 REPEAT 和 WHILE 子句。

示例　ch06_7b.sql

```
BEGIN
   FOR v_counter IN 1, REPEAT v_counter + 3 WHILE v_counter <= 10
   LOOP
      DBMS_OUTPUT.PUT_LINE ('v_counter = '||v_counter);
   END LOOP;
END;
```

在上面这个脚本中，REPEAT 子句对表达式

```
v_counter + 3
```

重复地执行计算，直到其数值不满足 WHILE 子句 v_counter <= 10 的条件为止，即 WHILE 子句的计算结果是 FALSE。当运行该脚本时，输出以下的结果：

```
v_counter = 1
v_counter = 4
v_counter = 7
v_counter = 10
```

3. 多个迭代条件

当有多个迭代条件时，我们能够创建一个用逗号分隔的、由多个迭代条件组成的列表，循环体按照顺序对列表中的迭代条件执行计算。也就是说，首先对第一个迭代条件执行计算，完成之后，再对第二个迭代条件执行计算，依此类推。下面的示例清晰地显示了其逻辑结构。

示例 ch06_7c.sql

```
BEGIN
   FOR v_counter IN 1..5, REVERSE 20..25,
       v_counter*3..v_counter*3+5
   LOOP
      DBMS_OUTPUT.PUT_LINE ('v_counter = '||v_counter);
   END LOOP;
END;
```

在该示例中，有 3 个迭代条件：

```
IN 1..5
REVERSE 20..25
v_counter*3..v_counter*3+5
```

按照顺序它们依次被执行，该循环体运行后的结果输出如下：

```
v_counter = 1
v_counter = 2
v_counter = 3
v_counter = 4
v_counter = 5
v_counter = 25
v_counter = 24
v_counter = 23
v_counter = 22
v_counter = 21
v_counter = 20
v_counter = 60
v_counter = 61
v_counter = 62
v_counter = 63
v_counter = 64
v_counter = 65
```

首先，循环计数器变量在值 1 到 5 之间进行迭代。然后，循环计数器变量以倒序的方式在值 25 到 20 之间进行迭代。最后，循环计数器变量按照表达式计算出的结果在值 60 到 65 之间进行迭代。

6.3.4 提前终止数字型 FOR 循环

我们在前面实验中使用的 EXIT 和 EXIT WHEN 语句也可以用于数字型 FOR 循环的循环体内。如果在循环计数器达到其终止值之前，退出条件的计算结果为 TRUE，那么 FOR 循环就被提前终止。如果在退出条件的计算结果为 TRUE 之前，循环计数器就达到了其终止值，那么不会提前终止 FOR 循环。其逻辑结构如清单 6.7 所示。

清单 6.7　数字型 FOR 循环的提前终止

```
FOR loop_counter IN lower_limit..upper_limit
LOOP
    STATEMENT 1;
    STATEMENT 2;
    IF EXIT CONDITION THEN
        EXIT;
    END IF;
END LOOP;
STATEMENT 3;
```

或

```
FOR loop_counter IN lower_limit..upper_limit
LOOP
    STATEMENT 1;
    STATEMENT 2;
    EXIT WHEN EXIT CONDITION;
END LOOP;
STATEMENT 3;
```

下面的 FOR 循环示例使用了退出条件，会导致循环被提前终止。

示例　ch06_8a.sql

```
BEGIN
    FOR v_counter IN 1..5
    LOOP
        DBMS_OUTPUT.PUT_LINE ('v_counter = '||v_counter);
        EXIT WHEN v_counter = 3;
    END LOOP;
END;
```

按照循环计数器定义的范围，此循环应该执行五次。然而，这个循环只执行了三次，这是因为在循环体内增加了退出条件。因此，循环被提前终止，运行这个示例后其输出如下所示：

```
v_counter = 1
v_counter = 2
v_counter = 3
```

在 Oracle 21c 中，可以将 WHILE 子句添加到循环头，以提前终止循环。我们对示例 ch06_8a.sql 进行了修改，用 WHILE 子句代替 EXIT WHEN 语句。

示例　ch06_8b.sql

```
BEGIN
   FOR v_counter IN 1..5 WHILE v_counter <= 3
   LOOP
      DBMS_OUTPUT.PUT_LINE ('v_counter = '||v_counter);
   END LOOP;
END;
```

运行该脚本后其输出的结果与前述示例相同。

本章小结

在本章中，我们探讨了 PL/SQL 语言支持的三种类型的循环。我们也学习了如何使用退出条件来避免死循环，以及如何提前终止循环。此外，我们也介绍了 Oracle 21c 中数字型 FOR 循环的增强功能。

在下一章中，我们将继续学习循环语句，探讨它们之间如何互相嵌套。此外，我们也将学习一些其他的循环功能，如 CONTINUE 和 CONTINUE WHEN。

第 7 章

迭代控制：第二部分

通过本章，我们将掌握以下内容：
- CONTINUE 语句。
- 嵌套循环。

在第 6 章中，我们探讨了三种类型的循环：简单循环、WHILE 循环和数字型 FOR 循环。我们也了解了 Oracle 21c 中有关数字型 FOR 循环的增强功能。在本章中，我们将继续探讨循环迭代控制，学习 CONTINUE 语句及其限制要求以及如何将不同类型的循环互相嵌套。

7.1 实验 1：CONTINUE 语句

完成此实验后，我们将能够实现以下目标：
- 使用 CONTINUE 语句。
- 使用 CONTINUE WHEN 语句。

CONTINUE 语句有两种形式：CONTINUE 和 CONTINUE WHEN。

7.1.1 使用 CONTINUE 语句

CONTINUE 语句能够让循环终止本次迭代，当继续条件的计算结果为 TRUE 时，控制权被转到循环的下一次迭代。继续条件是利用 IF 语句进行判断的。当继续条件的计算结果为 TRUE 时，控制权被转到循环体中的第一个可执行语句。其逻辑结构如清单 7.1 所示。

清单 7.1　使用 CONTINUE 语句的简单循环结构

```
LOOP
  STATEMENT 1;
```

```
    STATEMENT 2;
    IF CONTINUE CONDITION THEN
        CONTINUE;
    END IF;
    STATEMENT 3;

    EXIT WHEN EXIT CONDITION;
END LOOP;
STATEMENT 4;
```

只要**继续条件**（*CONTINUE CONDITION*）的计算结果为 TRUE，控制权就被转到**语句 1**（*STATEMENT 1*），这是循环体中的第一个可执行语句。此时，循环体中只有部分语句被执行，因为循环体内**继续条件**之后的语句不会被执行。使用 CONTINUE 语句的简单循环的逻辑流程如图 7.1 所示。

如图 7.1 所示，在每次迭代过程中，循环都执行一组语句。之后，控制权被转到循环的**继续条件**。如果**继续条件**的计算结果为 TRUE，则控制权被转到循环的开始部分，继续重复执行循环体中的一组语句，直到**继续条件**的计算结果变为 FALSE。当**继续条件**的计算结果为 FALSE 时，控制权被转到循环体内的下一个可执行语句，判断**退出条件**（*EXIT CONDITION*）的计算结果。当**退出条件**的计算结果为 TRUE 时，控制权被转到循环体外的第一个可执行语句。

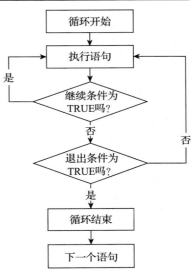

图 7.1 使用 CONTINUE 语句的简单循环的逻辑流程

你知道吗?

你了解以下关于 CONTINUE 语句、继续条件和退出条件的信息吗？

❑ CONTINUE 和 CONTINUE WHEN 语句可以用在所有类型的循环中。

❑ 退出条件和继续条件的不同之处在于，退出条件终止循环的执行，而继续条件终止循环的本次迭代。

请看下面的示例，它演示了继续条件和退出条件如何影响循环的执行。

示例 ch07_1a.sql

```
DECLARE
    v_counter BINARY_INTEGER := 0;
BEGIN
    LOOP
        -- increment loop counter by one
        v_counter := v_counter + 1;
        DBMS_OUTPUT.PUT_LINE
            ('Before continue condition, v_counter = '||v_counter);
```

```
      -- if continue condition yields TRUE pass control to the
      -- first executable statement of the loop
      IF v_counter < 3
      THEN
         CONTINUE;
      END IF;
      DBMS_OUTPUT.PUT_LINE
        ('After continue condition, v_counter = '||v_counter);

      -- if exit condition yields TRUE exit the loop
      IF v_counter = 5
      THEN
         EXIT;
      END IF;

   END LOOP;
   -- control resumes here
   DBMS_OUTPUT.PUT_LINE ('Done…');
END;
```

运行该脚本,其结果输出如下:

```
Before continue condition, v_counter = 1
Before continue condition, v_counter = 2
Before continue condition, v_counter = 3
After continue condition,  v_counter = 3
Before continue condition, v_counter = 4
After continue condition,  v_counter = 4
Before continue condition, v_counter = 5
After continue condition,  v_counter = 5
Done…
```

下面我们来详细地分析在循环的执行过程中循环体中的迭代流程。对于循环的前两次迭代(v_counter 的值分别是 1 和 2),继续条件

```
IF v_counter < 3
```

的计算结果为 TRUE,于是控制权被转移到循环体内的第一个语句。然后,v_counter 的值加 1,只执行第一个 DBMS_OUTPUT.PUT_LINE 语句:

```
Before continue condition, v_counter = 1
Before continue condition, v_counter = 2
```

换言之,对于前两次迭代,循环体中只有 CONTINUE 语句前的那些语句被执行。

对于循环的最后三次迭代(v_counter 的值分别是 3、4 和 5),继续条件的计算结果为 FALSE,循环执行第二个 DBMS_OUTPUT.PUT_LINE 语句:

```
Before continue condition, v_counter = 3
After continue condition,  v_counter = 3
Before continue condition, v_counter = 4
After continue condition,  v_counter = 4
Before continue condition, v_counter = 5
After continue condition,  v_counter = 5
```

此时,循环体中的所有语句都被执行。

最后，当 v_counter 的值达到 5 时，退出条件

```
IF v_counter = 5
```

的计算结果为 TRUE，循环被终止。最后一个 DBMS_OUTPUT.PUT_LINE 语句也被执行。

> **注意** 当我们使用没有继续条件的 CONTINUE 语句时，循环的本次迭代会被无条件地终止，控制权被转到循环体的第一个可执行语句。请看下面的示例：
>
> ```
> DECLARE
>    v_counter NUMBER := 0;
> BEGIN
>    LOOP
>       DBMS_OUTPUT.PUT_LINE ('v_counter = '||v_counter);
>       CONTINUE;
>
>       v_counter := v_counter + 1;
>       EXIT WHEN v_counter = 5;
>    END LOOP;
> END;
> ```
>
> 由于使用 CONTINUE 语句时没有提供继续条件，这个循环将永远不会满足 EXIT WHEN 条件，因此循环无法终止。

7.1.2 使用 CONTINUE WHEN 语句

CONTINUE WHEN 语句只有在继续条件的计算结果为 TRUE 时，才会让循环终止其本次迭代，才会将控制权跳转到循环的下一次迭代。然后，控制权被转到循环体内的第一个可执行语句。使用了 CONTINUE WHEN 语句的简单循环结构如清单 7.2 所示。

清单 7.2　使用 CONTINUE WHEN 语句的简单循环结构

```
LOOP
   STATEMENT 1;
   STATEMENT 2;
   CONTINUE WHEN CONTINUE CONDITION;

   EXIT WHEN EXIT CONDITION;
END LOOP;
   STATEMENT 3;
```

注意，图 7.1 所示的逻辑流程也适用于 CONTINUE WHEN 语句。换言之，

```
IF CONDITION
THEN
   CONTINUE;
END IF;
```

相当于

```
CONTINUE WHEN CONDITION;
```

我们对示例 ch07_1a.sql 稍作修改来进一步说明其相似性。当运行这个脚本时，其输出结果与示例 ch07_1a.sql 完全一样（被修改的语句以粗体显示）。

示例　ch07_1b.sql

```
DECLARE
   v_counter BINARY_INTEGER := 0;
BEGIN
   LOOP
      -- increment loop counter by one
      v_counter := v_counter + 1;
      DBMS_OUTPUT.PUT_LINE
         ('Before continue condition, v_counter = '||v_counter);

      -- if continue condition yields TRUE pass control to the
      -- first executable statement of the loop
      CONTINUE WHEN v_counter < 3;

      DBMS_OUTPUT.PUT_LINE
         ('After continue condition, v_counter = '||v_counter);
      -- if exit condition yields TRUE exit the loop
      IF v_counter = 5
      THEN
         EXIT;
      END IF;

   END LOOP;
   -- control resumes here
   DBMS_OUTPUT.PUT_LINE ('Done…');
END;
```

> **注意**　CONTINUE 和 CONTINUE WHEN 语句只有在循环体内使用才是有效的。如果在循环体外使用，会产生语法错误。

当使用退出条件和继续条件时，循环的执行和迭代的次数会受到**循环体内这些条件所在位置**的影响。这可以通过下面的示例进一步说明（被修改的语句以粗体显示）。

示例　ch07_1c.sql

```
DECLARE
   v_counter BINARY_INTEGER := 0;
BEGIN
   LOOP
      -- increment loop counter by one
      v_counter := v_counter + 1;
      DBMS_OUTPUT.PUT_LINE
         ('Before continue condition, v_counter = '||v_counter);

      -- if continue condition yields TRUE pass control to the
      -- first executable statement of the loop
      CONTINUE WHEN v_counter > 3;

      DBMS_OUTPUT.PUT_LINE
         ('After continue condition, v_counter = '||v_counter);

      -- if exit condition yields TRUE exit the loop
```

```
        IF v_counter = 5
        THEN
            EXIT;
        END IF;

    END LOOP;
    -- control resumes here
    DBMS_OUTPUT.PUT_LINE ('Done…');
END;
```

在这个脚本中，继续条件已被修改成

```
CONTINUE WHEN v_counter > 3;
```

这种修改导致了死循环。当 v_counter 的值小于或等于 3 时，继续条件的计算结果始终为 FALSE。在循环的前三次迭代中，循环体中的所有语句以及退出条件一起被执行，但退出条件的计算结果始终为 FALSE。

从循环的第四次迭代开始，继续条件的计算结果变为 TRUE，控制权被转到循环体内的第一个可执行语句，只执行 CONTINUE WHEN 之前的语句。由于循环一直重复地执行这些语句，因此无法达到退出条件，导致该循环被无限地执行下去。为了避免这种情况的出现，需要调整继续条件和退出条件的位置，具体修改如以下示例（修改部分以粗体显示）所示。

示例　ch07_1d.sql

```
DECLARE
    v_counter BINARY_INTEGER := 0;
BEGIN
    LOOP
        -- increment loop counter by one
        v_counter := v_counter + 1;
        -- if exit condition yields TRUE exit the loop
        IF v_counter = 5
        THEN
            EXIT;
        END IF;

        DBMS_OUTPUT.PUT_LINE
            ('Before continue condition, v_counter = '||v_counter);

        -- if continue condition yields TRUE pass control to the
        -- first executable statement of the loop
        CONTINUE WHEN v_counter > 3;

        DBMS_OUTPUT.PUT_LINE
            ('After continue condition, v_counter = '||v_counter);
    END LOOP;
    -- control resumes here
    DBMS_OUTPUT.PUT_LINE ('Done…');
END;
```

在修改后的脚本中，退出条件被调整到继续条件之前。这样的位置调整让退出条件能够确保循环的最终终止，其输出结果如下所示：

```
Before continue condition, v_counter = 1
After continue condition, v_counter = 1
Before continue condition, v_counter = 2
After continue condition, v_counter = 2
Before continue condition, v_counter = 3
After continue condition, v_counter = 3
Before continue condition, v_counter = 4
Done...
```

我们可以看到在循环执行第五次迭代时，v_counter 的值继续加 1，此时退出条件的计算结果为 TRUE。因此，循环体内的所有 DBMS_OUTPUT.PUT_LINE 语句都不会被执行，此时，控制权被转到 END LOOP 之后的第一个可执行语句，输出结果 Done... 显示在屏幕上。

7.2 实验 2：嵌套循环

完成此实验后，我们将能够实现以下目标：
- 使用嵌套循环。
- 使用循环标签。

7.2.1 使用嵌套循环

我们已经学习了三种类型的循环：简单循环、WHILE 循环和数字型 FOR 循环。而这三种类型的循环能够相互嵌套。例如，我们能够在 WHILE 循环中嵌套简单循环，反之亦然。请看下面的示例：

示例　ch07_2a.sql

```
DECLARE
   v_counter1 BINARY_INTEGER := 0;
   v_counter2 BINARY_INTEGER;
BEGIN
   WHILE v_counter1 < 3
   LOOP
      DBMS_OUTPUT.PUT_LINE ('v_counter1: '||v_counter1);
      v_counter2 := 0;
      LOOP
         DBMS_OUTPUT.PUT_LINE (' v_counter2: '||v_counter2);
         v_counter2 := v_counter2 + 1;
         EXIT WHEN v_counter2 >= 2;
      END LOOP;
      v_counter1 := v_counter1 + 1;
   END LOOP;
END;
```

在这个示例中，WHILE 循环被称为外循环，因为它的循环体内又包含了简单循环。简单循环（以粗体突出显示）被称为内循环，因为它被包含在 WHILE 循环的循环体内。

外循环由循环计数器 v_counter1 控制，当 v_counter1 的值小于 3 时循环执行，在外循环的每次迭代中，都将在屏幕上显示 v_counter1 的值。接着，v_counter2 被初始化为 0。注意，v_counter2 不是在声明部分被初始化的。简单循环嵌套在 WHILE 循环体内，因此，每当控制权被转到简单循环之前，v_counter2 的值就被初始化一次。

控制权被转到内循环后，在屏幕上显示 v_counter2 的值，然后将其值加 1，再计算退出条件的结果。如果退出条件的计算结果为 FALSE，则控制权被转到简单循环的开头部分并执行其中的语句；如果退出条件的计算结果为 TRUE，则控制权被转到外循环的第一个可执行语句。此时，控制权被转到外循环，v_counter1 的值加 1，而 WHILE 循环的测试条件（即 v_counter1 < 3）会被再次计算。

此示例的逻辑结构可通过以下输出结果来展示。

```
v_counter1: 0
 v_counter2: 0
 v_counter2: 1
v_counter1: 1
 v_counter2: 0
 v_counter2: 1
v_counter1: 2
 v_counter2: 0
 v_counter2: 1
```

注意，外循环 v_counter1 的每次循环计数都对应内循环 v_counter2 的两次循环计数。具体而言，对于外循环的第一次迭代，v_counter1 的值等于 0。当控制权被转到内循环后，v_counter2 被循环计数两次，因此屏幕上显示其两次的输出结果，依此类推。

7.2.2　使用循环标签

在第 2 章中，我们对 PL/SQL 块的标签有了一些了解。在循环中，我们也可以以类似的方式使用标签，如清单 7.3 所示。

清单 7.3　循环标签

```
<<label_name>>
FOR loop_counter IN lower_limit..upper_limit
LOOP
    STATEMENT 1;
    …
    STATEMENT N;
END LOOP label_name;
```

标签必须紧跟循环语句，在循环语句开始之前定义。如清单 7.3 所示，在循环语句结束时我们可以选择性地使用这些标签。为嵌套循环定义标签是非常好的习惯，它大大地提高了脚本的可读性。请看下面的示例：

示例　ch07_3a.sql

```
BEGIN
   <<outer _loop>>
```

```
      FOR i IN 1..3
      LOOP
         DBMS_OUTPUT.PUT_LINE ('i = '||i);
         <<inner_loop>>
         FOR j IN 1..2
         LOOP
            DBMS_OUTPUT.PUT_LINE ('j = '||j);
         END LOOP inner_loop;
      END LOOP outer_loop;
   END;
```

无论是外循环还是内循环，都必须使用 END LOOP 语句。如果在每个 END LOOP 语句后添加循环标签，终止的是哪个循环就一目了然了。

循环标签也可以在引用循环计数器时使用，请看下面的示例：

示例　ch07_4a.sql

```
   BEGIN
      <<outer>>
      FOR i IN 1..3
      LOOP
         <<inner>>
         FOR i IN 1..2
         LOOP
            DBMS_OUTPUT.PUT_LINE ('outer.i '||outer.i);
            DBMS_OUTPUT.PUT_LINE ('inner.i '||inner.i);
         END LOOP inner;
      END LOOP outer;
   END;
```

在这个示例中，内循环和外循环使用相同的循环计数器 i。我们用循环标签来分别引用外循环和内循环的变量 i。该示例的输出结果如下：

```
outer.i 1
inner.i 1
outer.i 1
inner.i 2
outer.i 2
inner.i 1
outer.i 2
inner.i 2
outer.i 3
inner.i 1
outer.i 3
inner.i 2
```

请注意，由于引用变量时使用了循环标签，因此脚本能够区分开有相同名称的两个变量。如果没有使用循环标签，那么当变量 i 被引用时，该脚本所产生的输出结果将发生明显的变化。实际上，当控制权被转到内循环时，外循环的变量 i 就不可用了。只有当控制权被转回外循环时，变量 i 才再次变得可用，如以下示例所示（被影响的语句以粗体显示）。回顾一下，我们在第 6 章中学习过类似的内容，当时我们在 PL/SQL 块中使用的变量与在循环体中使用的索引变量具有相同的变量名。

示例　ch07_4b.sql

```
BEGIN
  <<outer>>
   FOR i IN 1..3
   LOOP
      <<inner>>
        DBMS_OUTPUT.PUT_LINE ('outer.i '|| i);
        FOR i IN 1..2
        LOOP
           DBMS_OUTPUT.PUT_LINE (' outer.i '||i);
           DBMS_OUTPUT.PUT_LINE (' inner.i '||i);
     END LOOP inner;
  END LOOP outer;
END;
```

为了更好地演示循环的执行过程，我们在外循环体中增加了一个新的 DBMS_OUTPUT.PUT_LINE 语句，并且在引用变量 i 时去掉了循环标签。当我们执行这个脚本时，其输出结果如下：

```
outer.i 1
    outer.i 1
    inner.i 1
    outer.i 2
    inner.i 2
outer.i 2
    outer.i 1
    inner.i 1
    outer.i 2
    inner.i 2
outer.i 3
    outer.i 1
    inner.i 1
    outer.i 2
    inner.i 2
```

正如我们在这个脚本中所看到的，在内循环中，外循环的变量 i 是不可用的，因为在引用外循环的变量 i 时没有使用循环标签。在这个示例中，我们使用相同的变量名定义内循环和外循环的循环计数器，主要是为了说明循环标签的用途。但是，**在常规的编程中，为不同的变量定义相同的名称是一种糟糕的编程习惯。**

本章小结

在第 6 章中，我们初步学习了 PL/SQL 所支持的各种类型的循环。在本章中，我们继续深入学习循环的新功能：CONTINUE 和 CONTINUE WHEN 语句。我们还学习了各种类型的循环之间的相互嵌套。最后，我们学习了在嵌套循环中如何使用循环标签来提高代码的可读性和易维护性。

第 8 章

错误处理和内置异常

通过本章,我们将掌握以下内容:
- 错误处理。
- 内置异常。

在第 1 章中,我们知道了程序中可能存在两种类型的错误:编译错误和运行时错误。我们还了解到 PL/SQL 块中有一个特定部分用来处理运行时错误,即"异常处理部分",其中,运行时错误被称为"异常"(exceptions)。异常处理部分允许程序员在发生某个异常时指定应采取的操作。

在 PL/SQL 中,有两种类型的异常:内置异常和用户定义的异常。在本章中,我们将学习如何利用内置异常来处理某些类型的运行时错误。用户定义的异常会在第 9 章和第 10 章中介绍。

8.1 实验 1:错误处理

完成此实验后,我们将能够实现以下目标:
- 了解错误处理的重要性。

以下示例说明了编译错误和运行时错误的一些区别。

示例　ch08_1a.sql

```
DECLARE
   v_num1     INTEGER := &sv_num1;
   v_num2     INTEGER := &sv_num2;
   v_result NUMBER;
BEGIN
   v_result = v_num1 / v_num2;
   DBMS_OUTPUT.PUT_LINE ('v_result: '||v_result);
END;
```

这个例子是一个简单的程序，其中有两个变量：v_num1 和 v_num2。用户会为这些变量提供输入值。接下来，将 v_num1 除以 v_num2，并且将所得结果存储在第三个变量 v_result 中。最后，将变量 v_result 的值显示在屏幕上。

现在，假设用户为变量 v_num1 和 v_num2 输入的值是 3 和 5。该示例会产生以下输出：

```
ORA-06550: line 6, column 13:
PLS-00103: Encountered the symbol "=" when expecting one of the following:
 := . ( @ % ;
The symbol ":= was inserted before "=" to continue.
```

我们可能注意到了，此脚本没有执行成功。在第 6 行出现了语法错误。仔细检查该示例可以发现，语句

```
v_result = v_num1 / v_num2;
```

包含了一个等号运算符，而此处应使用赋值运算符。我们应该将该语句改写如下：

```
v_result := v_num1 / v_num2;
```

再次运行更正后的脚本，将生成以下输出：

```
v_result: .6
```

由于语法错误已被更正，该示例现在已执行成功。

接下来，如果将变量 v_num1 和 v_num2 的值分别更改为 4 和 0，则会产生以下输出：

```
ORA-01476: divisor is equal to zero

ORA-06512: at line 6
01476. 00000 - "divisor is equal to zero"
```

尽管此示例没有出现语法错误，但脚本却提前终止了。因为作为除数的 v_num2 的输入值为 0，而系统对于用 0 作除数没有给出定义，因而此操作会导致错误。

此示例给出了一个编译器无法检测到的运行时错误。换言之，为变量 v_num1 和 v_num2 输入某些值时，此示例能成功地执行；但当为 v_num1 和 v_num2 输入其他某些值时，此示例无法执行。结果便产生了运行时错误。回想一下，编译器是无法检测到运行时错误的。在这种情况下，之所以会发生运行时错误，是因为编译器不知道 v_num1 除以 v_num2 的结果。这个结果只能在运行时确定，因此，这个错误被称为"运行时错误"(runtime error)。

要在程序中处理这种类型的错误，我们需要添加一个异常处理部分。异常处理部分的结构如清单 8.1 所示。

清单 8.1　异常处理部分

```
EXCEPTION
    WHEN EXCEPTION_NAME
    THEN
        ERROR-PROCESSING STATEMENTS;
```

请注意，异常处理部分出现在块的可执行部分之后。因此，我们可以用以下方式改写示例 ch08_1a.sql（新添加的语句以粗体显示）。

示例　ch08_1b.sql

```
DECLARE
   v_num1     INTEGER := &sv_num1;
   v_num2     INTEGER := &sv_num2;
   v_result NUMBER;
BEGIN
   v_result := v_num1 / v_num2;
   DBMS_OUTPUT.PUT_LINE ('v_result: '||v_result);
EXCEPTION
   WHEN ZERO_DIVIDE
   THEN
      DBMS_OUTPUT.PUT_LINE ('A number cannot be divided by zero.');
END;
```

示例的粗体部分显示了块的异常处理部分。当分别给变量 v_num1 和 v_num2 输入 4 和 0 时，会产生以下输出：

```
A number cannot be divided by zero.
```

此输出显示，当我们尝试用 v_num1 除以 v_num2 时，块的异常处理部分被执行。因此，由异常处理部分所指定的错误消息被显示在了屏幕上。

这个版本的输出说明了使用异常处理部分所带来的几个好处。我们可能会注意到，与以前的版本相比，这个版本的输出看起来更清晰。即使错误消息仍然显示在屏幕上，但输出中所包含的信息也更多。简而言之，它更多地面向用户，而不是程序员。

> **注意**　在大多数情况下，用户是无法访问代码的。因此，对程序中行号和关键字的引用对大多数用户来说并不重要。

异常处理部分允许程序执行到结束，而不是被提前终止。它还能提供对错误处理实例的隔离。换言之，一个块的所有错误处理代码都可以放在单独一个部分内。因此，程序的逻辑变得更易于接受和理解。最后，添加一个异常处理部分可以实现事件驱动的错误处理。如前面的示例中所示，当发生某些特定的异常事件（例如除以 0）时，便执行异常处理部分，并在屏幕上显示由 DBMS_OUTPUT.PUT_LINE 语句指定的错误消息。

8.2　实验 2：内置异常

完成此实验后，我们将能够实现以下目标：
- 使用内置异常。

如前所述，PL/SQL 块的结构如清单 8.2 所示。

清单 8.2　PL/SQL 块结构

```
DECLARE
    …
BEGIN
    EXECUTABLE STATEMENTS;
EXCEPTION
    WHEN EXCEPTION_NAME
    THEN
        ERROR-PROCESSING STATEMENTS;
END;
```

当发生触发内置异常的错误时，称该异常为隐式触发。换句话说，如果程序破坏了 Oracle 的规则，那么控制权会被转到块的异常处理部分。此时，将执行错误处理语句。当该块的异常处理部分执行完后，该块便停止执行；也就是说，控制权不再返回给块的可执行部分。以下示例说明了这一点。

示例　ch08_2a.sql

```
DECLARE
    v_student_name VARCHAR2(50);
BEGIN
    SELECT first_name||' '||last_name
      INTO v_student_name
      FROM student
     WHERE student_id = 101;
    DBMS_OUTPUT.PUT_LINE ('Student name is '||v_student_name);
EXCEPTION
    WHEN NO_DATA_FOUND
    THEN
        DBMS_OUTPUT.PUT_LINE ('There is no such student');
END;
```

该示例会产生以下输出：

```
There is no such student
```

因为 STUDENT 表中没有学生 ID 为 101 的记录，所以 SELECT INTO 语句不返回任何行。因此，控制权被转到了块的异常处理部分，屏幕上显示出错误消息"There is no such student"。尽管在 SELECT INTO 语句之后就是 DBMS_OUTPUT.PUT_LINE 语句，但它也不会执行，因为控制权已被转到异常处理部分，永远不会再返回到包含了第一条 DBMS_OUTPUT.PUT_LINE 语句的可执行部分。

尽管每个 Oracle 运行时错误都有一个对应的编号，但在异常处理部分必须使用其名称进行处理。在本章实验 1 的示例中，其中的一个输出包含了如下错误消息：

```
ORA-01476: divisor is equal to zero
```

其中 ORA-01476 代表错误编号。此错误编号指的是名为 ZERO_DIVIDE 的错误。一些常见的 Oracle 运行时错误在 PL/SQL 中被预定义为异常。以下给出了其中一些预定义的异常，并解释了这些异常是如何触发的：

- NO_DATA_FOUND：当 SELECT INTO 语句没有调用聚合函数（如 SUM 或 COUNT 函数）同时也没有返回任何行时，会触发此异常。例如，对 STUDENT 表执行 SELECT INTO 语句，查询条件是 STUDENT ID 等于 101。如果 STUDENT 表中没有哪条记录满足该条件（即 STUDENT ID 等于 101），那么就会触发 NO_DATA_FOUND 异常。

  当 SELECT INTO 语句调用了聚合函数（如 COUNT 函数）时，结果集永远不会为空。当使用 SELECT INTO 语句对 STUDENT 表执行查询时，在 STUDENT ID 等于 101 的条件下，COUNT 函数会返回数值 0。因此，调用了聚合函数的 SELECT INTO 语句永远不会触发 NO_DATA_FOUND 异常。

- TOO_MANY_ROWS：当 SELECT INTO 语句的返回多于一行时触发此异常。根据定义，SELECT INTO 语句只能返回一行。如果 SELECT INTO 语句的返回多于一行，便违反了 SELECT INTO 语句的定义。这会触发 TOO_MANY_ROWS 异常。

  例如，我们执行一条 SELECT INTO 语句，想查找 STUDENT 表中满足某个指定的邮政编码（ZIP）的记录。这个 SELECT INTO 语句很可能返回不止一行，因为可能有许多学生居住在相同的邮政编码的地区。

- ZERO_DIVIDE：当在程序中执行除法操作并且除数等于零时触发此异常。本章的实验 1 示例说明了此异常是如何触发的。

- LOGIN_DENIED：当用户试图使用无效的用户名或密码登录 Oracle 时，将触发此异常。

- PROGRAM_ERROR：当 PL/SQL 程序有内部问题时，会触发此异常。

- VALUE_ERROR：当发生类型转换或字符长度不匹配错误时触发此异常。例如，我们选择一个 VARCHAR2(5) 类型的变量来存储学生的姓氏。如果某个学生的姓氏超过了 5 个字符，便会触发 VALUE_ERROR 异常。

- DUP_VALUE_ON_INDEX：当程序试图往一列或多列中存储重复的值，而这些列上又只定义了唯一索引时，会触发此异常。例如，我们试图向 SECTION 表中插入一条记录，其中的课程编号为 25、节号为 1。如果 SECTION 表中已存在给定课程编号和节号的记录，便会触发 DUP_VAL_ON_INDEX 异常，因为这些列上定义了唯一索引。

到目前为止，我们已经看到了只能处理单个异常的程序示例。例如，一个 PL/SQL 块包含了一个只能处理单个的 ZERO_DIVIDE 异常的异常处理部分。然而，很多时候我们需要在 PL/SQL 块中处理不同的异常。不仅如此，我们通常还需要指定在出现某个异常时必须采取的不同操作，如下面的示例所示。

示例　ch08_3a.sql

```
DECLARE
   v_student_id NUMBER       := &sv_student_id;
   v_enrolled   VARCHAR2(3) := 'NO';
```

```
BEGIN
   DBMS_OUTPUT.PUT_LINE ('Check if the student is enrolled');
   SELECT 'YES'
     INTO  v_enrolled
     FROM  enrollment
    WHERE  student_id = v_student_id;

   DBMS_OUTPUT.PUT_LINE
       ('The student is enrolled in one course');
EXCEPTION
   WHEN NO_DATA_FOUND
   THEN
      DBMS_OUTPUT.PUT_LINE ('The student is not enrolled');

   WHEN TOO_MANY_ROWS
   THEN
      DBMS_OUTPUT.PUT_LINE
         ('The student is enrolled in multiple courses');
END;
```

此示例在一个异常处理部分中包含了两个异常。如果 ENROLLMENT 表中没有指定学生的记录，将会触发第一个异常 NO_DATA_FOUND。而第二个异常 TOO_MANY_ROWS 是当指定的学生注册了一门以上的课程时触发的。

我们看如果用三个不同的学生 ID 值运行此示例会发生什么：102、103 和 319。在第一次运行中，当学生 ID 为 102 时，该示例会产生以下输出：

```
Check if the student is enrolled
The student is enrolled in multiple courses
```

在这种情况下，脚本执行了第一条 DBMS_OUTPUT.PUT_LINE 语句，并在屏幕上显示消息"Check if the…"（检查是否…）。然后执行 SELECT INTO 语句。我们注意到，SELECT INTO 语句之后的 DBMS_OUTPUT_PUT_LINE 语句并没有执行。当针对学生 ID 102 执行 SELECT INTO 语句时，会返回多行。由于 SELECT INTO 语句只能返回一行，因此控制权被转到块的异常处理部分。接下来，PL/SQL 块触发对应的异常。结果，屏幕上显示消息"The student is enrolled in multiple courses"（该学生已注册多门课程），该消息是由 TOO_MANY_ROWS 异常所指定的。

> **你知道吗？**
> 内置异常是被隐式触发的。因此，我们只需要指定在发生内置异常时必须采取的操作即可。

在第二次运行中，学生 ID 为 103，该示例会产生不同的输出：

```
Check if the student is enrolled
The student is enrolled into one course
```

在此次运行中，先执行第一条 DBMS_OUTPUT.PUT_LINE 语句，并在屏幕上显示消息"Check if the…"(检查是否…)。然后执行 SELECT INTO 语句。当针对学生 ID 103 执行 SELECT INTO 语句时，会返回单独一行。接下来，会在 SELECT INTO 语句之后执行 DBMS_OUTPUT.PUT_LINE 语句。其结果是屏幕上会显示这样一条消息："The student is enrolled into one course"(该学生已注册一门课程)。请注意，对于变量 v_student_id 的这个值，没有触发任何异常。

在第三次运行中，学生 ID 为 319，该示例产生以下输出：

```
Check if the student is enrolled
The student is not enrolled
```

与前面的运行一样，首先会执行第一条 DBMS_OUTPUT.PUT_LINE 语句，并在屏幕上显示消息"Check if the…"(检查是否…)，然后执行 SELECT INTO 语句。当针对学生 ID 319 执行 SELECT INTO 语句时，不返回任何行。结果，控制权被转到 PL/SQL 块的异常处理部分，并触发对应的异常。在这种情况下，由于 SELECT INTO 语句未能返回任何行，因此会触发 NO_DATA_FOUND 异常。结果，屏幕上会显示消息"The student is not enrolled"(学生未注册)。

到目前为止，我们已经展示了一些指定异常(例如 NO_DATA_FOUND 和 ZERO_DIVIDE)发生时执行异常处理部分的示例。但是，我们并不能事先预测 PL/SQL 块可能触发的异常。在这种情况下，我们会使用一个名为 OTHERS 的专用异常处理程序。所有预定义的 Oracle 错误(异常)都可以使用 OTHERS 处理程序进行处理。

请看下面的示例。

示例   ch08_4a.sql

```
DECLARE
   v_instructor_id    NUMBER := &sv_instructor_id;
   v_instructor_name VARCHAR2(50);
BEGIN
   SELECT first_name||' '||last_name
     INTO  v_instructor_name
     FROM  instructor
    WHERE  instructor_id = v_instructor_id;
   DBMS_OUTPUT.PUT_LINE ('Instructor name is '||v_instructor_name);
EXCEPTION
   WHEN OTHERS
   THEN
      DBMS_OUTPUT.PUT_LINE ('An error has occurred');
END;
```

当在运行时为变量 v_instructor_id 赋值 100 时，此示例会产生以下输出：

```
An error has occurred
```

这个示例不仅演示了异常处理程序 OTHERS 的使用，而且还演示了一种不好的编程习惯。由于在 INSTRUCTOR 表中没有讲师 ID 为 100 的记录，因此引发了 OTHERS 异常。

在这个简单的例子中，我们是可以猜测到应该使用哪些异常处理程序的。然而，在许多情况下，我们可能会发现一些程序在编写时只使用单个异常处理程序 OTHERS。这样使用异常处理程序是一种不好的编程习惯，因为它不会给我们或我们的用户提供详细的反馈。我们并不真正知道发生了哪类错误，我们的用户也不知道他们是否输入了错误的信息。当我们将一些指定的错误报告函数（SQLCODE、SQLERRM）与 OTHERS 处理程序一起使用时是非常有用的，因为它们提供了有关错误产生的、额外的详细信息。我们将会在第 10 章中学习这些内容。

本章小结

在本章中，我们逐步地探索了 PL/SQL 所支持的错误处理和内置异常的概念。在接下来的两章中，我们将继续了解异常、异常的作用域和异常传播的有关内容，以及自定义异常的方法。

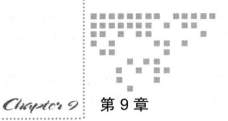

Chapter 9 第 9 章

异　　常

通过本章，我们将掌握以下内容：
- ❏ 异常的作用域。
- ❏ 用户定义的异常。
- ❏ 异常的传播。

在第 8 章中，我们探讨了错误处理和内置异常的概念。在本章中，我们将继续探讨这方面的内容，查看异常是否能够捕获到 PL/SQL 块在声明部分、可执行部分或异常处理部分的运行时错误。我们还将介绍如何定义自己的异常以及如何重新触发一个异常。

9.1　实验 1：异常的作用域

完成此实验后，我们将能够实现以下目标：
- ❏ 了解异常的作用域。

我们已经熟悉"作用域"这个术语了，例如，变量的作用域。尽管变量和异常的用途不同，但它们使用的作用域规则却是相同的。我们通过一个示例来对这些规则进行更好的说明。

示例　ch09_1a.sql

```
DECLARE
   v_student_id NUMBER := &sv_student_id;
   v_name       VARCHAR2(30);
BEGIN
   SELECT RTRIM(first_name)||' '||RTRIM(last_name)
     INTO v_name
     FROM student
    WHERE student_id = v_student_id;
```

```
      DBMS_OUTPUT.PUT_LINE ('Student name is '||v_name);
EXCEPTION
   WHEN NO_DATA_FOUND
   THEN
      DBMS_OUTPUT.PUT_LINE ('There is no such student');
END;
```

在本例中，根据运行时所输入的学生 ID 值，在屏幕上显示出该学生的姓名。如果 STUDENT 表中没有与 v_student_id 的值相匹配的记录，则会触发 NO_DATA_FOUND 异常。因此，我们可以说 NO_DATA_FOUND 异常作用于此块，或者说此异常的作用域是这个块。换句话说，一个异常的作用域就是该块中被异常所作用的那部分。

现在，我们可以更充分地说明对它的理解（新添加的语句以粗体显示）。

示例　ch09_1b.sql

```
<<outer_block>>
DECLARE
   v_student_id    NUMBER := &sv_student_id;
   v_name          VARCHAR2(30);
   v_total         NUMBER(1);

BEGIN
   SELECT RTRIM(first_name)||' '||RTRIM(last_name)
     INTO v_name
     FROM student
    WHERE student_id = v_student_id;

   DBMS_OUTPUT.PUT_LINE ('Student name is '||v_name);

   <<inner_block>>
   BEGIN
      SELECT COUNT(*)
        INTO v_total
        FROM enrollment
       WHERE student_id = v_student_id;

      DBMS_OUTPUT.PUT_LINE ('Student is registered for '||
         v_total||' course(s)');
   EXCEPTION
      WHEN VALUE_ERROR OR INVALID_NUMBER
      THEN
         DBMS_OUTPUT.PUT_LINE ('An error has occurred');
   END;
EXCEPTION
   WHEN NO_DATA_FOUND
   THEN
      DBMS_OUTPUT.PUT_LINE ('There is no such student');
END;
```

本示例的新版本包括了一个内部块。该块具有与外部块类似的结构，也就是说，它有一条 SELECT INTO 语句和一个用于处理错误的异常处理部分。当内部块中出现 VALUE_ERROR 或 INVALID_NUMBER 错误时，将触发该异常。

请注意，异常 VALUE_ERROR 和 INVALID_NUMBER 是仅为内部块定义的。因此，只有当它们在内部块中被触发时，才能对其进行处理。如果其中一个错误发生在外部块中，则程序将无法成功地结束。

与之相反，异常 NO_DATA_FOUND 是在外部块中定义的，因此对于内部块来说它是全局异常。但是，此版本的示例绝对不会在内部块中触发 NO_DATA_FOUND 异常。为什么会这样认为呢？

> **你知道吗？**
>
> 如果我们在块中定义了异常，则该异常属于该块的局部异常。但是，该异常对于该块中所包含的任何块来讲却是全局异常。换句话说，在嵌套块的情况下，在外部块中定义的任何异常对于其内部块而言都是全局异常。

请注意，当我们更改了本示例的脚本，使得异常 NO_DATA_FOUND 能够由内部块触发时会发生什么（所有更改以粗体显示）。

示例　ch09_1c.sql

```
<<outer_block>>
DECLARE
   v_student_id NUMBER := &sv_student_id;
   v_name       VARCHAR2(30);
   v_registered CHAR;

BEGIN
   SELECT RTRIM(first_name)||' '||RTRIM(last_name)
     INTO v_name
     FROM student
    WHERE student_id = v_student_id;

   DBMS_OUTPUT.PUT_LINE ('Student name is '||v_name);

   <<inner_block>>
   BEGIN
      SELECT 'Y'
        INTO v_registered
        FROM enrollment
       WHERE student_id = v_student_id;
      DBMS_OUTPUT.PUT_LINE ('Student is registered');
   EXCEPTION
      WHEN VALUE_ERROR OR INVALID_NUMBER
      THEN
         DBMS_OUTPUT.PUT_LINE ('An error has occurred');
   END;

EXCEPTION
   WHEN NO_DATA_FOUND
   THEN
      DBMS_OUTPUT.PUT_LINE ('There is no such student');
END;
```

在这个新版本的示例中，SELECT INTO 语句与之前有所不同，这就回答了前面提出的问题。现在内部块可以触发异常 NO_DATA_FOUND，因为此处的 SELECT INTO 语句没有包含聚合函数 COUNT()。而这个聚合函数总会返回一个结果，即使当 SELECT INTO 语句没有返回任何行时，COUNT(*)也会返回0。

现在，考虑当为学生ID赋值284时，由该示例产生的输出：

```
Student name is Salewa Lindeman
There is no such student
```

我们可能已经注意到了，这个示例只生成了部分输出。尽管我们能够看到该学生的姓名，但还是会显示该学生不存在的错误消息。之所以会显示此错误消息是由于在内部块中触发了异常NO_DATA_FOUND。

外部块中的SELECT INTO语句返回学生的姓名，并通过第一条DBMS_OUTPUT.PUT_LINE语句将其显示在屏幕上。然后，控制权被转到内部块。内部块的SELECT INTO语句并不返回任何行，结果便产生了错误，并触发了NO_DATA_FOUND异常。

接下来，PL/SQL程序尝试在内部块中查找针对异常NO_DATA_FOUND的处理程序。因为内部块中没有这样的异常处理程序，所以控制权被转到外部块的异常处理部分。外部块的异常处理部分包含针对异常NO_DATA_FOUND的处理程序。因此，执行此异常处理程序，并在屏幕上显示消息"There is no such student"（没有这个学生）。这个过程被称为异常的传播（exception propagation），我们将在9.3节中进行详细介绍。

请注意，此示例仅用于说明目的。当前的版本并不是很有用。内部块的SELECT INTO语句容易触发另一个TOO_MANY_ROWS异常，此示例没有针对该异常的处理程序。此外，当内部块触发异常NO_DATA_FOUND时，错误消息"There is no such student"（没有这个学生）并不具有实际的描述意义。

9.2 实验2：用户定义的异常

完成此实验后，我们将能够实现以下目标：
❑ 调用用户定义的异常。

通常在我们的程序中可能需要处理该程序所特定的问题。例如，程序要求用户输入学生ID的值，然后将该值赋给在程序后边要用到的变量v_student_id。通常，我们希望ID的值是一个正数。但是，用户错误地输入了一个负数。由于变量v_student_id的数据类型被定义为数字型，而用户给出的是合法的数值，因此不会产生任何错误。因此，我们可能需要自己定义的异常来处理这种情况。

这种类型的异常称为用户定义的异常，因为它是由程序员定义的。因此，在使用这样的异常之前，必须先声明它。用户定义的异常在PL/SQL块的声明部分中进行声明，如清单9.1所示。

清单9.1　用户定义的异常声明

```
DECLARE
    exception_name EXCEPTION;
```

请注意，这个异常声明看起来类似于变量声明。也就是说，指定一个异常名，后面加上关键字 EXCEPTION。请看以下代码片段。

示例

```
DECLARE
    e_invalid_id EXCEPTION;
```

在这个代码片段中，异常名以字母 e 为前缀。这不是必需的语法规则，但这样命名可使我们区分变量名和异常名。

在完成异常的声明之后，在块的异常处理部分要指定与该异常相关联的可执行语句。异常处理部分的格式与内置异常的格式相同。请看下列代码片段。

示例

```
DECLARE
    e_invalid_id EXCEPTION;
BEGIN
    …
EXCEPTION
    WHEN e_invalid_id
    THEN
        DBMS_OUTPUT.PUT_LINE ('An ID cannot be negative');
END;
```

我们已经知道，内置异常是隐式触发的。也就是说，当某个错误发生时，会触发与该错误相关联的内置异常，当然这是基于我们已经将此异常包含在程序的异常处理部分中的假设。例如，当 SELECT INTO 语句返回多行时，会触发 TOO_MANY_ROWS 异常。

用户定义的异常必须是显式触发的。也就是说，我们需要在程序中指定在何种情况下一定会触发这个异常，如清单 9.2 所示。

清单 9.2　触发一个用户定义的异常

```
DECLARE
    exception_name EXCEPTION;
BEGIN
    …
    IF CONDITION
    THEN
        RAISE exception_name;
    END IF;
    …
EXCEPTION
    WHEN exception_name
    THEN
        ERROR-PROCESSING STATEMENTS;
END;
```

在这个程序结构中，触发一个用户定义的异常是需要使用 IF 语句来判断的。如果 CONDITION 的判断结果为 TRUE，则会使用 RAISE 语句触发这个用户定义的异常；如果 CONDITION 的判断结果为 FALSE，程序将继续正常执行。也就是说，继续执行 IF 语句之后的其他语句。请注意，我们可以使用任何形式的 IF 语句来判断何时一定会触发用户定义的异常。

下面这个示例是基于本实验前面提供的代码片段，在程序中我们将看到当用户为变量 v_student_id 输入负数时，会触发异常 e_invalid_id。

示例　ch09_2a.sql

```
DECLARE
    v_student_id      STUDENT.STUDENT_ID%TYPE := &sv_student_id;
    v_total_courses NUMBER;
    e_invalid_id      EXCEPTION;
BEGIN
    IF v_student_id < 0
    THEN
        RAISE e_invalid_id;
    END IF;

    SELECT COUNT(*)
      INTO v_total_courses
      FROM enrollment
     WHERE student_id = v_student_id;

    DBMS_OUTPUT.PUT_LINE ('The student is registered for '||
        v_total_courses||' courses');
    DBMS_OUTPUT.PUT_LINE ('No exception has been raised');
EXCEPTION
    WHEN e_invalid_id
    THEN
        DBMS_OUTPUT.PUT_LINE ('An ID cannot be negative');
END;
```

在本例中，异常 e_invalid_id 是通过 IF 语句触发的。当为变量 v_student_id 赋值时，IF 语句将检查该数值的正负。如果该值小于零，则 IF 语句的判断结果为 TRUE，将触发异常 e_invalid_id。随后，控制权被转到块的异常处理部分。接下来，将执行与此异常相关联的语句。在这种情况下，屏幕上将显示消息"An ID cannot be negative"（ID 不能为负数）。如果为变量 v_student_id 赋值为正数，则 IF 语句的判断结果是 FALSE，会执行块中的后续语句。

我们分别来看看给变量 v_student_id 赋 102 和 –102 的输出结果。第一次运行（学生 ID 为 102）产生以下输出：

```
The student is registered for 2 courses
No exception has been raised
```

此次运行，用户为变量 v_student_id 赋了一个正值。其结果是，IF 语句的判断结果为 FALSE，SELECT INTO 语句查找对于给定的学生 ID，ENROLLMENT 表中有多少条记录。接下来，屏幕上会显示消息"The student is registered for 2 courses"（该学生已注册 2 门课程）和"No exception has been raised"（未引发异常）。至此，PL/SQL 块的主体已经执行完毕。

第二次运行该示例（学生 ID 为 –102）会产生以下输出：

```
An ID cannot be negative
```

对于这次运行，用户为变量 `v_student_id` 赋了一个负值。`IF` 语句的计算结果为 `TRUE`，并触发异常 `e_invalid_id`。其结果是，控制权被转到块的异常处理部分，并且在屏幕上显示消息 "An ID cannot be negative"（ID 不能为负数）。

> **注意** `RAISE` 语句应与 `IF` 语句一起使用。否则，每次执行块时，控制权都会被转到块的异常处理部分。请看以下示例：

```
DECLARE
    e_test_exception EXCEPTION;
BEGIN
    DBMS_OUTPUT.PUT_LINE ('Exception has not been raised');
    RAISE e_test_exception;
    DBMS_OUTPUT.PUT_LINE ('Exception has been raised');
EXCEPTION
    WHEN e_test_exception
    THEN
    DBMS_OUTPUT.PUT_LINE ('An error has occurred');
END;
```

每次运行此示例都会生成以下输出：

```
Exception has not been raised
An error has occurred
```

即使没有发生错误，控制权也会被转到异常处理部分。因此，在触发与某个错误相关联的异常之前，判断是否发生了该错误是非常重要的。

用户定义的异常的作用域规则与内置异常的作用域规则是相同的。一个内部块中声明的异常必须在内部块中触发，并在内部块的异常处理部分中定义。请看下面的示例。

示例 ch09_3a.sql

```
<<outer_block>>
BEGIN
    DBMS_OUTPUT.PUT_LINE ('Outer block');
    <<inner_block>>
    DECLARE
        e_my_exception EXCEPTION;
    BEGIN
        DBMS_OUTPUT.PUT_LINE ('Inner block');
    EXCEPTION
        WHEN e_my_exception
        THEN
            DBMS_OUTPUT.PUT_LINE ('An error has occurred');
    END;

    IF 10 > &sv_number ⊖
```

⊖ 这句语句应该是 "IF 10 < & sv_number"。——译者注

```
    THEN
        RAISE e_my_exception;
    END IF;
END;
```

在本例中，异常 e_my_exception 在内部块中声明，但程序却试图在外部块中触发此异常，这导致了语法错误，因为内部块中声明的异常在内部块终止后将不再存在。因此，当在运行时输入了数值 11 时，此示例会产生以下输出：

```
ORA-06550: line 19, column 13:
PLS-00201: identifier 'E_MY_EXCEPTION' must be declared
ORA-06550: line 19, column 7:
PL/SQL: Statement ignored
```

请注意，下面的错误消息

```
PLS-00201: identifier 'E_MY_EXCEPTION' must be declared
```

与我们尝试使用尚未声明的变量时得到的错误消息是相同的。

9.3 实验 3：异常的传播

完成此实验后，我们将能够实现以下目标：
- 了解异常是如何传播的。
- 重新触发异常。

9.3.1 异常如何传播

我们已经了解了当在 PL/SQL 块的可执行部分中产生运行时错误时，会如何触发不同类型的异常。然而，运行时错误也可能发生在块的声明部分或块的异常处理部分。在这些情况下，我们将管理如何触发异常的规则称为异常的传播（exception propagation）。

请看第一种情况，即在 PL/SQL 块的可执行部分中发生运行时错误。这种情况我们应该不陌生，因为本章前面给出的示例也显示了当块的可执行部分发生错误时如何触发异常。

如果一个异常被关联到一个指定的错误，则程序的控制权被转到块的异常处理部分。在执行完与异常相关联的语句之后，控制权转到主机系统或外部块。如果没有针对此错误的异常处理程序，则会将此异常传播到外部块。然后重复刚才描述的步骤。如果找不到异常处理程序，程序将会停止执行，控制权被转到主机系统。

接下看第二种情况，即在块的声明部分发生运行时错误。如果没有外部块，程序将停止执行，控制权被转到主机系统。请看下面示例。

示例　ch09_4a.sql

```
DECLARE
    v_test_var CHAR(3):= 'ABCDE';
BEGIN
```

```
    DBMS_OUTPUT.PUT_LINE ('This is a test');
EXCEPTION
   WHEN INVALID_NUMBER OR VALUE_ERROR
   THEN
      DBMS_OUTPUT.PUT_LINE ('An error has occurred');
END;
```

执行此示例时，会产生以下输出：

```
ORA-06502: PL/SQL: numeric or value error: character string buffer too small
ORA-06512: at line 2
```

在本例中，块的声明部分中的赋值语句产生了错误。即使存在此错误的异常处理程序，块也无法成功执行。基于此示例，我们可以得出结论，当 PL/SQL 块的声明部分发生运行时错误时，该块的异常处理部分无法捕获该错误。

接下来，请看本示例的修改版本（更改以粗体显示），其中使用了嵌套的 PL/SQL 块。

示例　ch09_4b.sql

```
<<outer_block>>
BEGIN
   <<inner_block>>
   DECLARE
      v_test_var CHAR(3):= 'ABCDE';
   BEGIN
      DBMS_OUTPUT.PUT_LINE ('This is a test');
   EXCEPTION
      WHEN INVALID_NUMBER OR VALUE_ERROR
      THEN
         DBMS_OUTPUT.PUT_LINE
            ('An error has occurred in the inner block');
   END;
EXCEPTION
   WHEN INVALID_NUMBER OR VALUE_ERROR
   THEN
      DBMS_OUTPUT.PUT_LINE
         ('An error has occurred in the program');
END;
```

执行此示例会产生以下输出：

```
An error has occurred in the program
```

在修改后的示例中，将该 PL/SQL 块嵌套在另一个块中，于是程序能够执行完成。在这种情况下，当内部块的声明部分发生错误时，将触发在外部块中定义的异常。由此我们可以得出结论：当内部块的声明部分发生运行时错误时，异常会立即传播到外部块。

最后来看第三种情况，即运行时错误发生在块的异常处理部分。就像前面的示例一样，如果没有外部块，程序将停止执行，控制权被转到主机系统。请看下面示例。

示例　ch09_5a.sql

```
DECLARE
   v_test_var CHAR(3) := 'ABC';
BEGIN
```

```
      v_test_var := '1234';
      DBMS_OUTPUT.PUT_LINE ('v_test_var: '||v_test_var);
EXCEPTION
   WHEN INVALID_NUMBER OR VALUE_ERROR
   THEN
      v_test_var := 'ABCD';
      DBMS_OUTPUT.PUT_LINE ('An error has occurred');
END;
```

执行此示例会产生以下输出:

```
ORA-06502: PL/SQL: numeric or value error: character string buffer too small
ORA-06512: at line 9
ORA-06502: PL/SQL: numeric or value error: character string buffer too small
```

正如我们所看到的,块的可执行部分中的赋值语句会产生一个错误。接下来,控制权被转到块的异常处理部分。但是,块的异常处理部分中的赋值语句也产生了同样的错误。因此,本示例的输出会显示两条相同的错误消息。第一条错误消息是由块的可执行部分中的赋值语句产生的,第二条错误消息则是由该块的异常处理部分的赋值语句产生的。基于本示例,我们可以得出结论:当 PL/SQL 块的异常处理部分发生运行时错误时,该块的异常处理部分无法处理该错误。

接下来,请看本示例的修改版本,其中增加了嵌套的 PL/SQL 块(被修改的语句以粗体显示)。

示例　ch09_5b.sql

```
<<outer_block>>
BEGIN
   <<inner_block>>
   DECLARE
      v_test_var CHAR(3) := 'ABC';
   BEGIN
      v_test_var := '1234;
      DBMS_OUTPUT.PUT_LINE ('v_test_var: '||v_test_var);
   EXCEPTION
      WHEN INVALID_NUMBER OR VALUE_ERROR
      THEN
         v_test_var := 'ABCD;
         DBMS_OUTPUT.PUT_LINE
            ('An error has occurred in the inner block');
   END;
EXCEPTION
   WHEN INVALID_NUMBER OR VALUE_ERROR
   THEN
      DBMS_OUTPUT.PUT_LINE
         ('An error has occurred in the program');
END;
```

执行后会产生以下输出:

```
An error has occurred in the program
```

在修改后的示例中,将该 PL/SQL 块嵌套在另一个块中,于是程序能够执行完成。在这种情况下，当错误发生在内部块的异常处理部分时，会触发外部块中定义的异常。因而我们可以得出结论：当内部块的异常处理部分发生运行时错误时，该异常会立即传播到外部块。

在前两个示例中，异常都是在块的异常处理部分中由运行时错误隐式触发的。但是，异常也可以由 RAISE 语句在块的异常处理部分显式地触发。请看下面的示例。

示例　ch09_6a.sql

```
<<outer_block>>
DECLARE
   e_exception1 EXCEPTION;
   e_exception2 EXCEPTION;
BEGIN
   <<inner_block>>
   BEGIN
      RAISE e_exception1;
   EXCEPTION
      WHEN e_exception1
      THEN
         RAISE e_exception2;
      WHEN e_exception2
      THEN
         DBMS_OUTPUT.PUT_LINE
            ('An error has occurred in the inner block');
   END;
EXCEPTION
   WHEN e_exception2
   THEN
      DBMS_OUTPUT.PUT_LINE
         ('An error has occurred in the program');
END;
```

此示例会产生以下输出：

```
An error has occurred in the program
```

这个块的声明部分包含了对两个异常的声明：e_exception1 和 e_exception2。异常 e_exception1 通过 RAISE 语句在内部块中触发。在内部块的异常处理部分，异常 e_exception1 试图触发异常 e_exception2。尽管内部块中有针对 e_exception2 的异常处理程序，但控制权仍然被转到外部块。之所以会出现这种情况是因为在块的异常处理部分只能触发一个异常。只有在处理完一个异常之后，才能触发另一个异常，不能同时触发两个或多个异常。这个程序的执行流程如图 9.1 所示。

实际上，当异常 e_exception2 在内部块的异常处理部分中被触发时，它并不能在同一个异常处理部分中被处理。因此，图 9.1 方框中的代码部分永远不会被执行。相反，控制权被转到外部块的异常处理部分，屏幕上显示消息"An error has occurred in the program"（程序中发生错误）。

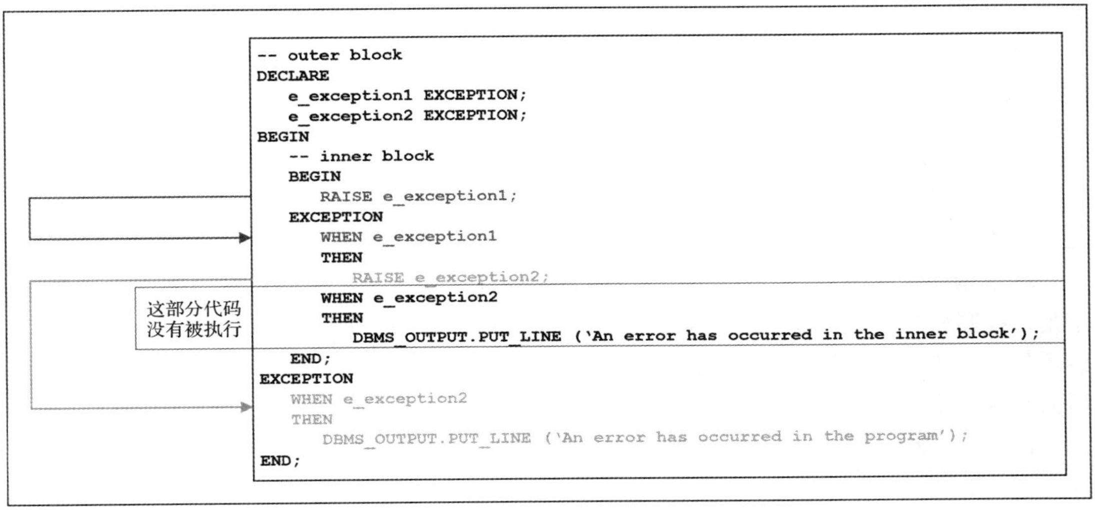

```
-- outer block
DECLARE
   e_exception1 EXCEPTION;
   e_exception2 EXCEPTION;
BEGIN
   -- inner block
   BEGIN
      RAISE e_exception1;
   EXCEPTION
      WHEN e_exception1
      THEN
         RAISE e_exception2;
      WHEN e_exception2
      THEN
         DBMS_OUTPUT.PUT_LINE ('An error has occurred in the inner block');
   END;
EXCEPTION
   WHEN e_exception2
   THEN
      DBMS_OUTPUT.PUT_LINE ('An error has occurred in the program');
END;
```

这部分代码没有被执行

图 9.1　示例 ch09_6a.sql 的执行流程

> **注意**　当一个异常在 PL/SQL 块中被触发后，如果没有对应的异常处理机制，同时也没有嵌套在另一个外部块中，则程序的控制权将被转到主机系统，程序便无法成功地执行完。下面的这段代码说明了这种情况：
>
> ```
> DECLARE
>    e_exception1 EXCEPTION;
> BEGIN
>    RAISE e_exception1;
> END;
>
> ORA-06510: PL/SQL: unhandled user-defined exception
> ORA-06512: at line 4
> ```
>
> 请注意，这种操作适用于内置异常，可以参见第 8 章。

9.3.2　重新触发异常

在某些情况下，如果发生某种类型的错误，我们或许会希望能够停止程序执行。换句话说，我们可能希望先处理内部块中的异常，然后再将控制权转到外部块。此过程称为重新触发异常（re-raising an exception）。下面的示例可以说明这一点。

示例　ch09_7a.sql

```
<<outer_block>>
DECLARE
   e_exception EXCEPTION;
BEGIN
   <<inner_block>>
   BEGIN
      RAISE e_exception;
```

```
      EXCEPTION
         WHEN e_exception
         THEN
            RAISE;
      END;
EXCEPTION
   WHEN e_exception
   THEN
      DBMS_OUTPUT.PUT_LINE ('An error has occurred');
END;
```

在本示例中，异常 e_exception 首先在外部块中被声明，然后在内部块中被触发。于是，控制权被转到内部块的异常处理部分。内部块异常处理部分中的 RAISE 语句将异常传播到外部块的异常处理部分。请注意，当 RAISE 语句用于内部块的异常处理部分时，它后面并没有跟着一个异常名。

运行后，此示例会产生以下输出：

```
An error has occurred
```

> **注意** 当异常在块中被重新触发时，如果这个块没有嵌套在其他块中，则程序无法成功地执行。请看以下示例：

```
DECLARE
   e_exception EXCEPTION;
BEGIN
   RAISE e_exception;
EXCEPTION
   WHEN e_exception
   THEN
      RAISE;
END;
```

执行此示例时会产生以下输出：

```
ORA-06510: PL/SQL: unhandled user-defined exception
ORA-06512: at line 7
```

本章小结

在本章中，我们学习了异常的作用域和异常的传播，以及如何定义和触发用户自定义的异常。此外，我们还学习了如何重新触发异常。在下一章中，我们将学习如何利用 Oracle 的内置函数 SQLCODE 和 SQLERRM 在代码中生成有意义的错误报告。

第 10 章 异常：高级概念

通过本章，我们将掌握以下内容：
- RAISE_APPLICATION_ERROR 过程。
- EXCEPTION_INIT 指令。
- SQLCODE 和 SQLERRM 函数。

在第 8～9 章中，我们学习了错误处理、内置异常和用户定义的异常这几个概念，也了解了管理异常的作用域和传播的规则以及重新触发异常的方法。

在本章中，我们将通过对高级概念的学习来完成对错误处理和异常的探索。学完本章后，我们可以将错误号与错误消息关联起来，并且当我们有 Oracle 错误号却没有可以引用该错误的名称时能够捕获运行时错误。

10.1 实验 1：RAISE_APPLICATION_ERROR 过程

完成此实验后，我们将能够实现以下目标：
- 使用 RAISE_APPLICATION_ERROR 过程。

RAISE_APPLICATION_ERROR 是由 Oracle 提供的一个专用的内置过程，它允许程序员为某个特定的应用程序创建有意义的错误消息。RAISE_APPLICATION_ERROR 过程适用于用户定义的异常，其语法如清单 10.1 所示。

清单 10.1　RAISE_APPLICATION_ERROR 过程的两种形式

```
RAISE_APPLICATION_ERROR (error_number, error_message);

RAISE_APPLICATION_ERROR (error_number, error_message, keep_errors);
```

RAISE_APPLICATION_ERROR过程有两种形式。第一种只包含两个参数：error_number和error_message。参数error_number是要与指定错误消息关联起来的错误号，它的范围为-20999~-20000。error_message是错误消息的文本，最多可以包含2048个字符。

RAISE_APPLICATION_ERROR的第二种形式多了一个附加的参数：keep_errors。它是一个可选的布尔型参数。如果将keep_errors设置为TRUE，则会将新错误添加到已触发的错误列表中。此错误列表被称为错误堆栈（error stack）。如果将keep_errors设置为FALSE，则新错误将替换错误堆栈。参数keep_errors的默认值为FALSE。

RAISE_APPLICATION_ERROR过程适用于未命名的用户定义异常。它将错误号与错误消息关联起来。这种用户定义的异常没有关联的异常名。

请看第9章中使用的示例ch09_2a.sql。此示例说明了如何使用命名的用户定义异常和RAISE语句。在此示例中，我们将其与修改后的版本（示例ch10_1b.sql）进行比较，后者使用了未命名的用户定义异常和RAISE_APPLICATION_ERROR过程。命名的用户定义异常和RAISE语句以粗体显示。

示例　ch10_1a.sql（示例ch09_2a.sql）

```
DECLARE
 v_student_id      STUDENT.STUDENT_ID%TYPE := &sv_student_id;
 v_total_courses NUMBER;
 e_invalid_id      EXCEPTION;
BEGIN
   IF v_student_id < 0
   THEN
      RAISE e_invalid_id;
   END IF;
   SELECT COUNT(*)
     INTO v_total_courses
     FROM enrollment
    WHERE student_id = v_student_id;

   DBMS_OUTPUT.PUT_LINE ('The student is registered for '||
      v_total_courses||' courses');
   DBMS_OUTPUT.PUT_LINE ('No exception has been raised');
EXCEPTION
   WHEN e_invalid_id
   THEN
      DBMS_OUTPUT.PUT_LINE ('An ID cannot be negative');
END;
```

现在，我们来看修改后的示例（修改的语句以粗体显示）：

示例　ch10_1b.sql

```
DECLARE
    v_student_id      STUDENT.STUDENT_ID%TYPE := &sv_student_id;
    v_total_courses NUMBER;
BEGIN
    IF v_student_id < 0
    THEN
```

```
      RAISE_APPLICATION_ERROR (-20000, 'An ID cannot be negative');
   END IF;

   SELECT COUNT(*)
     INTO v_total_courses
     FROM enrollment
    WHERE student_id = v_student_id;

   DBMS_OUTPUT.PUT_LINE ('The student is registered for '||
      v_total_courses||' courses');
END;
```

第二个脚本中没有包含异常的名称、RAISE 语句和 PL/SQL 块的错误处理部分。相反，它使用了一条 RAISE_APPLICATION_ERROR 语句。

> **你知道吗？**
>
> 尽管 RAISE_APPLICATION_ERROR 是一个内置过程，但在 PL/SQL 块中使用时，它会被当作一条语句来引用。

本示例的两个脚本的结果相同：如果将一个负数赋给变量 v_student_id，则程序会终止执行。但是，第二个脚本所生成的输出看起来更像是错误消息。

现在运行两个脚本，给变量 v_student_id 的赋值都是 -4。第一个脚本产生以下输出：

```
An ID cannot be negative
```

第二个脚本产生以下输出：

```
ORA-20000: An ID cannot be negative
ORA-06512: at line 7
```

第一个脚本生成的输出包含错误消息"An ID cannot be negative"（ID 不能为负数）。第二个脚本生成相同的错误消息，但其形式更类似于系统生成的错误消息，因为在错误消息前面有错误号 ORA-20000。此外，需要注意的是，在 SQL Developer 中运行时，第一个脚本所产生的错误消息会显示在 Dbms Output 窗口中，而第二个脚本产生的相同错误消息则显示在 Script Output 窗口中。

RAISE_APPLICATION_ERROR 过程也能够用于内置异常。请看以下示例：

示例　ch10_2a.sql

```
DECLARE
   v_student_id STUDENT.STUDENT_ID%TYPE := &sv_student_id;
   v_name       VARCHAR2(50);
BEGIN
   SELECT first_name||' '||last_name
     INTO v_name
     FROM student
    WHERE student_id = v_student_id;

   DBMS_OUTPUT.PUT_LINE (v_name);
```

```
EXCEPTION
   WHEN NO_DATA_FOUND
   THEN
      RAISE_APPLICATION_ERROR (-20001, 'This ID is invalid');
END;
```

当给学生 ID 赋值 100 时，本示例会产生以下输出：

```
ORA-20001: This ID is invalid
ORA-06512: at line 13
```

由于 STUDENT 表中没有与该学生 ID 值对应的记录，因此触发了内置异常 NO_DATA_FOUND。然而，错误号并不是与异常 NO_DATA_FOUND 关联起来的；相反，它是与被显示的错误消息"This ID is invalid"（此 ID 无效）关联起来的。

RAISE_APPLICATION_ERROR 过程允许程序员按照与 Oracle 一样的方式返回错误消息。然而，维护错误号和错误消息之间的关联关系却取决于程序员。例如，我们设计了一个应用程序来维护学生的入学信息。在此应用程序中，我们把错误消息"This ID is invalid"和错误号 ORA-20001 关联了起来。该应用程序可以将此错误消息用于任何无效的 ID。将错误号（ORA-20001）与特定的错误消息（"This ID is invalid"）关联起来后，就不应再将此错误号分配给其他错误消息了。如果不维护错误号和错误消息之间的关联关系，应用程序的错误处理界面可能会让用户和我们自己感到困惑。

10.2　实验 2：EXCEPTION_INIT 指令

完成此实验后，我们将能够实现以下目标：
❑ 使用 EXCEPTION_INIT 指令。

通常，我们的程序需要处理一个 Oracle 错误，该错误有一个关联的错误号，但缺少可以引用的异常名。这种类型的异常被称为内部定义的异常。就像其他内置（系统定义）的异常一样，这些异常是在运行时被隐式触发的。在这类情况下，我们无法编写捕获这些错误的异常处理程序，但却可以使用名为 pragma 的结构来处理此类异常。

pragma 是 PL/SQL 编译器的一种特殊指令，它在编译时被处理。PRAGMA EXCEPTION_INIT 允许我们将带有 Oracle 错误号的内部定义的异常与用户定义的异常名关联起来。将异常名与 Oracle 错误号关联起来后，就可以引用该异常名并为其编写处理程序了。

PRAGMA EXCEPTION_INIT 出现在块的声明部分，如清单 10.2 所示。

清单 10.2　将内部定义的异常与用户定义的异常名关联起来

```
DECLARE
   exception_name EXCEPTION;
   PRAGMA EXCEPTION_INIT (exception_name, error_code);
```

请注意，用户定义的异常的声明是出现在 PRAGMA EXCEPTION_INIT 指令之前的。PRAGMA

EXCEPTION_INIT 有两个参数：exception_name 和 error_code。exception_name 是异常的名称，error_code 是 Oracle 错误号，它会与我们定义的异常关联起来。请看以下示例：

示例　ch10_3a.sql

```
DECLARE
   v_zip ZIPCODE.ZIP%TYPE := '&sv_zip';
BEGIN
   DELETE FROM zipcode
    WHERE zip = v_zip;
   DBMS_OUTPUT.PUT_LINE ('Zip '||v_zip||' has been deleted');
   COMMIT;
END;
```

在本示例中，我们把与用户提供的 ZIP 值相对应的记录从 ZIPCODE 表中删除。接下来，屏幕上会显示出这个 ZIP 值对应的记录已被删除的消息。

当为变量 v_zip 输入 06870 时，看看这个示例产生的结果：

```
ORA-02292: integrity constraint (STUDENT.STU_ZIP_FK) violated - child record found
ORA-06512: at line 4
```

之所以出现了本示例所产生的错误消息，是因为我们试图从 ZIPCODE 表中删除的那条记录的子记录存在于 STUDENT 表中，违反了 STU_ZIP_FK 这个引用完整性约束。换句话说，在 STUDENT 表（子表）上定义了外键（STU_ZIP_FK）的一条记录引用了 ZIPCODE 表（父表）中的一条记录。

此错误已被分配了 Oracle 错误号 ORA-02292，但没有错误名。如果我们要在脚本中处理此错误，就需要将这个错误号与用户定义的异常名关联起来。

假设我们按照以下方式修改了本示例（所有更改都以粗体突出显示）。

示例　ch10_3b.sql

```
DECLARE
   v_zip          ZIPCODE.ZIP%TYPE := '&sv_zip';
   e_child_exists EXCEPTION;
   PRAGMA EXCEPTION_INIT(e_child_exists, -2292);
BEGIN
   DELETE FROM zipcode
    WHERE zip = v_zip;

   DBMS_OUTPUT.PUT_LINE ('Zip '||v_zip||' has been deleted');
   COMMIT;
EXCEPTION
   WHEN e_child_exists
   THEN
      DBMS_OUTPUT.PUT_LINE
         ('Delete students for this zipcode first');
END;
```

在这个版本的脚本中，我们声明了异常 e_child_exists，然后将此异常与错误号 –2292 进行关联。请注意，在 PRAGMA EXCEPTION_INIT 中我们并没有使用 ORA-02292 这样的写法。接下来，将异常处理部分添加到 PL/SQL 块中，以便捕获到此错误。

你是否注意到，尽管 e_child_exists 是一个用户定义的异常，但我们并没有像在第 9 章中那样使用 RAISE 语句？原因是我们已将这个用户定义的异常与某个指定的 Oracle 错误号关联起来了。回忆一下，即使 Oracle 异常有直接关联的错误号，但在异常处理部分中也必须通过异常名来引用。因为 Oracle 错误号 –2292 没有与之相关联的异常名，所以我们通过 PRAGMA EXCEPTION_INIT 来显式地完成这个关联操作。

当我们使用相同的 ZIP 值运行此版本的示例时，会产生以下输出：

```
Delete students for this zipcode first
```

此输出包含一条由 DBMS_OUTPUT.PUT_LINE 语句显示的新的错误消息，它比以前版本的输出描述得更具体。请注意，使用程序的用户可能并不知道数据库中存在引用完整性约束这回事。因此，PRAGMA EXCEPTION_INIT 可以提高错误处理界面的可读性。如果需要，可以在程序中使用多条 PRAGMA EXCEPTION_INIT 指令。

10.3　实验 3：SQLCODE 和 SQLERRM 函数

完成此实验后，我们将能够实现以下目标：
- 使用 SQLCODE 和 SQLERRM 函数。

在第 8 章中，我们介绍了 Oracle 的异常 OTHERS。所有 Oracle 错误都可以通过异常处理程序 OTHERS 来捕获，如下面的示例所示。

示例　ch10_4a.sql

```
DECLARE
   v_zip    VARCHAR2(5) := '&sv_zip';
   v_city   VARCHAR2(15);
   v_state  CHAR(2);
BEGIN
   SELECT city, state
     INTO v_city, v_state
     FROM zipcode
    WHERE zip = v_zip;
   DBMS_OUTPUT.PUT_LINE (v_city||', '||v_state);
EXCEPTION
   WHEN OTHERS
   THEN
      DBMS_OUTPUT.PUT_LINE ('An error has occurred');
END;
```

当用户给 ZIP 值输入 07458 时，将产生以下输出：

```
An error has occurred
```

这个输出告诉我们在运行时发生了错误，但我们并不知道是什么错误以及是什么导致了该错误。也许是 ZIPCODE 表中没有与运行时提供的值相对应的记录，也许是由 SELECT INTO 语句导致的数据类型不匹配，又或者是 SELECT INTO 语句返回了多个行。正如我们所看到的，尽管这是一个简单的示例，但可能发生许多运行时错误。

当然，我们并不总是能识别出程序运行时可能发生的每一个运行时错误。因此，在脚本中包含 OTHERS 异常处理程序是一种很好的做法。为了改进程序的错误处理界面，Oracle 平台提供了两个内置函数：SQLCODE 和 SQLERRM。它们可以与异常处理程序 OTHERS 一起使用。SQLCODE 函数返回 Oracle 错误号，SQLERRM 函数返回错误消息。SQLERRM 函数返回的消息的最大长度为 512B，这是 Oracle 数据库支持的错误消息的最大长度。

我们来看一下如果对前面的示例进行修改，添加 SQLCODE 和 SQLERRM 函数后会发生什么。请看下面的示例（修改部分以粗体显示）：

示例　ch10_4b.sql

```
DECLARE
   v_zip      VARCHAR2(5) := '&sv_zip';
   v_city     VARCHAR2(15);
   v_state    CHAR(2);
   v_err_code NUMBER;
   v_err_msg  VARCHAR2(200);
BEGIN
   SELECT city, state
     INTO v_city, v_state
     FROM zipcode
    WHERE zip = v_zip;
   DBMS_OUTPUT.PUT_LINE (v_city||', '||v_state);

EXCEPTION
   WHEN OTHERS
   THEN
      v_err_code := SQLCODE;
      v_err_msg  := SUBSTR(SQLERRM, 1, 200);
      DBMS_OUTPUT.PUT_LINE ('Error code: '||v_err_code);
      DBMS_OUTPUT.PUT_LINE ('Error message: '||v_err_msg);
END;
```

当我们执行此示例时，会产生以下输出：

```
Error code: -6502
Error message: ORA-06502: PL/SQL: numeric or value error: character string buffer too small
```

这个版本的脚本包含了两个新变量：v_err_code 和 v_err_msg。在块的异常处理部分，SQLCODE 函数返回的值被赋给变量 v_err_code，SQLERRM 函数返回的值被赋给变量 v_err_msg。接下来，调用 DBMS_OUTPUT.PUT_LINE 语句在屏幕上显示错误号和错误消息。

请注意，此输出信息比上一版本的输出信息更丰富，因为它显示了错误消息。当我们知道程序中产生了哪类运行时错误时，就可以采取措施防止其再次发生。

通常，SQLCODE 函数会返回一个负数错误号。但是，也有一些例外情况：

- 当在异常处理部分之外引用 SQLCODE 函数时，它会返回错误代码 0。数值 0 表示成功地完成执行。
- 当 SQLCODE 函数与用户定义的异常一起使用时，它会返回错误代码 +1。
- 当 NO_DATA_FOUND 异常被触发时，SQLCODE 函数返回数值 100。

SQLERRM 函数接受错误号作为参数，并返回与错误号对应的错误消息。通常，它使用 SQLCODE 函数返回的值。但是，如果需要的话，我们可以自己提供错误号。请看以下示例：

示例　ch10_5a.sql

```
BEGIN
   DBMS_OUTPUT.PUT_LINE ('Error code: '||SQLCODE);
   DBMS_OUTPUT.PUT_LINE ('Error message1: '||SQLERRM(SQLCODE));
   DBMS_OUTPUT.PUT_LINE ('Error message2: '||SQLERRM(100));
   DBMS_OUTPUT.PUT_LINE ('Error message3: '||SQLERRM(200));
   DBMS_OUTPUT.PUT_LINE ('Error message4: '||SQLERRM(-20000));
END;
```

在本示例中，SQLCODE 和 SQLERRM 函数被用在了 PL/SQL 块的可执行部分。在第二条 DBMS_OUTPUT.PUT_LINE 语句中，SQLERRM 函数接受 SQLCODE 提供的值。在接下来的各条 DBMS_OUTPUT.PUT_LINE 语句中，SQLERRM 函数分别接受了 100、200 和 –20000。执行此示例时，会产生以下输出：

```
Error code: 0
Error message1: ORA-0000: normal, successful completion
Error message2: ORA-01403: no data found
Error message3: -200: non-ORACLE exception
Error message4: ORA-20000:
```

第一条 DBMS_OUTPUT.PUT_LINE 语句显示了 SQLCODE 函数的返回值。因为没有引发异常，所以它返回 0。接下来，SQLERRM 函数接受 SQLCODE 函数的返回值作为参数。此函数返回消息"ORA-0000: normal, successful completion"（ORA-0000：正常、成功地完成执行）。接下来，SQLERRM 函数接受 100 作为参数，并返回"ORA-01403: no data found"（ORA-01403：没有发现数据）。请注意，当 SQLERRM 函数接受 200 作为参数时，它无法找到与错误号 200 对应的 Oracle 异常。最后，当 SQLERRM 函数接受 –20000 作为参数时，不会返回任何错误消息。回顾一下，–20000 这个错误号是与命名的用户定义的异常相关联的。

本章小结

在本章中，我们完成了对错误处理和异常的探索。我们了解了如何在程序代码中使用 RAISE_APPLICATION_ERROR 过程、SQLCODE 函数和 SQLERMM 函数来创建有意义的错误消息。此外，我们也学习了 PRAGMA EXCEPTION_INIT 指令，该指令使我们能够将用户定义的异常名与 Oracle 错误号关联起来。

第 11 章

游 标

通过本章,我们将掌握以下内容:
- 游标的类型。
- 基于表和基于游标的记录。
- 游标型 FOR 循环。
- 嵌套的游标。

当 Oracle 平台处理 SQL 或 DML 语句时,它会创建一个名为 context area(上下文区域)的内存区域,其中包含处理该语句所需的信息。这些信息中包括该语句所处理的行数(也称为活动集 [active set]),以及指向该语句解析形式的指针。

在 PL/SQL 中,游标(cursor)是指向上下文区域的句柄或指针。PL/SQL 程序通过游标管理上下文区域。换句话说,可以将游标视为一个容器,其中包含了 SQL 或 DML 语句返回的行集合。

在本章中,我们将学习 PL/SQL 支持的两种类型的游标:隐式游标和显式游标。我们还将学习如何声明、处理游标,以及与游标一起使用的基于表和基于游标的记录类型。最后,我们将介绍游标型 FOR 循环以及游标之间的相互嵌套操作。

11.1 实验 1:游标的类型

完成此实验后,我们将能够实现以下目标:
- 使用隐式游标。
- 使用显式游标。

如前所述，PL/SQL 中有两种类型的游标：
- 隐式（implicit）游标由 PL/SQL 管理。因此，我们无法控制隐式游标，但可以从游标的属性中获取各种类型的信息。例如，每次运行 SELECT INTO 或 DELETE 语句时，PL/SQL 都会打开一个隐式游标。
- 显式（explicit）游标由用户自己定义和管理。这意味着我们可在程序中声明并处理游标。例如，我们可以为返回多行的 SELECT 语句创建一个游标。

11.1.1 隐式游标

如前所述，任何执行 SQL 或 DML 语句的 PL/SQL 块都会构造一个隐式游标。这个隐式游标被称为 SQL 游标（SQL cursor）。

请看以下隐式游标的示例。

示例　ch11_1a.sql

```
DECLARE
   v_name VARCHAR2(60);
BEGIN
   SELECT first_name||' '||last_name
     INTO v_name
     FROM student
    WHERE student_id = 123;

   DBMS_OUTPUT.PUT_LINE ('Student name: '||v_name);
EXCEPTION
   WHEN NO_DATA_FOUND
   THEN
      DBMS_OUTPUT.PUT_LINE ('There is no student with ID 123');
END;
```

PL/SQL 在 SELECT INTO 语句执行时自动构造一个隐式游标，并将学生姓名的值提取到变量 v_name 中。SELECT INTO 语句执行完成后，PL/SQL 会关闭隐式游标。

如前所述，我们无法控制隐式游标，但可以从其属性中获取有关它的信息：
- SQL%ISOPEN　对于隐式游标，这个布尔型的属性值通常为 FALSE。原因是 PL/SQL 在执行完相应的语句后会立即关闭游标。
- SQL%FOUND　如果语句的执行返回了一行或多行，则此布尔型的属性返回 TRUE；如果语句的执行没有返回任何行，则该属性返回 FALSE；如果 SQL 或 DML 语句尚未执行，则该属性返回 NULL。
- SQL%NOTFOUND　此布尔型属性与 SQL%FOUND 属性正好是相反的。
- SQL%ROWCOUNT　这个整数型的属性将返回被执行语句的行数。如果没有运行任何 SQL 或 DML 语句，则该属性返回 NULL。

用于批量处理的其他游标属性将在后面的章节中介绍。

接下来，请看以下示例，它说明了这些属性的应用。

示例 ch11_1b.sql

```
DECLARE
    v_name VARCHAR2(60);
BEGIN
    SELECT first_name||' '||last_name
      INTO v_name
      FROM student
     WHERE student_id = 123;

    IF SQL%ISOPEN
    THEN
        DBMS_OUTPUT.PUT_LINE ('The cursor is open');
    ELSE
        DBMS_OUTPUT.PUT_LINE ('The cursor is closed');
    END IF;

    IF SQL%FOUND
    THEN
        DBMS_OUTPUT.PUT_LINE ('The cursor returned rows');
    ELSIF SQL%NOTFOUND
    THEN
        DBMS_OUTPUT.PUT_LINE ('The cursor did not return rows');
    END IF;

    DBMS_OUTPUT.PUT_LINE
        ('Cursor processed '||SQL%ROWCOUNT||' row(s)');

    DBMS_OUTPUT.PUT_LINE ('Student name: '||v_name);
EXCEPTION
    WHEN NO_DATA_FOUND
    THEN
        DBMS_OUTPUT.PUT_LINE ('There is no student with ID 123');
END;
```

运行后，此脚本会产生以下输出：

```
The cursor is closed
The cursor returned rows
Cursor processed 1 row(s)
Student name: Pierre Radicola
```

在这个脚本中，下面的 IF 语句

```
IF SQL%ISOPEN
```

的结果为 FALSE，因为 SELECT INTO 语句所关联的隐式游标已完成运行并被 PL/SQL 关闭了。所以屏幕上会显示出消息"The cursor is closed"（游标已关闭）。

接下来，下面的 ELSIF 语句[⊖]

```
IF SQL%FOUND
```

的结果为 TRUE，因为游标返回了带有学生姓名的一行记录，屏幕上显示出消息"The cursor returned rows"（游标返回了行）。

⊖ 原文"ELSIF 语句"写错了，应该是"IF 语句"。——译者注

最后，`SQL%ROWCOUNT`属性返回了游标处理的行数，并在屏幕上显示出消息" cursor processed 1 row(s)"（游标处理了 1 行）。

11.1.2 显式游标

与隐式游标不同，显式游标由用户定义和管理。显式游标的使用包括以下几个步骤：

（1）**声明游标** 此步骤将 SQL 或 DML 语句与一个游标关联起来，然后给游标命名，并将游标初始化到内存中。

（2）**打开游标** 此步骤为游标的处理过程分配数据库资源，并识别出游标查询所返回的结果集。此时，游标被放在结果集的第一行之前（因为它是一个指针）。

（3）**获取游标** 先前已声明和打开的游标现在可以检索数据了，这一步是获取游标的过程。

（4）**关闭游标** 必须将先前声明的、打开的和获取的游标关闭。此步骤释放之前分配给该游标的数据库资源。

1. 声明游标

游标的声明定义了游标的名称，并将其与 SELECT 语句关联起来，如清单 11.1 所示。

清单 11.1 游标声明

```
CURSOR cursor_name [parameter list] [RETURN return_type]
IS
SELECT_STATEMENT;
```

游标声明总是以关键字 `CURSOR` 开头，后跟游标名称。接下来，`parameter list`（参数列表）和 `return_type`（返回类型）是在声明游标时的可选项。参数列表用于传递 SELECT 语句要使用的游标参数列表，RETURN 子句用来指定游标的返回值的类型。最后，IS 子句将显式游标与一条 SELECT 语句关联起来。请注意，SELECT 语句可以在某个单独的步骤中指定。

请看下面的代码示例，该示例演示了游标声明的几种方式。

示例

```
DECLARE
   -- Declare cursor that has the same structure as the STUDENT
   -- table
   CURSOR c_students RETURN student%ROWTYPE;

   -- Declare cursor that returns instructor name
   CURSOR c_instructor
   IS
   SELECT first_name||' '||last_name instructor_name
     FROM instructor;

   -- Define c_students cursor declared earlier
   CURSOR c_students
   IS
   SELECT *
     FROM students;
```

> **你知道吗？**
> 本书中使用的命名约定建议读者将游标命名为 `c_cursor_name` 或 `name_cur` 模式。通过这种命名方式，我们将始终清楚地看到该名称引用的是一个游标。

2. 打开和关闭游标

在声明了一个游标之后，就可以打开它进行下一步的处理了。类似地，在处理完游标返回的所有行之后，应该关闭游标。这些过程如清单 11.2 所示。

清单 11.2　打开和关闭游标

```
OPEN cursor_name [parameter list];
CLOSE cursor_name;
```

OPEN 语句打开游标以进行处理。如前所述，游标现在位于游标查询返回的结果集的第一行之前。[parameter list]（参数列表）是基于游标声明的可选参数列表。

CLOSE 语句向 PL/SQL 引擎发出信号，表示程序已经完成了对游标的处理，因此，之前分配给它的数据库资源就可以释放掉了。

> **你知道吗？**
> 游标关闭后，从中不会再获取到任何结果。同样，也不可能关闭已关闭了的游标。其中的任何一种尝试都将导致 Oracle 错误。

请看下面的代码示例，它演示了打开游标和关闭游标的操作。

示例

```
OPEN c_instructor;
-- Process cursor
…
CLOSE c_instructor;
```

3. 获取游标

在打开一个游标之后，可以获取它的结果集，如清单 11.3 所示。

清单 11.3　获取游标

```
FETCH cursor_name INTO list_of_variables;
or
FETCH cursor_name INTO record_variable;
```

FETCH 语句获取结果集的当前行，并将其分配给 INTO 子句中列出的每个变量或一个单独的记录变量。获取到当前行后，游标将指向结果集中的下一条记录。

由于游标包含了多个行，因此 FETCH 语句通常会被放在一个简单的循环体中。这样可以使游标一次一行地循环通过整个结果集。下面的代码部分进一步说明了这个过程。

示例

```
LOOP
    FETCH c_instructor into v_name;
    -- Process newly fetched cursor row
    …
END LOOP;
```

请记住，简单循环就是一个无限循环，除非它有退出条件。但对于游标而言，在获取了所有行并完成了全部的后续处理之后，就会产生退出条件。我们可以使用游标属性"%NOTFOUND"来识别出这个退出条件。

在本实验的前面部分中，我们已经了解了隐式游标的属性。

同样地，显式游标也具有类似的游标属性：

- %ISOPEN：如果游标是打开的，则此布尔型的属性值为TRUE，如果游标是关闭的，则属性值为FALSE。
- %FOUND：如果最近一次从游标那里获取的结果返回了一条记录，则此布尔型的属性返回TRUE；如果最近获取的结果没有返回记录，则该属性返回FALSE；如果游标已打开但尚未获取到任何记录，则该属性返回NULL。
- %NOTFOUND：这个布尔型的属性与%FOUND属性正好是相反的。
- %ROWCOUNT：这个整数型的属性将返回目前为止已获取的记录数。如果游标是打开的，但还没有获取到任何记录，则该属性返回0。

请注意，在隐式游标的情况下，这些属性以SQL为前缀，因为所有隐式游标都由系统来命名。在显式游标的情况下，这些属性以显式游标名为前缀。下面的代码片段进一步说明了这种命名方法。

示例

```
LOOP
    FETCH c_instructor into v_name;
    -- If there are no more rows to fetch, exit the loop
    IF c_instructor%NOTFOUND
    THEN
        EXIT;
    END IF;

    -- Process newly fetched cursor row
    …
END LOOP;
```

请注意%NOTFOUND属性是如何来定义循环的退出条件的。一旦从游标中获取到新的一行，就会对%NOTFOUND属性进行判断，以确定没有更多的行被获取到，因而不再需要对后边的语句进行处理，可以退出循环了。

接下来，让我们看一个示例，它将前面介绍的各个代码片段组合成一个脚本。

示例　ch11_2a.sql

```
DECLARE
   -- Declare cursor that returns instructor name
   CURSOR c_instructor
   IS
   SELECT first_name||' '||last_name instructor_name
     FROM instructor;

   -- Declare a variable used to fetch instructor name
   v_name VARCHAR2(60);

BEGIN
   -- Open the cursor
   OPEN c_instructor;

   -- Fetch cursor result set into a variable
   LOOP
      FETCH c_instructor INTO v_name;

      -- If there are no more rows to fetch, exit the loop
      IF c_instructor%NOTFOUND
      THEN
         EXIT;
      END IF;

      -- Display instructor name
      DBMS_OUTPUT.PUT_LINE ('Instructor name: '||v_name);
   END LOOP;

   -- Close the cursor
   CLOSE c_instructor;
END;
```

上面这个示例集合了处理显式游标所需的所有步骤：

（1）声明和定义一个显式游标。

（2）打开游标。

（3）通过一个简单的循环获取游标结果集并存放到一个变量中。

简单循环的退出条件是用 %NOTFOUND 游标属性定义的。

（4）在获取和处理完所有行之后关闭游标。

运行此脚本后，会产生以下输出：

```
Instructor name: Fernand Hanks
Instructor name: Tom Wojick
Instructor name: Nina Schorin
Instructor name: Gary Pertez
Instructor name: Anita Morris
Instructor name: Todd Smythe
Instructor name: Marilyn Frantzen
Instructor name: Charles Lowry
Instructor name: Rick Chow
Instructor name: Irene Willig
```

接下来，请看此脚本的修改版，它对显式游标的其他属性进行了描述（代码更改部分以粗体突出显示）。

示例　ch11_2b.sql

```
DECLARE
   -- Declare cursor that returns instructor name
   CURSOR c_instructor
   IS
   SELECT first_name||' '||last_name instructor_name
     FROM instructor;

   -- Declare a variable used to fetch instructor name
   v_name VARCHAR2(60);
BEGIN
   -- Check if the cursor has been opened
   IF c_instructor%ISOPEN
   THEN
      DBMS_OUTPUT.PUT_LINE ('The cursor is open');
   ELSE
      DBMS_OUTPUT.PUT_LINE ('The cursor is not open');
   END IF;

   -- Open the cursor
   OPEN c_instructor;

   -- Check if the cursor has been opened
   IF c_instructor%ISOPEN
   THEN
      DBMS_OUTPUT.PUT_LINE ('The cursor is now open');
   ELSE
      DBMS_OUTPUT.PUT_LINE ('The cursor is not open');
   END IF;


   -- Fetch cursor result set into a variable
   LOOP
      FETCH c_instructor INTO v_name;

      -- Check if a row was fetched
      IF c_instructor%FOUND
      THEN
         DBMS_OUTPUT.PUT_LINE ('Found rows to fetch');
      END IF;
      -- Display the number of rows that have been fetched
      -- so far
      DBMS_OUTPUT.PUT_LINE
         ('Fetched '||c_instructor%ROWCOUNT||' row(s)');
      -- If there are no more rows to fetch, exit the loop
      IF c_instructor%NOTFOUND
      THEN
         EXIT;
      END IF;

       -- Display instructor name
      DBMS_OUTPUT.PUT_LINE ('Instructor name: '||v_name);
   END LOOP;

   -- Close the cursor
   CLOSE c_instructor;
END;
```

运行时，此示例会产生以下输出：

```
The cursor is not open
The cursor is now open
Found rows to fetch
Fetched 1 row(s)
Instructor name: Fernand Hanks
Found rows to fetch
Fetched 2 row(s)
Instructor name: Tom Wojick
Found rows to fetch
Fetched 3 row(s)
Instructor name: Nina Schorin
Found rows to fetch
Fetched 4 row(s)
Instructor name: Gary Pertez
Found rows to fetch
Fetched 5 row(s)
Instructor name: Anita Morris
Found rows to fetch
Fetched 6 row(s)
Instructor name: Todd Smythe
Found rows to fetch
Fetched 7 row(s)
Instructor name: Marilyn Frantzen
Found rows to fetch
Fetched 8 row(s)
Instructor name: Charles Lowry
Found rows to fetch
Fetched 9 row(s)
Instructor name: Rick Chow
Found rows to fetch
Fetched 10 row(s)
Instructor name: Irene Willig
Fetched 10 row(s)
```

输出的前两行

```
The cursor is not open
The cursor is now open
```

分别是放置在打开 c_instructor 游标之前和之后的两个 IF 语句的结果：

```
IF c_instructor%ISOPEN
THEN
    DBMS_OUTPUT.PUT_LINE ('The cursor is now open');
ELSE
    DBMS_OUTPUT.PUT_LINE ('The cursor is not open');
END IF;
```

在打开游标之前，%ISOPEN 属性返回 FALSE，并在屏幕上显示消息"The cursor is not open"（游标未打开）。打开游标后，%ISOPEN 属性返回 TRUE，并在屏幕上显示消息"The cursor is now open"（游标现在已打开）。

接下来的这组输出：

```
Found rows to fetch
Fetched 1 row(s)
```

```
Instructor name: Fernand Hanks
Found rows to fetch
Fetched 2 row(s)
…
```

是由FETCH语句之后的循环体内的语句输出的。只要有记录被获取到，%FOUND属性便会返回TRUE，并在屏幕上显示消息"FOUND rows to fetch"（发现有获取到的记录）。接下来，%ROWCOUNT属性返回到目前为止已获取到的行数。随着对游标结果集的处理，获取到的行数随之增加，屏幕上会显示消息"Fetched…row(s)"（获取了……行）。

最后这组输出：

```
Found rows to fetch
Fetched 10 row(s)
Instructor name: Irene Willig
Fetched 10 row(s)
```

是循环的最后两次迭代的结果。当获取到第10行时，%FOUND属性的判断结果为TRUE，将获取到的行数显示在屏幕上。此时循环的退出条件，即%NOTFOUND属性的判断结果为FALSE，循环继续进行正常处理，同时在屏幕上显示教师的姓名。

当循环执行到第11次迭代时，没有获取到更多的行，%FOUND属性的判断结果为FALSE，屏幕上不再显示消息"FOUND rows to fetch"，而在%ROWCOUNT属性仍然保存游标处理的行数，因而屏幕上显示消息"Fetched 10 row(s)"（已获取到10行）。接下来，循环的退出条件，即%NOTFOUND属性的判断结果为TRUE，循环终止。

11.2 实验2：基于表和基于游标的记录

完成此实验后，我们将能够实现以下目标：
- 使用基于表的记录。
- 使用基于游标的记录。

记录结构在某种程度上类似于数据库表中的一行。每个数据项都存储在一个字段中，该字段具有自己的名称和数据类型。例如，假设我们有一家公司的各种数据，如公司名称、地址和员工人数。而记录是包含了这些数据项的所有字段，允许我们将公司作为一个逻辑单元，从而更容易地组织和表示公司的信息。

11.2.1 基于表的记录

%ROWTYPE属性允许我们创建基于表和基于游标的记录，它与用来定义标量变量的%TYPE属性类似。请看以下基于表的记录示例。

示例 ch11_3a.sql

```
DECLARE
   course_rec course%ROWTYPE;
BEGIN
```

```
      SELECT *
        INTO course_rec
        FROM course
       WHERE course_no = 25;

      DBMS_OUTPUT.PUT_LINE ('Course No: '||course_rec.course_no);
      DBMS_OUTPUT.PUT_LINE ('Course Description: '||
         course_rec.description);
      DBMS_OUTPUT.PUT_LINE ('Prerequisite: '||
         course_rec.prerequisite);
END;
```

course_rec 记录的结构与 COURSE 表中行的结构相同。因此，当 SELECT INTO 语句填充 course_rec 记录时，不需要引用记录的单个字段。然而，记录本身并没有值，而每个单独的字段都有各自的值。因此，为了在屏幕上显示记录信息，我们需要使用符号"."（点命名法）来引用各个字段，如 DBMS_OUTPUT.PUT_LINE 语句所示。

运行此示例会产生以下输出：

```
Course No: 25
Course Description: Intro to Programming
Prerequisite: 140
```

> **注意** 记录本身并没有值。因此我们无法测试记录是否为空值、相等或不相等。换句话说，语句
>
> ```
>       IF course_rec IS NULL THEN …
>       IF course_rec1 = course_rec2 THEN …
> ```
>
> 是非法的，会导致语法错误。

接下来，请看这个脚本的一个新版本，它使用显式记录从 COURSE 表中检索数据。

示例   ch11_3b.sql

```
DECLARE
   CURSOR c_course RETURN course%ROWTYPE
   IS
   SELECT *
     FROM course
    WHERE rownum <= 5; -- limit result set to 5 rows

   course_rec course%ROWTYPE;
BEGIN
   OPEN c_course;

   LOOP
      FETCH c_course INTO course_rec;
      EXIT WHEN c_course%NOTFOUND;

      DBMS_OUTPUT.PUT_LINE ('Course No: '||course_rec.course_no);
      DBMS_OUTPUT.PUT_LINE ('Course Description: '||
         course_rec.description);
      DBMS_OUTPUT.PUT_LINE ('Prerequisite: '||
         course_rec.prerequisite);
   END LOOP;
   CLOSE c_course;
END;
```

在这个脚本中，显式游标 c_course 被声明为一个基于表的记录，其返回值类型为 course%ROWTYPE。这个声明确保了游标和记录型变量 course_rec 具有相同的类型。

接下来，程序将一次提取游标结果集的一行到 course_rec 记录中，并在屏幕上显示记录的各个字段：course_no、description 和 prerequisitite，如下所示：

```
Course No: 10
Course Description: Technology Concepts
Prerequisite:
Course No: 20
Course Description: Intro to Information Systems
Prerequisite:
Course No: 25
Course Description: Intro to Programming
Prerequisite: 140
Course No: 80
Course Description: Programming Techniques
Prerequisite: 204
Course No: 100
Course Description : Hands-On Windows
Prerequisite: 20
```

11.2.2 基于游标的记录

基于表的记录，其结构是基于一个由 %ROWTYPE 属性指定的表，与此类似，基于游标的记录与它所基于的显式游标具有相同的结构。请看以下基于游标的记录示例。

示例 ch11_4a.sql

```
DECLARE
   CURSOR c_grade_type
   IS
   SELECT grade_type_code, description
     FROM grade_type;

   grade_type_rec c_grade_type%ROWTYPE;
BEGIN
   OPEN c_grade_type;

   LOOP
      FETCH c_grade_type INTO grade_type_rec;
      EXIT WHEN c_grade_type %NOTFOUND;

      DBMS_OUTPUT.PUT_LINE ('Grade Type Code: '||
         grade_type_rec. grade_type_code);
      DBMS_OUTPUT.PUT_LINE ('Description: '||
         grade_type_rec.description);
   END LOOP;
   CLOSE c_grade_type;
END;
```

在本例中，记录变量 grade_type_rec 的结构与游标 c_grade_type 的单行结构相同。运行后，此脚本会产生以下输出：

```
Grade Type Code: FI
Description: Final
```

```
Grade Type Code: HM
Description: Homework
Grade Type Code: MT
Description: Midterm
Grade Type Code: PA
Description: Participation
Grade Type Code: PJ
Description: Project
Grade Type Code: QZ
Description: Quiz
```

因为基于游标的记录是根据针对游标的 SELECT 语句返回的行来定义的，所以其声明之前必须有游标声明。换句话说，基于游标的记录依赖于特定的游标，并且不能在该游标之前声明。

来看示例 ch11_4a.sql 的修改版。基于游标的记录变量在游标之前声明（更改以粗体显示）。接下来，当运行此示例时，会导致语法错误。

示例　ch11_4b.sql

```
DECLARE
   -- Cursor-based record is declared before the cursor it is
   -- based on
   grade_type_rec c_grade_type%ROWTYPE;

   CURSOR c_grade_type
   IS
   SELECT grade_type_code, description
     FROM grade_type;
BEGIN
   OPEN c_grade_type;

   LOOP
      FETCH c_grade_type INTO grade_type_rec;
      EXIT WHEN c_grade_type %NOTFOUND;

      DBMS_OUTPUT.PUT_LINE ('Grade Type Code: '||
         grade_type_rec.grade_type_code);
      DBMS_OUTPUT.PUT_LINE ('Description: '||
         grade_type_rec.description);
   END LOOP;
   CLOSE c_grade_type;
END;
```

此示例会产生以下错误输出：

```
ORA-06550: line 4, column 19:
PLS-00320: the declaration of the type of this expression is incomplete or malformed
ORA-06550: line 0, column 1:
PL/SQL: Compilation unit analysis terminated
```

11.3　实验 3：游标型 FOR 循环

完成此实验后，我们将能够实现以下目标：

❑　使用游标型 FOR 循环。

在本章前面的实验中，我们看到了如何使用简单循环来处理显式游标。在本实验中，我们将介绍处理显式游标的另一种方法：游标型 FOR 循环。与数字型 FOR 循环类似，游标型 FOR 循环提供了简化的游标处理，因为它是隐式完成的。换句话说，我们不需要打开和关闭游标，获取游标结果集存储到变量或记录中，或指定退出条件；相反，游标型 FOR 循环将在幕后处理这些步骤。

游标型 FOR 循环有两种类型：隐式和显式。当游标的 SELECT 语句被放置在游标型 FOR 循环语句内时，它被称为隐式游标型 FOR 循环语句。

示例　ch11_5a.sql

```
BEGIN
   FOR rec IN (SELECT first_name, last_name
                 FROM instructor)
   LOOP
      DBMS_OUTPUT.PUT_LINE ('Instructor Name: '||
         rec.first_name||' '||rec.last_name);
   END LOOP;
END;
```

在本例中，SELECT 语句是在 FOR 循环语句中指定的，如下所示：

```
FOR rec IN (SELECT first_name, last_name
              FROM instructor)
LOOP
```

没有预先的游标声明。游标只是简单地与 %ROWTYPE 的索引变量 rec 相关联，由循环进行了隐式声明。注意，这里没有 OPEN、FETCH 和 CLOSE 语句。

运行此示例时，会产生以下输出：

```
Instructor Name: Fernand Hanks
Instructor Name: Tom Wojick
Instructor Name: Nina Schorin
Instructor Name: Gary Pertez
Instructor Name: Anita Morris
Instructor Name: Todd Smythe
Instructor Name: Marilyn Frantzen
Instructor Name: Charles Lowry
Instructor Name: Rick Chow
Instructor Name: Irene Willig
```

当不需要多次处理同一游标时，通常会使用隐式游标型 FOR 循环语句。如果需要多次处理同一游标，则应使用显式游标型 FOR 循环语句。在这种情况下，游标是显式声明的，如以下示例所示。

示例　ch11_5b.sql

```
DECLARE
   CURSOR c_instructor
   IS
   SELECT first_name, last_name
     FROM instructor;
```

```
BEGIN
   FOR rec IN c_instructor
   LOOP
      DBMS_OUTPUT.PUT_LINE ('Instructor Name: '||
         rec.first_name||' '||rec.last_name);
   END LOOP;
END;
```

在这个版本的脚本中，游标 c_instructor 是显式声明的，并在 FOR 循环语句中被引用。

11.4 实验 4：嵌套的游标

完成此实验后，我们将能够实现以下目标：
❑ 处理嵌套的游标。

在第 7 章中，我们学习了如何将循环互相嵌套。因为处理游标涉及使用循环，所以游标也可以嵌套在另一个游标内部。下面的示例进一步说明了这种嵌套。

示例　ch11_6a.sql

```
DECLARE
   CURSOR c_zip
   IS
   SELECT z.zip, z.city
     FROM zipcode z
         ,student s
    WHERE z.zip = s.zip
      AND z.state = 'CT';
BEGIN
   -- Outer cursor loop
   FOR r_zip IN c_zip
   LOOP
      DBMS_OUTPUT.PUT_LINE
         ('Students living in '||r_zip.city||', '||r_zip.zip);

      -- Inner cursor loop
      FOR r_student in (SELECT first_name||' '||last_name name
                          FROM student
                         WHERE zip = r_zip.zip)
      LOOP
         DBMS_OUTPUT.PUT_LINE(r_student.name);
      END LOOP;
   END LOOP;
END;
```

此脚本有一个嵌套在显式游标型 FOR 循环（外循环）c_zip 中的隐式游标型 FOR 循环（内循环）。对于 c_zip 游标的每次迭代，内部游标型 For 循环都会对 STUDENT 表中根据所给定 zip 值所获得的整个结果集进行迭代：

```
-- Inner cursor loop
FOR r_student in (SELECT first_name||' '||last_name name
                    FROM student
                   WHERE zip = r_zip.zip)
LOOP
```

请注意，为了确定与特定邮政编码正确对应的学生群体，记录的字段 r_zip.zip 在内部循环的选择准则中是如何使用的。运行此脚本时，将生成以下输出（仅显示部分输出）：

```
Students living in Oxford, 06483
John Ancean
Students living in Bridgeport, 06605
Mike Madej
Students living in Woodbury, 06798
David Thares
Students living in Greenwich, 06830
Dawn Dennis
Victor Meshaj
J. Dalvi
Students living in Norwalk, 06850
Edwin Allende
Students living in Norwalk, 06851
David Essner
…
Students living in Stamford, 06905
Rita Archor
Students living in Stamford, 06907
Charles Caro
```

接下看示例 ch11_6a.sql 的更新版，其外部游标型 FOR 循环已被游标循环取代。因此，打开游标、从游标中获取信息和关闭游标都由代码显式处理（新添加的语句以粗体突出显示）。

示例　ch11_6b.sql

```
DECLARE
   CURSOR c_zip
   IS
   SELECT z.zip, z.city
     FROM zipcode z
         ,student s
    WHERE z.zip = s.zip
      AND z.state = 'CT';

   -- Declare cursor-based record
   r_zip c_zip%ROWTYPE;
BEGIN
   OPEN c_zip;
   -- Outer cursor loop
   LOOP
      FETCH c_zip INTO r_zip;
      EXIT WHEN c_zip%NOTFOUND;

      DBMS_OUTPUT.PUT_LINE
         ('Students living in '||r_zip.city||', '||r_zip.zip);

      -- Inner cursor loop
      FOR r_student in (SELECT first_name||' '||last_name name
                          FROM student
                         WHERE zip = r_zip.zip)
      LOOP
         DBMS_OUTPUT.PUT_LINE(r_student.name);
      END LOOP;
```

```
      END LOOP;
   CLOSE c_zip;
END;
```

在这个版本的脚本中，除了对游标进行显式处理的语句外，还声明了一个基于游标的记录，以便允许从外部游标获取信息。此示例生成与上一版本相同的输出。

本章小结

在本章中，我们学习了各种类型的游标以及如何对它们进行处理。此外，我们还学习了基于表和基于游标的记录类型，以及如何将它们与游标一起使用。最后，我们学习了游标型 FOR 循环和嵌套的游标。在下一章中，我们将继续学习游标并探索更高级的主题，例如参数化游标、游标变量和 FOR UPDATE 游标。

第 12 章

高级游标

通过本章,我们将掌握以下内容:
- 参数化游标。
- 游标变量和游标表达式。
- FOR UPDATE 游标。

在第 11 章中,我们探讨了游标的基本概念。在本章中,我们将继续深入探讨游标的知识,学习如何将参数传递给游标、如何利用游标变量和游标表达式,以及如何使用 FOR UPDATE 游标。

12.1 实验 1:参数化游标

完成此实验后,我们将能够实现以下目标:
- 在游标中使用参数。

声明游标时,我们可能会带有参数,如清单 12.1 所示。这种方法使游标能够基于运行时传递给它的参数值生成指定的结果集。

清单 12.1 声明一个带参数的游标

```
CURSOR cursor_name [parameter list]
IS
SELECT_STATEMENT;
```

请看下面这个代码示例,它演示了只有一个参数的游标声明。

示例

```
DECLARE
```

```
   CURSOR c_zip (p_state zipcode.state%TYPE)
    IS
 SELECT zip, city, state
   FROM zipcode
  WHERE state = p_state;
```

在这段代码示例中，游标 c_zip 只有一个参数 p_state。然后在 WHERE 子句中使用此参数将结果集限定在所指定的州。请注意，在游标声明时，参数 p_state 的值是未被定义的。

接下来请看另一个游标声明，它使用了默认值来初始化游标参数。

示例

```
DECLARE
   CURSOR c_zip_ny (p_state zipcode.state%TYPE DEFAULT 'NY')
    IS
 SELECT zip, city, state
   FROM zipcode
  WHERE state = p_state;
```

在本例中，如果在运行时没有给参数 p_state 提供值，则游标 c_zip_ny 将返回 ZIPCODE 表中州名为 NY（纽约）的所有行。

当我们声明了一个带参数的游标时，在打开它后就需要给它一个指定的参数值。只有当游标参数为默认值时，才可以省略参数值。

示例

```
-- Open c_zip cursor and pass a parameter value
OPEN c_zip ('CT');

-- Open c_zip cursor with FOR loop
FOR rec IN c_zip ('CT') LOOP

-- Open c_zip_ny cursor
FOR rec IN c_zip_ny ('GA') LOOP

-- Open c_zip_ny cursor and omit parameter value
FOR rec in c_zip_ny LOOP
```

请看以下这个完整的代码示例，它说明了如何处理参数化游标。

示例　ch12_1a.sql

```
DECLARE
   CURSOR c_zip (p_state IN zipcode.state%TYPE DEFAULT 'GA')
    IS
 SELECT zip, city, state
   FROM zipcode
  WHERE state = p_state;

BEGIN
   DBMS_OUTPUT.PUT_LINE
      ('Process c_zip cursor with parameter value');
   FOR rec IN c_zip ('MA')
   LOOP
```

```
        DBMS_OUTPUT.PUT_LINE (rec.city||', '||rec.zip);
    END LOOP;

    DBMS_OUTPUT.PUT_LINE
        ('Process c_zip cursor without parameter value');
    FOR rec IN c_zip
    LOOP
        DBMS_OUTPUT.PUT_LINE (rec.city||', '||rec.zip);
    END LOOP;
END;
```

在本例中，在游标 c_zip 的声明中参数 p_state 使用了默认值。游标被处理了两次。第一次，游标参数被赋值"MA"，游标返回 ZIPCODE 表中州名为 MA（马萨诸塞州）的所有行：

```
Process c_zip cursor with parameter value
North Adams, 01247
Dorchester, 02124
Tufts Univ. Bedford, 02155
Weymouth, 02189
Sandwich, 02563
```

第二次，当打开游标时，参数值被省略了。因此，参数的值默认为"GA"，游标返回 ZIPCODE 表中州名为 GA（佐治亚州）的所有行：

```
Process c_zip cursor without parameter value
Atlanta, 30342
```

请注意，游标参数仅存在于游标查询的范围中。例如，不能在游标型 For 循环中引用游标参数，因为这会导致错误。

示例　ch12_1b.sql

```
DECLARE
    CURSOR c_zip (p_state IN zipcode.state%TYPE DEFAULT 'GA')
    IS
    SELECT zip, city, state
      FROM zipcode
     WHERE state = p_state;
BEGIN
    FOR rec IN c_zip ('MA')
    LOOP
        DBMS_OUTPUT.PUT_LINE (rec.city||', '||rec.zip);
        p_state := 'NJ';
    END LOOP;
END;
```

在这个简易版的脚本中，游标参数 p_state 在游标型 FOR 循环的主体中被引用。此引用导致了一个错误，如下所示：

```
ORA-06550: line 12, column 7:
PLS-00201: identifier 'P_STATE' must be declared
ORA-06550: line 12, column 7:
PL/SQL: Statement ignored
```

到目前为止，我们已经看到了在运行时将文字（即常量）的参数值传递给游标的示例。现在看一个使用变量的例子。

示例　ch12_2a.sql

```
DECLARE
   CURSOR c_course (p_prereq IN course.prerequisite%TYPE)
   IS
   SELECT course_no, description
     FROM course
    WHERE prerequisite = p_prereq;

   v_prereq course.prerequisite%TYPE;
BEGIN
   v_prereq := 20;

   FOR rec IN c_course (v_prereq)
   LOOP
      DBMS_OUTPUT.PUT_LINE
         (rec.course_no||', '||rec.description);
   END LOOP;
END;
```

本示例使用局部变量 v_prereq 来在运行时传递游标参数 p_prereq 的值。运行后，此示例会产生以下输出：

```
100, Hands-On Windows
140, Systems Analysis
142, Project Management
147, GUI Design Lab
204, Intro to SQL
```

接下来我们看看变量 v_prereq 未被初始化时，或者换句话说，删除掉语句"v_prereq:=20;"会发生什么。此段代码有两个附加的 DBMS_OUTPUT.PUT_LINE 语句用于示例说明。

示例　ch12_2b.sql

```
DECLARE
   CURSOR c_course (p_prereq IN course.prerequisite%TYPE)
   IS
   SELECT course_no, description
     FROM course
    WHERE prerequisite = p_prereq;

   v_prereq course.prerequisite%TYPE;
BEGIN
   DBMS_OUTPUT.PUT_LINE ('Before the loop');

   FOR rec IN c_course (v_prereq)
   LOOP
      DBMS_OUTPUT.PUT_LINE
         (rec.course_no||', '||rec.description);
   END LOOP;

   DBMS_OUTPUT.PUT_LINE ('After the loop');
END;
```

运行后，此示例会产生以下输出：

```
Before the loop
After the loop
```

由于变量 v_preseq 未被初始化赋值，因此它的值是 NULL。其结果是，游标参数 p_prereq 的值也是 NULL，因此游标的运行不返回任何行。尽管此示例不会产生任何语法错误，但它不能正确执行。

当使用变量给游标参数传递值时，在游标开始处理后，变量值的更改不会影响游标参数或游标本身，注意到这一点是很重要的。

示例　ch12_2c.sql

```sql
DECLARE
   CURSOR c_course (p_prereq IN course.prerequisite%TYPE)
   IS
   SELECT course_no, description
     FROM course
    WHERE prerequisite = p_prereq;

   v_prereq course.prerequisite%TYPE;
BEGIN
   v_prereq := 20;
   DBMS_OUTPUT.PUT_LINE ('v_prereq: '||v_prereq);

   -- The value of v_prereq is evaluated once when
   -- cursor is opened and the cursor result set is based
   -- on the value of v_prereq passed here
   FOR rec IN c_course (v_prereq)
   LOOP
      DBMS_OUTPUT.PUT_LINE
         (rec.course_no||', '||rec.description);

      -- The new value of v_prereq does not affect the cursor
      v_prereq := 10;
   END LOOP;

   DBMS_OUTPUT.PUT_LINE ('v_prereq: '||v_prereq);
END;
```

在这个脚本中，变量 v_prereq 的值在循环体中发生了更改。因为游标 c_course 已经打开，所以对变量值的更改不会影响游标参数或结果集。原因是，PL/SQL 在打开游标时，会计算游标参数的值一次。然后执行游标查询，并同时生成相应的结果集。接下来，开始游标的处理过程，除非重新打开游标，否则不会再次执行游标查询。以下输出说明了游标的执行顺序：

```
v_prereq: 20
100, Hands-On Windows
140, Systems Analysis
142, Project Management
147, GUI Design Lab
204, Intro to SQL
v_prereq: 10
```

12.2 实验 2：游标变量和游标表达式

完成此实验后，我们将能够实现以下目标：
- 使用游标变量。
- 使用游标表达式。

12.2.1 游标变量

到目前为止，我们已经看到了游标的各种示例。在每个示例中，游标在声明时都要与指定的 SELECT 语句相关联。PL/SQL 提供了更多的灵活性，允许我们声明游标变量，这个游标变量能在运行时与游标动态地关联起来。换句话说，游标变量不会让我们局限于某一个查询语句。这是因为游标变量是指向内存中地址的指针或引用，而不是一个被定义的游标。

游标变量的声明如清单 12.2 所示。

清单 12.2　声明游标变量

```
-- Cursor variable based on the predefined SYS_REFCURSOR type
cursor_variable_name SYS_REFCURSOR;

-- Cursor variable based on the REF_CURSOR type
-- 1. Define REF CURSOR type
-- 2. Define cursor variable based on REF_CURSOR type
TYPE type_name is REF CURSOR [RETURN return_type];
cursor_variable_name type_name;
```

在上述清单中，游标变量的第一个声明是基于预定义类型 SYS_REFCURSOR。举例而言，此声明类似于我们在声明变量时使用 INTEGER 数据类型。

第二个声明需要两个步骤：类型声明和游标变量声明。REF CURSOR 类型是使用 TYPE 语句定义的，其中 type_name 用于声明一个实际游标变量的类型名称。我们可以选择为 REF CURSOR 类型指定一个返回类型。下面这段代码具体地说明了这个步骤。

示例

```
DECLARE
    -- Cursor variable based on the predefined SYS_REFCURSOR type
    cv_cursor1 SYS_REFCURSOR;

    -- Cursor variable based on the REF CURSOR type
    TYPE generic_cursor_type is REF CURSOR;
    cv_cursor2 generic_cursor_type;

    -- Cursor variable based on the REF CURSOR type
    -- that returns a specific type
    TYPE course_cursor_type is REF CURSOR RETURN course%ROWTYPE;
    cv_cursor3 course_cursor_type;
```

在上面这段代码中，请注意两个 REF CURSOR 类型的声明。第一个声明（generic_

cursor_type）没有 RETURN 子句。这种 REF CURSOR 类型被称为弱（weak）类型。基于这种类型的游标变量可以与任何查询语句相关联。

第二个声明 (course_cursor_type) 有一个 RETURN 子句，它指定了一个基于表的记录类型：course%ROWTYPE。这种 REF CURSOR 类型被称为强（strong）类型。基于此类型的游标变量只能与 COURSE 表返回记录的查询语句相关联。

由于弱游标变量可以与任何查询语句相关联，因此我们既可以在弱游标变量之间进行互操作，也可以与预定义类型 SYS_REFCURSOR 进行互操作。弱游标变量比强游标变量更灵活，但同时也更容易出错。强游标变量是不可互操作的，只有当它们属于相同的 REF CURSOR 类型时才能相互赋值。仅仅有相同的返回类型是不够的。下面的示例进一步说明了这种情况。

示例　ch12_3a.sql

```
DECLARE
   -- These are two different strong REF CURSOR types even though
   -- they both have the same table-based record type in the
   -- RETURN clause
   TYPE course_cursor_type1 is REF CURSOR RETURN course%ROWTYPE;
   TYPE course_cursor_type2 is REF CURSOR RETURN course%ROWTYPE;

   -- These cursor variables may be assigned to each other
   -- because they are of the same type
   cv_course1 course_cursor_type1;
   cv_course2 course_cursor_type1;

   -- This cursor variable has a different type even though it
   -- returns the same table-based record type
   cv_course3 course_cursor_type2;
BEGIN
   -- This assignment statement does not cause an error
   cv_course1 := cv_course2;

   -- This assignment statement causes an error
   cv_course1 := cv_course3;
END;
```

在本例中，两个强 REF CURSOR 类型的变量 course_cursor_type1 和 course_cursor_type2 尽管表面上看起来是相同的，但实际上是不同的类型。因此，游标变量 cv_course1 和 cv_course3 是两个不同的 REF CURSOR 类型。然而，游标变量 cv_course1 和 cv_course2 是两个相同的 REF CURSOR 类型，因此可以相互赋值。当我们运行此示例时，会产生以下错误：

```
ORA-06550: line 21, column 25:
PLS-00382: expression is of wrong type
ORA-06550: line 21, column 4:
PL/SQL: Statement ignored
```

在声明了一个游标变量之后，就可以进行下一步的处理了。这类似于显式游标的处理，但有一些细微的差别：

（1）我们可以使用 OPEN FOR 语句打开游标变量。它将游标变量与多行 SELECT 语句相关联，分配数据库资源来执行查询和处理查询，并将游标变量放在结果集的第一行之前。请注意，OPEN FOR 语句可以为不同的查询打开同一个游标变量。在重新打开游标变量之前，并不需要先关闭它。请记住，当我们为其他查询重新打开一个游标变量时，前一个查询将会被丢失。最佳编程习惯是在重新打开游标变量之前先关闭它们。

（2）打开游标变量后，我们可以使用 FETCH 语句从结果集中检索行。FETCH 语句一次从结果集中检索一行。PL/SQL 验证游标变量的返回类型是否与 FETCH 语句的 INTO 子句兼容。对于返回的每个查询列值，INTO 子句中必须有一个类型可匹配的变量。此外，查询列的数量必须等于变量的数量。如果列的数量或类型不匹配，强类型游标变量会在编译时出错，弱类型游标变量则会在运行时出错。

（3）处理完游标变量后，可以使用 CLOSE 语句关闭它。这将释放以前分配给它的数据库资源。

下面的示例进一步说明了游标变量的处理流程。

示例　ch12_4a.sql

```
DECLARE
    -- Cursor variable of the REF CURSOR type
    TYPE course_cursor_type is REF CURSOR RETURN course%ROWTYPE;
    cv_course course_cursor_type;

    -- Table-based record variable to fetch cursor result set
    v_course_rec course%ROWTYPE;
BEGIN
    -- Open cursor variable for processing
    OPEN cv_course FOR
        SELECT *
          FROM course;

    -- Fetch data from the cursor variable a record at a time
    -- into table-based record and display data on the screen
    LOOP
        FETCH cv_course INTO v_course_rec;
        EXIT WHEN cv_course%NOTFOUND;
        DBMS_OUTPUT.PUT_LINE
            (v_course_rec.course_no||' '|| v_course_rec.description);
    END LOOP;

    -- Close cursor variable
    CLOSE cv_course;
END;
```

请注意，游标变量与显式游标具有相同的属性。在前面的示例中，%NOTFOUND 属性与游标变量一起用于确定循环的退出条件。运行此示例时，会产生以下输出：

```
10 Technology Concepts
20 Intro to Information Systems
25 Intro to Programming
80 Programming Techniques
100 Hands-On Windows
...
```

关闭游标变量后，便无法从其结果集中获取记录或引用其属性，如下面的示例所示。

示例　ch12_4b.sql

```
DECLARE
   -- Cursor variable of the REF CURSOR type
   TYPE course_cursor_type is REF CURSOR RETURN course%ROWTYPE;
   cv_course course_cursor_type;

   -- Table-based record variable to fetch cursor result set
   v_course_rec course%ROWTYPE;
BEGIN
   -- Open cursor variable for processing
   OPEN cv_course FOR
      SELECT *
        FROM course;

   -- Fetch data from the cursor variable a record at a time
   -- into table-based record and display data on the screen
   LOOP
      FETCH cv_course INTO v_course_rec;
      EXIT WHEN cv_course%NOTFOUND;

      DBMS_OUTPUT.PUT_LINE
         (v_course_rec.course_no||' '|| v_course_rec.description);
   END LOOP;

   -- Close cursor variable
   CLOSE cv_course;

   DBMS_OUTPUT.PUT_LINE
      ('Processed '||cv_course%ROWCOUNT||' records');
END;
```

在这个版本的脚本中，新添加的 DBMS_OUTPUT.PUT_LINE 语句会产生一个错误，如下所示，因为它在关闭了游标变量后引用了 %ROWCOUNT 属性：

```
ORA-01001: invalid cursor
ORA-06512: at line 22
```

在这种情况下，PL/SQL 会触发一个预定义的异常 INVALID_CURSOR。要解决此错误并使脚本能够成功执行，可以将带有 %ROWCOUNT 的 DBMS_OUTPUT.PUT_LINE 语句放在 CLOSE 语句之前，或者添加带有 INVALID_CURSOR 异常的异常处理部分。以下示例说明了这两种处理方法。

示例　ch12_4c.sql

```
DECLARE
   -- Cursor variable of the REF CURSOR type
   TYPE course_cursor_type is REF CURSOR RETURN course%ROWTYPE;
   cv_course course_cursor_type;

   -- Table-based record variable to fetch cursor result set
   v_course_rec course%ROWTYPE;
BEGIN
   -- Open cursor variable for processing
   OPEN cv_course FOR
```

```
      SELECT *
        FROM course;

   -- Fetch data from the cursor variable a record at a time
   -- into table-based record and display data on the screen
   LOOP
      FETCH cv_course INTO v_course_rec;
      EXIT WHEN cv_course%NOTFOUND;

      DBMS_OUTPUT.PUT_LINE
         (v_course_rec.course_no||' '|| v_course_rec.description);
   END LOOP;

   -- This statement executes successfully because cursor
   -- variable is open
   DBMS_OUTPUT.PUT_LINE
      ('Processed '||cv_course%ROWCOUNT||' records');

   -- Close cursor variable
   CLOSE cv_course;

   -- This statement causes exception because cursor variable
   -- is closed
   DBMS_OUTPUT.PUT_LINE
      ('Processed '||cv_course%ROWCOUNT||' records');
EXCEPTION
   WHEN INVALID_CURSOR
   THEN
      DBMS_OUTPUT.PUT_LINE ('Cursor variable is closed');
END;
```

运行此版本的代码时，会产生以下输出：

```
10 Technology Concepts
20 Intro to Information Systems
25 Intro to Programming
…
Processed 30 records
Cursor variable is closed
```

当处理完游标变量后，第一条 DBMS_OTPUT.PUT_LINE 语句被成功地执行，屏幕上显示消息"Processed 30 records"（已处理 30 条记录）。第二条 DBMS_OUTPUT.PUT_LINE 语句导致错误，并触发 INVALID_CURSOR 异常。因此，屏幕上会显示"Cursor variable is closed"（游标变量已关闭）消息。

与使用显式游标的方法一样，一个与游标变量相关联的查询可以使用在同一个块中声明的变量。同样地，当打开游标进行处理时，该变量的值只被处理一次。下面的例子说明了这一点。

示例　ch12_5a.sql

```
DECLARE
   -- Cursor variable of the REF CURSOR type
   TYPE course_cursor_type is REF CURSOR RETURN course%ROWTYPE;
   cv_course course_cursor_type;
```

```
      -- Table-based record variable to fetch cursor result set
      v_course_rec course%ROWTYPE;

      v_prereq course.prerequisite%TYPE;
   BEGIN
      v_prereq := 20;
      DBMS_OUTPUT.PUT_LINE ('v_prereq: '||v_prereq);

      -- Open cursor variable for processing
      -- The value of v_prereq is evaluated once when
      -- cursor is opened, and the cursor result set is based
      -- on the value of v_prereq
      OPEN cv_course FOR
         SELECT *
           FROM course
          WHERE prerequisite = v_prereq; -- v_prereq equals 20

      -- Fetch data from the cursor variable a record at a time
      -- into table-based record and display data on the screen
      LOOP
         FETCH cv_course INTO v_course_rec;
         EXIT WHEN cv_course%NOTFOUND;

         DBMS_OUTPUT.PUT_LINE
            (v_course_rec.course_no||' '|| v_course_rec.description);

         -- The new value of v_prereq does not affect the cursor
         v_prereq := 10;
      END LOOP;

      DBMS_OUTPUT.PUT_LINE ('v_prereq: '||v_prereq);
      -- Re-open cursor variable and process it again
      -- v_prereq variable is evaluated again and the query result
      -- set is based on the new value of v_prereq
      OPEN cv_course FOR
         SELECT *
           FROM course
          WHERE prerequisite = v_prereq; -- v_prereq equals 10

      -- Fetch data from the cursor variable a record at a time
      -- into table-based record and display data on the screen
      LOOP
         FETCH cv_course INTO v_course_rec;
         EXIT WHEN cv_course%NOTFOUND;

         DBMS_OUTPUT.PUT_LINE
            (v_course_rec.course_no||' '|| v_course_rec.description);
      END LOOP;
      CLOSE cv_course;
   END;
```

在本例中，游标变量 cv_course 被打开和处理了两次。在这两种情况下，查询结果集都是基于变量 v_prereq 的值获得的。请注意，即使 v_prereq 的值在第一个游标循环中发生了更改，它也不会影响到第一个结果集。这在本章的实验 1 中，我们已经看到了对参数化游标所做的类似操作。

当重新打开游标变量 cv_course 时，查询语句会根据变量 v_prereq 的新值返回数据，因为查询语句也会被重新执行。该脚本的输出结果也说明了这一点（第二个结果集以粗体突出显示）：

```
v_prereq: 20
100 Hands-On Windows
140 Systems Analysis
142 Project Management
147 GUI Design Lab
204 Intro to SQL
v_prereq: 10
230 Intro to the Internet
```

12.2.2 游标表达式

游标变量可以用于处理游标表达式。游标表达式的语法如清单 12.3 所示。

清单 12.3　游标表达式

```
CURSOR (subquery)
```

一条游标表达式将返回一个 REF CURSOR 类型的嵌套游标。请看以下 SELECT 语句的示例：

```
SELECT city, state, zip
      ,CURSOR (SELECT first_name, last_name
                FROM student s
               WHERE s.zip = z.zip)
  FROM zipcode z
 WHERE z.zip in ('06820', '06830', '07010')
```

在这个 SELECT 语句中，游标表达式

```
CURSOR (SELECT first_name, last_name
          FROM student s
         WHERE s.zip = z.zip)
```

返回了一个嵌套游标，这个嵌套游标的结果是由括号里的 SELECT 语句生成的，而 SELECT 语句的输出要同时满足 WHERE 子句指定的 ZIP 值。当在 SQL Developer 中执行此 SQL 语句时，嵌套游标的格式如下，其中 ZIP 值为 06830：

```
{<FIRST_NAME=Dawn,LAST_NAME=Dennis>,<FIRST_NAME=Victor,LAST_NAME=Meshaj>,
<FIRST_NAME=J.,LAST_NAME=Dalvi>,}
```

如果在 SQL*Plus 中执行这个查询，则会得到相同的输出结果，但其格式会有所不同：

```
CITY                          ST ZIP   CURSOR(SELECTFIRST_N
----------------------------- -- ----- --------------------
Greenwich                     CT 06830 CURSOR STATEMENT : 4

CURSOR STATEMENT : 4

FIRST_NAME                  LAST_NAME
--------------------------- ---------------------------
```

Dawn	Dennis
Victor	Meshaj
J.	Dalvi

接下来请看一个脚本，它演示了 PL/SQL 如何处理游标表达式。

示例　ch12_6a.sql

```
DECLARE
   -- Cursor variable of the REF CURSOR type
   TYPE student_cursor_type is REF CURSOR;
   cv_student_name student_cursor_type;

   -- Variables to fetch cursor and cursor expression result sets
   v_city       zipcode.city%TYPE;
   v_state      zipcode.state%TYPE;
   v_zip        zipcode.zip%TYPE;

   v_first_name student.first_name%TYPE;
   v_last_name  student.last_name%TYPE;
   CURSOR zip_cur
   IS
   SELECT city, state, zip
         ,CURSOR (SELECT first_name, last_name
                   FROM student s
                  WHERE s.zip = z.zip) -- cursor expression
     FROM zipcode z
    WHERE z.zip in ('06820', '06830', '07010');

BEGIN
   -- Open zip_cur cursor
   OPEN zip_cur;

   -- Process each row returned by zip_cur query
   LOOP
      FETCH zip_cur
       INTO v_city, v_state, v_zip, cv_student_name;
      EXIT WHEN zip_cur%NOTFOUND;

      DBMS_OUTPUT.PUT_LINE (v_city||' '||v_state||' '||v_zip);

      -- Process each row retuned by the cursor expression
      -- subquery in the nested cursor loop
      LOOP
         FETCH cv_student_name INTO v_first_name, v_last_name;
         EXIT WHEN cv_student_name%NOTFOUND;

         DBMS_OUTPUT.PUT_LINE
            ('     '||v_first_name||' '||v_last_name);
      END LOOP;
   END LOOP;
   -- Close zip_cur cursor
   CLOSE zip_cur;
END;
```

在本例中，首先打开显式游标 zip_cur，将该游标所返回的每一行都提取到 v_city、v_state、v.zip 和 cv_student_name 变量中。然后，将 zip_cur 所返回的每一行在（内部）嵌套循环中处理嵌套游标（游标表达式）。

请注意，我们不需要打开嵌套游标。在打开游标 zip_cur 并获取其结果集之后，嵌套游标 cv_student_name 也已开始工作。在给定的 ZIP 值下检索出所有的学生名后，循环终止，控制权被转到外部的游标循环。该脚本的输出结果更进一步说明了这一点：

```
Georgetown WV 06820
   Piotr Padel
   Calvin Kiraly
   Z.A. Scrittorale
Greenwich CT 06830
   Dawn Dennis
   Victor Meshaj
   J. Dalvi
Cliffside Park NJ 07010
   Lorraine Tucker
   John Mithane
   Adrienne Lopez
   Kathleen Mulroy
   Lorrane Velasco
   Robin Kelly
```

从理论上讲，使用嵌套游标也可以获得同样的结果，如下所示：

```
-- Outer cursor FOR loop to process zip code data
FOR zip_rec IN (SELECT city, state, zip
                  FROM zipcode
                  WHERE zip in ('06820', '06830', '07010'))
LOOP
   …
   -- Inner cursor FOR loop to process student data for a given
   -- value of zip code
   FOR student_rec IN (SELECT first_name, last_name
                         FROM student
                         WHERE zip = zip_rec.zip)
   LOOP
      …
   END LOOP;
END LOOP;
```

12.3　实验 3：FOR UPDATE 游标

完成此实验后，我们将能够实现以下目标：
- 使用 FOR UPDATE 游标。

通常，当我们执行 SELECT 语句时，Oracle 不会对数据库表中的任何行加锁。但是，偶尔我们也可能需要对某些行进行加锁，以便对其进行更新操作。Oracle 为此类操作提供了 SELECT FOR UPDATE 语句。SELECT FOR UPDATE 语句的语法如清单 12.4 所示。

清单 12.4　**SELECT FOR UPDATE** 语句

```
SELECT...
FOR UPDATE [OF column list]
```

FOR UPDATE 子句被简单地添加在 SELECT 语句的末尾。我们也可以指定要被更新的各个列。SELECT FOR UPDATE 语句检索出满足条件的行并对其执行加锁操作。在我们提交或回滚更改操作之前,该锁一直会存在。

使用 SELECT FOR UPDATE 语句的显式游标称为 FOR UPDATE 游标。请看以下示例,它说明了 FOR UPDATE 游标的使用。

示例　ch12_7a.sql

```
DECLARE
   CURSOR c_course
   IS
      SELECT course_no, cost
        FROM course
         FOR UPDATE;

   r_course c_course%ROWTYPE;
BEGIN
   OPEN c_course;
   LOOP
      FETCH c_course INTO r_course;
      EXIT WHEN c_course%NOTFOUND;

      IF r_course.cost < 2500
      THEN
         UPDATE course
            SET cost = r_course.cost + 10
          WHERE course_no = r_course.course_no;
      END IF;
   END LOOP;
   ROLLBACK;
   CLOSE c_course;
END;
```

此示例显示如何更新课程费用低于 2500$ 的所有课程,使这些课程的费用每门增加 10$。

需要知道的是,FOR UPDATE 游标的行在打开游标时即被加锁,而不是从结果集中获取这些行时才加锁。因此,如果我们在游标操作执行时提交更改或回滚更改,那么获取操作将会失败。因为系统释放了游标行上的锁。

示例　ch12_7b.sql

```
DECLARE
   CURSOR c_course
   IS
      SELECT course_no, cost
        FROM course
         FOR UPDATE;

   r_course c_course%ROWTYPE;
BEGIN
   OPEN c_course;
   LOOP
      FETCH c_course INTO r_course;
      EXIT WHEN c_course%NOTFOUND;

      IF r_course.cost < 2500
      THEN
         UPDATE course
```

```
            SET cost = r_course.cost + 10
          WHERE course_no = r_course.course_no;
       DBMS_OUTPUT.PUT_LINE
          ('Updated course '||r_course.course_no);

       -- Rollback statement releases the lock on the
       -- COURSE table. This causes next fetch operation
       -- to fail
       ROLLBACK;
     END IF;
   END LOOP;
   CLOSE c_course;
END;
```

在这个版本的脚本中，我们将 ROLLBACK 语句移到游标的循环体内，并添加了 DBMS_OUTPUT.PUT_LINE 语句来演示这段代码的执行：

```
Updated course 10

ORA-01002: fetch out of sequence
ORA-06512: at line 12
```

在 IF 语句的判断结果为 TRUE 并执行完 ROLLBACK 语句后，由于 COURSE 表上的锁被释放，因此无法获取结果集中的下一行。

FOR UPDATE 游标可以与 WHERE CURRENT OF 子句一起使用。该子句与 UPDATE 或 DELETE 语句一起使用，能够用于更新或删除 FOR UPDATE 游标返回的行，如清单 12.5 所示。

清单 12.5　**WHERE CURRENT OF** 子句

```
UPDATE table_name
   SET ...
 WHERE CURRENT OF cursor_name;

DELETE FROM table_name
 WHERE CURRENT OF cursor_name;
```

WHERE CURRENT OF 子句允许我们更新或删除游标最近返回（获取）的那一行。

示例　ch12_8a.sql

```
DECLARE
   CURSOR c_student
   IS
   SELECT s.student_id, z.city
   FROM student s, zipcode z
   WHERE z.city = 'Brooklyn'
     AND s.zip = z.zip
   FOR UPDATE OF phone;
BEGIN
   FOR r_student IN c_student
   LOOP
      UPDATE student
         SET phone = '718'||SUBSTR(phone,4)
       WHERE CURRENT OF c_student;
```

```
    END LOOP;
    ROLLBACK;
END;
```

此示例通过将区号更改为 718 来更新居住在布鲁克林的学生的电话号码。游标声明对 STUDENT 表的 PHONE 列进行加锁。UPDATE 语句使用 WHERE CURRENT OF 子句根据最近获取的行更新 STUDENT 表中的一行。

本章小结

在本章中,我们继续深入地了解游标,学习了参数化游标、游标变量和游标表达式等高级主题的相关内容。我们还学习了 FOR UPDATE 游标以及如何使用它们对数据进行更改。

第 13 章　触发器

通过本章,我们将掌握以下内容:
- 什么是触发器?
- 触发器的类型。

在第 1 章中,我们知道了被命名的 PL/SQL 块的概念,例如过程、函数和包,它们能够存储在数据库中。在本章中,我们将学习另外一种被命名的 PL/SQL 块类型——数据库触发器(database trigger)。我们还将了解触发器的不同特性及其在数据库中的使用。

13.1　实验 1:什么是触发器

完成此实验后,我们将能够实现以下目标:
- 定义数据库触发器。
- 使用 BEFORE 触发器。
- 使用 AFTER 触发器。
- 使用自治事务(Autonomous Transaction)。

13.1.1　数据库触发器

数据库触发器是一种被命名的 PL/SQL 块,它存储在数据库中,并在触发事件发生时隐式地被执行。执行触发器的动作被称为触发操作。触发事件可以是以下任意一种:
- 针对数据库表执行的 DML(例如,INSERT、UPDATE 或 DELETE)语句。这类触发器可以在触发事件之前或之后被触发。例如,如果在 STUDENT 表上的 INSERT 语句之前定义了要触发的触发器,则每次在 STUDENT 表中插入行之前都会触发此触发器。
- DDL（例如，CREATE 或 ALTER）语句，由模式（schema）中的某个特定用户或由任意用户执行。此类触发器通常用于审计的目的，对 Oracle 数据库管理员特别有用。他们可以记录各种模式的变更，包括何时更改的和由谁更改的。
- 系统事件，如数据库的启动或关闭。
- 用户事件，如登录或退出。例如，我们可以定义一个触发器，该触发器在登录数据库后被触发，并记录登录的用户名和时间。

创建触发器的通用语法如清单 13.1 所示（括号中的保留字和短语是可选的）。

清单 13.1　创建触发器的通用语法

```
CREATE [OR REPLACE] [EDITIONABLE|NONEDITIONABLE] TRIGGER trigger_name
{BEFORE|AFTER} triggering_event ON table_name
[FOR EACH ROW]
[FOLLOWS|PRECEDES another_trigger]
[ENABLE/DISABLE]
[WHEN condition]
DECLARE
   Declaration statements
BEGIN
   Executable statements
EXCEPTION
   Exception-handling statements
END;
```

保留字 CREATE 表明我们正在创建一个新的触发器。保留字 REPLACE 表明我们正在修改一个现有的触发器。保留字 REPLACE 是可选的。但是，请注意，在大多数情况下（创建触发器时），都会包含保留字 CREATE 和 REPLACE。

假设我们创建了一个触发器，如清单 13.2 所示。

清单 13.2　创建触发器

```
CREATE TRIGGER trigger_name
…
```

稍后，我们想修改此触发器。如果在创建触发器的 CREATE 子句中没有包含保留字 REPLACE，则在编译触发器时会生成错误消息。该错误消息指出触发器的名称已被另一个对象使用。当创建触发器的 CREATE 子句中包含保留字 REPLACE 时，基本不会发生错误，因为如果它是新创建的触发器，就会被直接创建，如果它是已有的触发器，就会被替换掉。

但是，出于多种原因，我们在使用保留字 REPLACE 时应格外小心。首先，如果碰巧 REPLACE 后面的触发器名称与现有的存储在数据库中的函数、过程或包的名称相同，那么我们会得到两个同名的不同数据库对象。出现这种情况是因为触发器在数据库中有一个单独的命名空间。尽管触发器和过程、函数或包具有相同的名称不会导致错误，但可能会给我们造成混淆，因此，这不是编程的最佳方法。其次，当我们使用了保留字 REPLACE，并想将触发器与不同的表进行关联时，就会产生一条错误消息。例如，假设我们在 STUDENT

表上创建了触发器 STUDENT_BI。接下来，我们想修改此触发器并将其与 ENROLLMENT 表进行关联。结果将生成以下错误消息：

```
ORA-04095: trigger 'STUDENT_BI' already exists on another table, cannot replace it
```

可选的保留字 EDITIONABLE 和 NONEDITIONABLE 用于指定触发器是可编辑的对象还是不可编辑的对象。请注意，此指定仅适用于已为对象类型 TRIGGER 启用了编辑功能的情况。

清单 13.1 中的 trigger_name 是指触发器的名称。BEFORE 或 AFTER 指定了触发器何时被触发（是在事件之前被触发还是在事件之后被触发）。triggering_event 是针对该表发布的 DML 语句。table_name 是与该触发器相关联的表名。子句 FOR EACH ROW 说明了触发器是行级触发器，当对每一行进行插入、更新或删除操作时，便会被触发一次。我们将在 13.2 节中会学习行级触发器和语句级触发器。WHEN 子句指定了一个条件，该条件必须为 TRUE 时触发器才会被触发。例如，此条件可以对表中某个列指定某种约束。

FOLLOWS/PRECEDES 选项用于指定触发器被触发的顺序。它适用于在同一个表上定义并在同一时间点被触发的多个触发器。例如，如果我们在 STUDENT 表上定义了两个触发器，而这两个触发器都是在执行插入操作之前被触发的，那么 Oracle 不能保证两个触发器的触发顺序，除非我们使用了 FOLLOWS/PRECEDES 子句。请注意，FOLLOWS/PRECEDES 子句中引用的触发器必须是已经存在的并且是已经编译成功的。

ENABLE/DISABLE 选项指定了触发器在创建时是启用状态还是禁用状态。当触发器是启用状态时，它会在触发事件发生时被触发；反之，当触发器是禁用状态时，它不会在触发事件发生时被触发。请注意，当我们第一次创建触发器时，如果没有使用 ENABLE/DISABLE 选项，则默认该触发器处于启用状态。如果要禁用该触发器，则需要使用 ALTER TRIGGER 命令，如清单 13.3 所示。

清单 13.3　禁用一个触发器

```
ALTER TRIGGER trigger_name DISABLE;
```

类似地，要启用一个已被禁用的触发器，也可以使用 ALTER TRIGGER 命令，如清单 13.4 所示。

清单 13.4　启用一个触发器

```
ALTER TRIGGER trigger_name ENABLE;
```

到目前为止我们所描述的有关触发器的内容通常被称为触发器的头部（trigger header）部分。接下来，我们定义触发器的主体（trigger body）部分。触发器的主体部分与 PL/SQL 匿名块具有相同的结构。

触发器被用于不同的目的，例如：
- ❑ 强制执行无法通过使用完整性约束来定义的复杂业务规则。

- 维护复杂的安全规则。
- 自动生成派生列的值。
- 收集有关表访问的统计信息。
- 防止无效事务。
- 提供值审计。

触发器的主体是 PL/SQL 块。但是，当我们决定要创建一个触发器时，会有以下几个限制：

- 触发器不能发布事务控制语句，如 COMMIT、SAVEPOINT 或 ROLLBACK 语句。当触发器被触发时，触发器执行的所有操作都将成为一个事务的一部分。当事务被提交或回滚时，触发器所执行的操作也被提交或回滚。此规则的一个例外情况是触发器包含了自治事务。本实验稍后将详细讨论自治事务。
- 被触发器调用的任何函数或过程都不会发布事务控制语句，除非该函数或过程包含自治事务。
- 不允许在触发器的主体中声明 LONG 或 LONG RAW 类型的变量。

> **你知道吗？**
> 如果我们删除了一个表，则该表上的数据库触发器也会被删除。

13.1.2 BEFORE 触发器

请看以下示例，有关本章前面提到的 STUDENT 表上的触发器。此触发器是对 STUDENT 表执行 INSERT 语句之前被触发的，同时给 STUDENT_ID、CREATED_DATE、MODIFIED_DATE、CREATED_BY 和 MODIFIED_BY 列插入值。STUDENT_ID 列的值由 STUDENT_ID_SEQ 序列产生的数字所填充，CREATED_DATE、MODIFID_DATE、CREATED_USER 和 MODIFID_USER 列的值则分别由当前日期和当前用户名信息填充。

示例　ch13_1a.sql

```
CREATE OR REPLACE TRIGGER student_bi
BEFORE INSERT ON STUDENT
FOR EACH ROW
BEGIN
   :NEW.student_id    := STUDENT_ID_SEQ.NEXTVAL;
   :NEW.created_by    := USER;
   :NEW.created_date  := SYSDATE;
   :NEW.modified_by   := USER;
   :NEW.modified_date := SYSDATE;
END;
```

此行级触发器是对 STUDENT 表执行 INSERT 语句之前被触发的。请注意，该触发器的名称是 STUDENT_BI，其中 STUDENT 是表名，触发器是针对该表定义的，字母 BI 的意思是"before insert"（插入之前）。对触发器的命名通常是没有特定的要求，然而，上面这种命名触发器的方法具有描述性。因为（用这种方法命名的）触发器的名字中包含了该触发事件所影响到的表名、触发事件的时间（之前或之后）以及触发事件本身。

在触发器的主体中，有一个伪记录（pseudorecord）:NEW，它允许访问当前正在处理的行。换句话说，就是插入STUDENT表中的一行。伪记录:NEW的类型是TRIGGERING_TABLE%type，因此，在本例中，它的类型是STUDENT%TYPE。如果我们要访问伪记录:NEW的各个成员，需要使用点表示法。具体来讲，:NEW.CREATED_BY引用了伪记录:NEW的CREATED_BY属性，记录名与其属性名之间用点来分隔。

> **你知道吗?**
>
> 除了伪记录:NEW之外，还有另一个伪记录:OLD。它允许我们访问正在更新或删除的记录的当前信息。因此，对于INSERT语句，伪记录:OLD是未定义的；而对于DELETE语句，伪记录:NEW是未定义的。但是，在触发事件分别为INSERT或DELETE操作的触发器中使用伪记录:OLD或:NEW时，PL/SQL编译器不会产生语法错误。在这种情况下，:OLD和:NEW伪记录的属性值均被设置为NULL。

在SQL Developer中，若要在STUDENT表上创建此触发器，有两个方法可供选择。第一个方法是，通过在Worksheet窗口中执行脚本来创建触发器，就像我们执行任何其他PL/SQL块一样。创建触发器的第二个方法是右击Triggers并选择New Trigger选项，如图13.1所示。

选择此选项将启动Create Trigger窗口，如图13.2所示。在此窗口中我们可以提供模式名、触发器名、表名、触发事件的时间以及触发器的事件。

请注意，模式名已经被设置为STUDENT，触发器的默认名被定义为TRIGGER1，该名字应更改为STUDENT_BI。此外，Base Type（基本类型）已经被设置为TABLE，Base Object Schema（基本对象模式）也被设置为STUDENT。这意味着在STUDENT模式中的一个表上正在创建触发器。接下来，Base Object（基本对象）的内容需要从下拉菜单中选择，在本例中，它是STUDENT表。在Events（事件）选项下，我们把INSERT（插入）选项从Available Events（可选事件）列表中移动到Selected Events（已选事件）列表中。默认情况下，Statement Level（语句级）复选框处于启用状态。因为我们正在创建行级触发器，所以应该取消选中此复选框。最后，

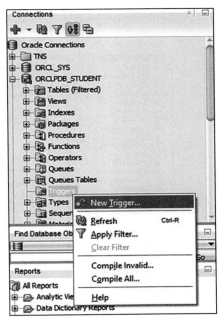

图13.1 通过New Trigger选项创建数据库触发器

可以选择为伪记录 :NEW 和 :OLD 提供不同的名称，为 WHEN 子句提供一个或多个条件。当我们为 STUDENT_BI 触发器填写完 Create Trigger 窗口后，它应该包含如图 13.3 所示的信息。

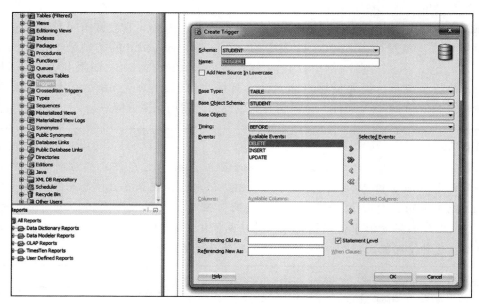

图 13.2　Create Trigger 窗口

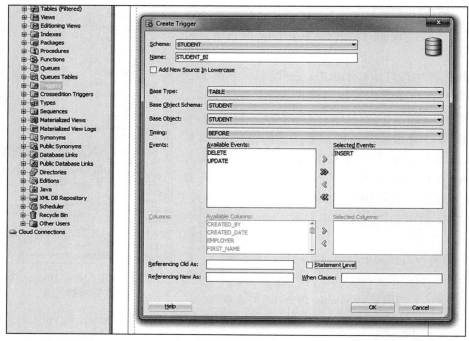

图 13.3　在 Create Trigger 窗口中创建 STUDENT_BI 触发器

当我们在 Create Trigger 窗口中提供了所有必需的信息之后，该触发器就创建完成了，如图 13.4 所示。请注意，我们在 Create Trigger 窗口中提供的信息用于创建触发器的头部。触发器的主体包含了一条 NULL 语句。

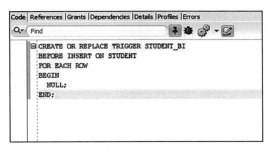

图 13.4　新创建的 STUDENT_BI 触发器

接下来就要为触发器的主体提供可执行语句，并编译该触发器。单击 Compile 按钮，如图 13.5 所示。

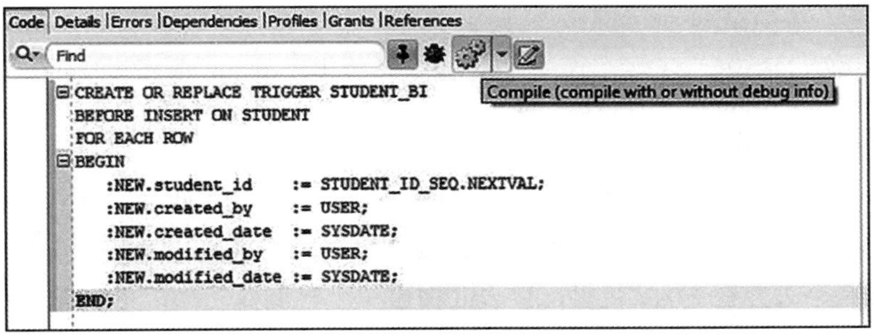

图 13.5　对 STUDENT_BI 触发器进行编译

至此，触发器 STUDENT_BI 已经在 STUDENT 表上创建完成了。请注意，本章和第 14 章中的所有触发器都是使用 Worksheet 窗口而不是 Create Trigger 窗口创建的。

现在我们已经在 STUDENT 表上创建了一个触发器，请看下面的 INSERT 语句。

示例　针对 STUDENT 表所做的 INSERT 语句

```
INSERT INTO STUDENT
   (student_id, first_name, last_name, zip, registration_date
   ,created_by, created_date, modified_by, modified_date)
VALUES
   (STUDENT_ID_SEQ.NEXTVAL, 'John', 'Smith', '00914', SYSDATE
   ,USER, SYSDATE, USER, SYSDATE);
```

此 INSERT 语句包含了 STUDENT_ID、CREATED_BY、CREATED_DATE、MODIFIED_BY 和 MODIFIED_DATE 各列的值。请注意，对于插入 STUDENT 表中的每一行，我们都必须提供这些列值，而这些列值都是以相同的方式被获取的。既然我们已经创建了触发器，就不需要在 INSERT 语句中为这些列提供值了，因为每次对 STUDENT 表执行 INSERT 语句时，触发器都会以相同的方式自动地插入这些列值。因此，我们可以对 INSERT 语句进行如下修改。

示例　针对 STUDENT 表所做的 INSERT 语句修改

```
INSERT INTO STUDENT
    (first_name, last_name, zip, registration_date)
VALUES
    ('John', 'Smith', '00914', SYSDATE);
```

这个版本的 INSERT 语句比前面那个版本的 INSERT 语句要短得多。具体来说，我们只需要为 4 个列填充值，而不需要为 9 个列填充值。INSERT 语句中不再需要 STUDENT_ID、CREATED_BY、CREATED_DATE、MODIFIED_BY 和 MODIFIED_DATE 这 5 个列了。

在以下情况下，建议使用 BEFORE 触发器：

- 触发器在 INSERT 或 UPDATE 语句执行之前需要为派生列填充值。例如，触发器能够提供审计类的列，如 CREATED_DATE 和 MODIFIED_DATE。
- 需要触发器来决定是否允许执行 INSERT、UPDATE 或 DELETE 语句。例如，当我们插入一条记录到 INSTRUCTOR 表中时，触发器可以验证为列 ZIP 提供的值是否有效；换句话说，ZIPCODE 表中是否有与所提供的 zip 值相对应的记录。

13.1.3　AFTER 触发器

请看一个审计表，它用于收集 STUDENT 模式下各个表的用户访问信息。例如，我们可以记录谁删除了 INSTRUCTOR 表中的记录以及何时删除了这些记录。要实现此功能，我们需要创建这样一个表并在 INSTRUCTOR 表上创建一个触发器，如以下示例所示。

示例　ch13_2a.sql

```
CREATE TABLE AUDIT_TRAIL
    (TABLE_NAME        VARCHAR2(30)
    ,TRANSACTION_NAME  VARCHAR2(15)
    ,TRANSACTION_USER  VARCHAR2(30)
    ,TRANSACTION_DATE  DATE DEFAULT SYSDATE);

CREATE OR REPLACE TRIGGER instructor_aud
AFTER UPDATE OR DELETE ON INSTRUCTOR
DECLARE
    v_trans_type VARCHAR2(10);
BEGIN
    v_trans_type := CASE
                        WHEN UPDATING THEN 'UPDATE'
                        WHEN DELETING THEN 'DELETE'
                    END;

    INSERT INTO audit_trail
        (TABLE_NAME, TRANSACTION_NAME, TRANSACTION_USER)
    VALUES
        ('INSTRUCTOR', v_trans_type, USER);
END;
```

当我们对 INSTRUCTOR 表执行 UPDATE 或 DELETE 语句后，触发器被触发。触发器的主体包含两个布尔函数：UPDATING 和 DELETING。如果对表执行了 UPDATE 语句，则 UPDATING 函数的判断结果就为 TRUE；如果对表执行了 DELETE 语句，则 DELETING 函数的判断结果即为 TRUE。当对表执行了 INSERT 语句时，另一个布尔函数 INSERTING 的判断结果也为 TRUE。

当我们在 INSTRUCTOR 表上执行 UPDATE 或 DELETE 操作时，此触发器会将一条记录插入 AUDIT_TRAIL 表中。首先，它通过 CASE 语句判断出在 INSTRUCTOR 表上执行了哪种操作。然后将判断的结果赋给变量 v_trans_type。接下来，触发器将一条新记录添加到 AUDIT_TRAIL 表中。

在 INSTRUCTOR 表上创建此触发器后，任何 UPDATE 或 DELETE 操作都会在 AUDIT_TRAIL 表中创建新记录。此外，我们也可以增加触发器的功能，计算出 INSTRUCTOR 表中更新或删除了多少行。

在以下情况下，建议使用 AFTER 触发器：
- 在执行完 DML 语句后触发该触发器。
- 触发器执行 BEFORE 触发器中未指定的操作。

13.1.4 自治事务

如前所述，当触发器被触发时，它所执行的所有操作都将成为事务的一部分。当此事务被提交或回滚时，触发器所执行的操作也会被提交或回滚。请看 INSTRUCTOR 表上的 UPDATE 语句，如清单 13.5 所示。

清单 13.5 在 INSTRUCTOR 表上执行 UPDATE 操作

```
UPDATE instructor
   SET phone = '7181234567'
 WHERE instructor_id = 101;
```

当执行此 UPDATE 语句时，INSTRUCTOR_AUD 触发器被触发，它向 AUDIT_TRAIL 表中添加一条记录，如清单 13.6 所示。

清单 13.6 在 AUDIT_TRAIL 表上执行 SELECT 操作

```
SELECT *
  FROM audit_trail;

TABLE_NAME TRANSACTION_NAME TRANSACTION_USER TRANSACTION_DATE
---------- ---------------- ---------------- ----------------
INSTRUCTOR UPDATE           STUDENT          11-OCT-22
```

接下来，请看对刚才发出的 UPDATE 语句执行回滚操作。在这种情况下，刚才插入 AUDIT_TRAIL 表中的记录也会被回滚，如清单 13.7 所示。

清单 13.7 对 INSTRUCTOR 表上的 UPDATE 语句执行回滚操作

```
ROLLBACK;

SELECT *
  FROM audit_trail;

TABLE_NAME  TRANSACTION_NAME  TRANSACTION_USER  TRANSACTION_DATE
----------  ----------------  ----------------  ----------------
```

如上所示，AUDIT_TRAIL 表中不再包含任何记录。为了避免这种情况，我们可以选择使用自治事务。

自治事务是一种独立的事务，它由另一个通常被称为主事务的事务启动。换句话说，自治事务可以执行各种 DML 语句，并对这些语句执行提交或回滚操作，而不用提交或回滚主事务发出的 DML 语句。

我们需要使用 AUTONOMOUS_TRANSACTION 指令来定义一个自治事务。在第 10 章中，我们已经遇到了一个 EXCEPTION_INIT 指令。回想一下，pragma 是 PL/SQL 编译器的一条特殊指令，在编译时被处理。AUTONOMOUS_TRANSACTION 指令出现在块的声明部分，如清单 13.8 所示。

清单 13.8 AUTONOMOUS_TRANSACTION 指令

```
DECLARE
    PRAGMA AUTONOMOUS_TRANSACTION;
```

下面请看对 INSTRUCTOR_AUD 触发器做了一些修改的脚本，它包含了 AUTONOMOUS_TRANSACTION 指令。

示例 ch13_2b.sql

```
CREATE OR REPLACE TRIGGER instructor_aud
AFTER UPDATE OR DELETE ON INSTRUCTOR
DECLARE
    v_trans_type VARCHAR2(10);
    PRAGMA AUTONOMOUS_TRANSACTION;
BEGIN
    v_trans_type := CASE
                        WHEN UPDATING THEN 'UPDATE'
                        WHEN DELETING THEN 'DELETE'
                    END;

    INSERT INTO audit_trail
        (TABLE_NAME, TRANSACTION_NAME, TRANSACTION_USER)
    VALUES
        ('INSTRUCTOR', v_trans_type, USER);
 COMMIT;
END;
```

在这个创建触发器的脚本中，我们在触发器定义的声明部分中增加了一条指令 PRAGMA AUTONOMOUS_TRANSACTION，同时在触发器的可执行部分中增加了一条 COMMIT 语句。

现在，我们开始发出一条 UPDATE 语句，如清单 13.5 中所示的操作，然后对其执行回滚操作，再查询 AUDIT_TRAIL 表中的记录。尽管对 INSTRUCTOR 表的 UPDATE 操作被回滚了，但是 AUDIT_TRAIL 表中仍然包含了前面 UPDATE 操作的记录。

13.2 实验 2：触发器的类型

完成此实验后，我们将能够实现以下目标：
- 使用行级触发器和语句级触发器。
- 使用 INSTEAD OF 触发器。

13.2.1 行级触发器和语句级触发器

在 13.1 节中，我们遇到了术语"行级触发器"（row trigger）。行级触发器被触发的次数与触发语句所包含的行数是一样的。当 CREATE TRIGGER 子句中包含了 FOR EACH ROW 语句时，该触发器就是一个行级触发器。请看清单 13.9 中所示的部分代码。

清单 13.9　COURSE_AU 触发器的部分代码

```
CREATE OR REPLACE TRIGGER course_au
AFTER UPDATE ON COURSE
FOR EACH ROW
…
```

在这段代码中，FOR EACH ROW 语句出现在了 CREATE TRIGGER 子句中。因而，这个触发器是一个行级触发器，如果 UPDATE 语句更新了 COURSE 表中的 20 条记录，那么这个触发器将被触发 20 次。

语句级触发器（statement trigger）只被触发语句触发一次。换句话说，无论触发语句的操作涉及多少行，语句级触发器都只会被触发一次。如果我们要创建语句级触发器，可以省略 CREATE TRIGGER 子句中的 FOR EACH ROW 语句，如清单 13.10 所示。

清单 13.10　ENROLLMENT_AD 触发器的部分代码

```
CREATE OR REPLACE TRIGGER enrollment_ad
AFTER DELETE ON ENROLLMENT
…
```

当我们对 ENROLLMENT 表执行了 DELETE 语句后，触发器会被触发一次。无论 DELETE 语句从 ENROLLMENT 表中删除了 1 行、5 行还是 500 行，该触发器都只被触发一次。

当触发器执行的操作不依赖于单个记录中的数据时，我们应该使用语句级触发器。例如，如果我们希望仅在工作时间内访问某个表，则可以使用语句级触发器。请看以下示例。

示例　ch13_3a.sql

```
CREATE OR REPLACE TRIGGER instructor_biud
BEFORE INSERT OR UPDATE OR DELETE ON INSTRUCTOR
DECLARE
   v_day VARCHAR2(10);
```

```
BEGIN
    v_day := RTRIM(TO_CHAR(SYSDATE, 'DAY'));

    IF v_day LIKE ('S%')
    THEN
        RAISE_APPLICATION_ERROR
            (-20000, 'A table cannot be modified during off hours');
    END IF;
END;
```

当我们对 INSTRUCTOR 表执行 INSERT、UPDATE 或 DELETE 语句之前，此表上的语句级触发器就会被触发。首先，触发器会判断今天是星期几。如果今天恰好是星期六或星期日，则会产生一条错误消息。例如，如果是在星期六或星期日时，我们对 INSTRUCTOR 表执行了以下 UPDATE 语句：

```
UPDATE instructor
   SET zip = 10025
 WHERE zip = 10015;
```

那么触发器会产生以下错误消息：

```
update INSTRUCTOR
       *
ERROR at line 1:
ORA-20000: A table cannot be modified during off hours
ORA-06512: at "STUDENT.INSTRUCTOR_BIUD", line 8
ORA-04088: error during execution of trigger 'STUDENT.INSTRUCTOR_BIUD'
```

请注意，此触发器会检查今天是星期几，但不会检查今天的具体时刻。我们可以创建一个更复杂些的触发器，它除了检查今天是星期几，还会检查当前时间是否在上午 9:00 到下午 5:00 之间。如果今天是工作日，但当前的时间并不在上午 9:00 到下午 5:00 之间，那么触发器会产生一条错误消息。

13.2.2　INSTEAD OF 触发器

到目前为止，我们已经学习了在数据库表上定义的触发器。此外，PL/SQL 还提供了另一种触发器，它是定义在数据库视图上。视图是对数据的定制化展现，也可以称为已存储的查询。请看下面在 COURSE 表上创建视图的示例。

示例　ch13_4a.sql

```
CREATE VIEW course_cost
AS
SELECT course_no, description, cost
  FROM course;
```

> **注意**　当我们以 STUDENT 身份登录时，可能会发现我们并没有创建视图的权限。在这种情况下，我们需要以 SYS 身份登录到 PDB 容器（我们可能已将其命名为

ORCLPDB)，并按如下方式授予 CREATE VIEW 权限：

```
GRANT CREATE VIEW TO student;
```

> **你知道吗？**
> 当我们创建了一个视图后，该视图并不包含或存储任何数据。数据是由与该视图相关联的 SELECT 语句生成的。在前面的示例中，COURSE_COST 视图包含了从 COURSE 表中选取的三个列。

与表的操作一样，我们也可以通过 INSERT、UPDATE 和 DELETE 语句对视图进行操作，但会有一些限制。请注意，当在视图上执行这些 DML 语句时，都会对视图所依赖的基表中的数据进行修改。例如，请看下列对 COURSE_COST 视图执行的 UPDATE 语句。

示例　ch13_5a.sql

```sql
UPDATE course_cost
   SET cost = 2000
 WHERE course_no = 450;
```

当我们执行了 UPDATE 语句后，在 COURSE_COST 视图上执行 SELECT 语句和在 COURSE 表上执行 SELECT 语句都会返回相同的结果，这个查询的结果就是课程号为 450 的课程费用，如清单 13.11 所示。

清单 13.11　从 COURSE_COST 视图和从 COURSE 表查询数据

```
SELECT *
  FROM course_cost
 WHERE course_no = 450;

COURSE_NO  DESCRIPTION              COST
---------- ------------------------ ----------
450        DB Programming in Java   2000

SELECT course_no, cost
  FROM course
 WHERE course_no = 450;

COURSE_NO  COST
---------- ----------
450        2000
```

如前所述，是否可以通过 INSERT、UPDATE 和 DELETE 语句对视图进行修改是有一些限制的。具体来说，这些限制适用于生成视图的 SELECT 语句，该语句也被称为视图查询（view query）。因此，如果视图查询执行了以下任何操作或者包含了以下任何结构，那么 UPDATE、INSERT 或 DELETE 语句是不能对视图进行修改的：

- ❏ 执行了 UNION、UNION ALL、INTERSECT 和 MINUS 等操作。
- ❏ 包含 AVG、COUNT、MAX、MIN 和 SUM 等聚合函数。

- 包含 GROUP BY 或 HAVING 子句。
- 包含 CONNECT BY 或 START WITH 子句。
- 包含 DISTINCT 运算符。
- 包含 ROWNUM 伪列。

例如，请看在 INSTRUCTOR 表和 SECTION 表上创建的一个视图，该视图汇总出一个教师教授了多少门课程。

示例　ch13_6a.sql

```
CREATE VIEW instructor_summary_view
AS
SELECT i.instructor_id, COUNT(s.section_id) total_courses
  FROM instructor i
  LEFT OUTER JOIN section s
    ON (i.instructor_id = s.instructor_id)
GROUP BY i.instructor_id;
```

这个视图是不可更改的，因为它包含一个聚合函数 COUNT()。因此，DELETE 语句：

```
DELETE FROM instructor_summary_view
 WHERE instructor_id = 109;
```

会产生以下错误：

```
ORA-01732: data manipulation operation not legal on this view
01732. 00000 -  "data manipulation operation not legal on this view"
```

回想一下，PL/SQL 提供了一种特殊类型的触发器，它可以定义在数据库视图上。这个 INSTEAD OF 触发器被创建为行级触发器。INSTEAD OF 触发器触发后直接对基表进行修改，而不是对视图执行触发语句（INSERT、UPDATE、DELETE）。

请看一个 INSTEAD OF 触发器的示例，它定义在 INSTRUCTOR_SUMMARY_VIEW 视图上。该触发器从 INSTRUCTOR 表中删除教师 ID 对应值的记录。

示例　ch13_7a.sql

```
CREATE OR REPLACE TRIGGER instructor_summary_del
INSTEAD OF DELETE ON instructor_summary_view
FOR EACH ROW
BEGIN
   DELETE FROM instructor
     WHERE instructor_id = :OLD.INSTRUCTOR_ID;
END;
```

请注意，我们在触发器的头部中使用了 INSTEAD OF 子句。触发器被创建后，在 INSTRUCTOR_SUMMARY_VIEW 视图上执行 DELETE 语句不会产生任何错误：

```
DELETE FROM instructor_summary_view
 WHERE instructor_id = 109;

1 row deleted.
```

当我们执行 DELETE 语句时，触发器会从 INSTRUCTOR 表中删除一条与指定的 INSTRUCTOR_ID 值相对应的记录。现在我们用不同的 INSTRUCTOR_ID 值来执行 DELETE 语句：

```
DELETE FROM instructor_summary_view
 WHERE instructor_id = 101;
```

当我们执行这条 DELETE 语句时，会产生以下错误：

```
ORA-02292: integrity constraint (STUDENT.SECT_INST_FK) violated - child record found
ORA-06512: at "STUDENT.INSTRUCTOR_SUMMARY_DEL", line 2
ORA-04088: error during execution of trigger 'STUDENT.INSTRUCTOR_SUMMARY_DEL'
```

INSTRUCTOR_SUMMARY_VIEW 视图是基于 INSTRUCTOR 表和 SECTION 表中的 INSTRUCTOR_ID 列关联生成的。而 INSTRUCTOR 表的 INSTRUCTOR_ID 列上定义了一个主键约束。SECTION 表的 INSTRUCTOR_ID 列上有一个外键约束，这个外键约束又引用了 INSTRUCTOR 表的 INSTRUCTOR_ID 列。因此，SECTION 表被认为是 INSTRUCTOR 表的子表。

第一条 DELETE 语句没有产生任何错误是因为 SECTION 表中没有 INSTRUCTOR_ID 为 109 的记录。也就是说，INSTRUCTOR_ID 为 109 的教师没有教授任何课程。

第二条 DELETE 语句产生了错误，是因为 INSTEAD OF 触发器试图从父表 INSTRUCTOR 中删除一条记录。但是，子表 SECTION 中有对应于 INSTRUCTOR_ID 为 101 的记录。这种情况导致了违反完整性约束的错误。这似乎意味着我们应该在 INSTEAD OF 触发器中再添加一条 DELETE 语句（在下面的示例中以粗体突出显示）。

示例　ch13_7b.sql

```
CREATE OR REPLACE TRIGGER instructor_summary_del
INSTEAD OF DELETE ON instructor_summary_view
FOR EACH ROW
BEGIN
   DELETE FROM section
    WHERE instructor_id = :OLD.INSTRUCTOR_ID;
   DELETE FROM instructor
     WHERE instructor_id = :OLD.INSTRUCTOR_ID;
END;
```

请注意，新增加的 DELETE 语句用来删除 INSTRUCTOR 表之前的 SECTION 表中的记录，这是因为 SECTION 表中包含了 INSTRUCTOR 表的子记录。然而，当执行针对 INSTRUCTOR_SUMMARY_VIEW 上的 DELETE 语句时又产生了另一个错误：

```
DELETE FROM instructor_summary_view
 WHERE instructor_id = 101;

ORA-02292: integrity constraint (STUDENT.GRTW_SECT_FK) violated - child record found
ORA-06512: at "STUDENT.INSTRUCTOR_SUMMARY_DEL", line 2
ORA-04088: error during execution of trigger 'STUDENT.INSTRUCTOR_SUMMARY_DEL'
```

这次错误显示有另一个外键约束，这个外键约束表明在 SECTION 表和 GRADE_TYPE_WEIGHT 表之间有关联关系，即 GRADE_TYPE_WEIGHT 表中有子记录。因此，在删除 SECTION 表中记录之前，触发器必须先从 GRADE_TYPE_WEIGHT 表中删除所有与之相关联的记录。然而，我们发现 GRADE_TYPE_WEIGHT 表在 GRADE 表中又有子记录，因此触发器必须先从 GRADE 表中删除记录。

本示例说明了设计一个 INSTEAD OF 触发器的复杂性。为了确保这样的触发器按预期工作，我们必须注意两个重要的因素：数据库中表之间的关系以及设计特定的触发器所带来的连锁反应。本示例建议从四个基表中删除记录。然而，这些基表所包含的信息不仅与教师和他们所教授的课程有关，而且也与学生和他们注册的课程有关。

本章小结

在本章中，我们开始学习数据库触发器，包括什么是触发器，如何触发触发器，哪些类型的触发器可用，以及如何使用触发器。我们还学习了如何定义和使用自治事务。在下一章中，我们将学习组合触发器及其应用。

第 14 章

变异表和组合触发器

通过本章，我们将掌握以下内容：
- 变异表（Mutating Table）。
- 组合触发器（Compound Trigger）。

在第 13 章中，我们探讨了触发器的概念，了解了数据库中触发器的使用，导致触发器被触发的事件以及不同类型的触发器。在本章中，我们将继续探索触发器的知识。我们将学习变异表问题，了解如何使用触发器来解决这些问题。

14.1 实验 1：变异表

完成此实验后，我们将能够实现以下目标：
- 了解变异表。

变异表就是当前被 DML 语句修改的表，而对于触发器来说，变异表就是在其上定义了触发器的表。如果触发器试图读取或修改这样的表，则会产生一个变异表错误。因此，在触发器主体中执行的 SQL 语句不能读取或修改变异表。请注意，此限制适用于行级触发器。

> **注意** 变异表错误是运行时错误。换句话说，这个错误不是在触发器创建（编译）时产生的，而是在触发器被触发时产生的。

请看下面这个产生变异表错误的触发器示例。

示例　ch14_1a.sql

```
CREATE OR REPLACE TRIGGER section_biu
BEFORE INSERT OR UPDATE ON section
```

```
FOR EACH ROW
DECLARE
   v_total NUMBER;
   v_name VARCHAR2(30);
BEGIN
   SELECT COUNT(*)
     INTO v_total
     FROM section -- SECTION is MUTATING
    WHERE instructor_id = :NEW.instructor_id;

   -- check if the current instructor is overbooked
   IF v_total >= 10
   THEN
      SELECT first_name||' '||last_name
        INTO v_name
        FROM instructor
       WHERE instructor_id = :NEW.instructor_id;

      RAISE_APPLICATION_ERROR
         (-20000, 'Instructor, '||v_name||', is overbooked');
   END IF;
EXCEPTION
   WHEN NO_DATA_FOUND
   THEN
      RAISE_APPLICATION_ERROR
         (-20001, 'This is not a valid instructor');
END;
```

这个触发器是在 SECTION 表上执行 INSERT 或 UPDATE 语句之前被触发的。触发器检查指定的教师当前教授的课程是否过多。如果某教师教授的课程数等于或大于 10，那么触发器将发布一条错误消息，说明该教师教授的课程过多。

下面请看在 SECTION 表上执行的 UPDATE 语句：

```
UPDATE section
   SET instructor_id = 101
 WHERE section_id = 80;
```

当我们对 SECTION 表执行这条 UPDATE 语句时，会显示以下错误消息：

```
ORA-04091: table STUDENT.SECTION is mutating, trigger/function may not see it
ORA-06512: at "STUDENT.SECTION_BIU", line 5
ORA-04088: error during execution of trigger 'STUDENT.SECTION_BIU'
```

请注意，错误消息显示 SECTION 表是个变异表，触发器无法识别它。而产生此错误消息是由于 SELECT INTO 语句：

```
SELECT COUNT(*)
  INTO v_total
  FROM section
 WHERE instructor_id = :NEW.INSTRUCTOR_ID;
```

是在 SECTION 表上执行的，而 SECTION 表正在被更新，是个变异表。要解决这个变异表错误，我们可以使用下面实验中描述的组合触发器。

14.2　实验 2：组合触发器

完成此实验后，我们将能够实现以下目标：
- 使用组合触发器解决变异表问题。

组合触发器允许我们将不同类型的触发器组合为一个触发器。具体来说，我们可以组合：
- 在触发语句之前被触发的语句级触发器。
- 在触发语句影响的每一行之前被触发的行级触发器。
- 在触发语句影响的每一行之后被触发的行级触发器。
- 在触发语句之后被触发的语句级触发器。

例如，我们能够在 STUDENT 表上创建一个组合触发器，它的代码由 4 部分构成：在插入之前触发一次、在插入每行之前触发一次、在插入每行之后触发一次、在插入之后触发一次。

组合触发器的结构如清单 14.1 所示。

清单 14.1　创建组合触发器的通用语法

```
CREATE [OR REPLACE] TRIGGER trigger_name
triggering_event ON table_name
COMPOUND TRIGGER
    Declaration Statements

BEFORE STATEMENT IS
BEGIN
    Executable statements
END BEFORE STATEMENT;

BEFORE EACH ROW IS
BEGIN
    Executable statements
END BEFORE EACH ROW;

AFTER EACH ROW IS
BEGIN
    Executable statements
END AFTER EACH ROW;

AFTER STATEMENT IS
BEGIN
    Executable statements
END AFTER STATEMENT;

END;
```

首先，我们定义触发器的头部，它包含了 CREATE OR REPLACE 子句、触发事件、定义触发器的表名，以及表示这是一个组合触发器的 COMPOUND TRIGGER 子句。请注意，在组合触发器的头部中省略了 BEFORE 或 AFTER 子句。

接下来，定义声明部分，这个声明部分对所有可执行部分都是通用的。换句话说，在声明部分中所声明的任何变量都可以在任何可执行部分中被引用。

最后，定义在不同的时间点上触发的可执行部分。其中的每一个可执行部分都是可选的。因此，如果在触发语句之后没有发生任何操作，那么就不需要有AFTER STATEMENT部分。

> **注意** 组合触发器有如下一些限制：
> - 组合触发器只可以定义在表或视图上。
> - 组合触发器的触发事件仅限于DML语句。
> - 组合触发器不能包含自治事务。换句话说，它的声明部分不能包含PRAGMA AUTONOMOUS_TRANSACTION指令。
> - 在某个可执行部分中发生的异常必须在该部分中处理。例如，如果一个异常发生在AFTER EACH ROW可执行部分，它不能被传播到AFTER STATEMENT可执行部分；相反，它必须在AFTER EACH ROW可执行部分中处理。
> - 对:OLD和:NEW伪列的引用不能出现在声明部分、BEFORE STATEMENT和AFTER STATEMENT部分。
> - :NEW伪列的值只能在BEFORE EACH ROW可执行部分中进行修改。
> - 组合触发器和简单触发器的触发顺序无法被保证。换句话说，组合触发器的触发操作与简单触发器的触发操作可能是交叉执行的。
> - 如果对一个定义了组合触发器的表执行DML语句时因为异常而失败（回滚）了，则：
>   - 在组合触发器部分中声明的变量会被重新初始化。换句话说，赋给这些变量的所有值都会丢失。
>   - 由组合触发器执行的DML语句不会被回滚。

请看下面在STUDENT表上创建组合触发器的示例，该触发器只包含了BEFORE STATEMENT和BEFORE EACH ROW这两个可执行部分。

示例　ch14_2a.sql

```
CREATE OR REPLACE TRIGGER student_compound
FOR INSERT ON STUDENT
COMPOUND TRIGGER

   -- Declaration section
   v_day VARCHAR2(10);

BEFORE STATEMENT IS
BEGIN
   v_day := RTRIM(TO_CHAR(SYSDATE, 'DAY'));

   IF v_day LIKE ('S%')
   THEN
      RAISE_APPLICATION_ERROR
         (-20000, 'A table cannot be modified during off hours');
   END IF;
```

```
       END BEFORE STATEMENT;

   BEFORE EACH ROW IS
   BEGIN
      :NEW.student_id    := STUDENT_ID_SEQ.NEXTVAL;
      :NEW.created_by    := USER;
      :NEW.created_date  := SYSDATE;
      :NEW.modified_by   := USER;
      :NEW.modified_date := SYSDATE;
   END BEFORE EACH ROW;

   END;
```

这个触发器只有一个声明部分和两个可执行部分。每个可执行部分都是可选的，只有在某个操作与这个可执行部分关联时才定义。

首先，声明部分包含了 BEFORE STATEMENT 部分中使用的一个变量。其次，BEFORE STATEMENT 部分对该变量进行了初始化，它包含了一个 IF 语句，该语句防止在非工作时间修改 STUDENT 表。这部分在执行 INSERT 语句之前被触发一次。接下来，BEFORE EACH ROW 部分将 STUDENT 表中的一些列初始化为默认值。

请注意，对 :NEW 伪记录的所有引用都在触发器的 BEFORE EACH ROW 部分，因为这部分属于行级触发器。实际上，如果我们试图在 BEFORE STATEMENT 部分中为伪记录 :NEW 的任何属性赋值，则触发器编译时会显示类似于下面所示的错误消息：

```
PLS-00363: expression 'NEW.CREATED_BY' cannot be used as an assignment target
PLS-00679: trigger binds not allowed in before/after statement section
PL/SQL: Statement ignored
```

请注意，如果我们想在目前的环境下创建这个触发器，那么建议读者通过 DROP TRIGGER student_bi 语句删除我们在前面的实验中创建的 STUDENT_BI 触发器。

下面请看 SECTION 表上的一个组合触发器，它通过 INSERT 或 UPDATE 操作被触发。

示例　ch14_3a.sql

```
CREATE OR REPLACE TRIGGER section_compound
FOR INSERT OR UPDATE ON SECTION
COMPOUND TRIGGER

   -- Declaration Section
   v_instructor_id    INSTRUCTOR.INSTRUCTOR_ID%TYPE;
   v_instructor_name  VARCHAR2(50);
   v_total            INTEGER;

BEFORE EACH ROW IS
BEGIN
   IF :NEW.instructor_id IS NOT NULL
   THEN
      BEGIN
         v_instructor_id := :NEW.instructor_id;

         SELECT first_name||' '||last_name
           INTO v_instructor_name
           FROM instructor
```

```
            WHERE instructor_id = v_instructor_id;
      EXCEPTION
         WHEN NO_DATA_FOUND
         THEN
            RAISE_APPLICATION_ERROR
               (-20001, 'This is not a valid instructor');
      END;
   END IF;
END BEFORE EACH ROW;

AFTER STATEMENT IS
BEGIN
   SELECT COUNT(*)
     INTO v_total
     FROM section
    WHERE instructor_id = v_instructor_id;
   -- check if the current instructor is overbooked
   IF v_total >= 10
   THEN
      RAISE_APPLICATION_ERROR
         (-20000,
          'Instructor, '||v_instructor_name||', is overbooked');
   END IF;
END AFTER STATEMENT;

END;
```

在这个触发器中，我们声明了三个变量来保存教师 ID、姓名以及其所教授的课程数量。接下来，我们定义了组合触发器的 BEFORE EACH ROW 和 AFTER STATEMENT 两个可执行部分。

在 BEFORE EACH ROW 可执行部分中，我们初始化了变量 v_instructor_id 和 v_instructor_name，并在 instructor_id 无效的情况下生成一条错误消息。在 AFTER STATEMENT 可执行部分中，我们检查教师教授了多少门课程，如果教师已经教授了 10 门或更多门课程，则会产生一个错误。

> **注意** 我们需要删除在以前的实验中所创建的 SECTION_BIU 触发器，以便继续执行下面的 UPDATE 语句：
>
> ```
> DROP TRIGGER section_biu;
> ```

请注意我们在前面使用的 UPDATE 语句：

```
UPDATE section
   SET instructor_id = 101
 WHERE section_id = 80;
```

仍然会产生一个 ORA-20000 错误：

```
ORA-20000: Instructor, Fernand Hanks, is overbooked
ORA-06512: at "STUDENT.SECTION_COMPOUND", line 38
ORA-04088: error during execution of trigger 'STUDENT.SECTION_COMPOUND'
```

然而这个错误是由触发器 SECTION_COMPOUND 产生的，它并不包含关于变异表的任何消息。

下面请看一个类似的 UPDATE 语句，它给 instructor_id 赋了一个不同的值（即 110），该语句不会产生任何错误：

```
UPDATE section
   SET instructor_id = 110
 WHERE section_id = 80;
```

本章小结

在前一章中，我们学习了 PL/SQL 中所支持的各种类型的触发器。在本章中，我们继续学习触发器知识，了解了变异表问题以及如何使用组合触发器来解决它。

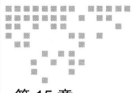

第 15 章 集 合

通过本章，我们将掌握以下内容：
- PL/SQL 表。
- 变长数组（Varray：variable-size array，可变长度数组，简称变长数组）。
- 多维集合（Multidimensional Collections）。
- 集合迭代控制和限定表达式（Collection Iteration Controls and Qualified Expressions）。

在本书的学习中，我们已经了解了不同类型的 PL/SQL 标识符或变量，但它们都代表了单个元素（例如，表示某个学生成绩的变量）。然而，通常在我们的程序中，我们希望能够表示一组元素（例如，一个班学生的成绩）。为了实现这个功能，PL/SQL 提供了集合数据类型，类似于其他第三代编程语言中所使用的数组。

集合是一组具有相同数据类型的元素。每个元素都由一个唯一的下标标识，该下标表示其在集合中的位置。在本章中，我们将学习两种集合数据类型：表和可变数组。然后，我们将学习多维集合。最后，我们将学习 Oracle 21c 版本中引入的增强功能：限定表达式和集合迭代控制。

15.1 实验 1：PL/SQL 表

完成此实验后，我们将能够实现以下目标：
- 使用关联数组。
- 使用嵌套表。
- 使用集合方法。

PL/SQL 表类似于只有一列的数据库表。PL/SQL 表里的行不是按照任何预定义的顺序来存储的，但是当它们在变量中检索时，每一行都会被分配一个从 1 开始的连续下标，如图 15.1 所示。

图 15.1 展示了一个由整数构成的 PL/SQL 表。每个整数都被分配了一个唯一的下标，这个下标对应于这个整数在表中的位置。例如，整数 3 被分配了下标 5，因为它存储在 PL/SQL 表的第 5 行。

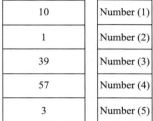

图 15.1　PL/SQL 表

PL/SQL 表有两种类型：关联数组（也称索引表 [index-by tables]）和嵌套表。它们具有相同的结构，并且以相同的方式访问它们的行，即通过下标命名法。这两种类型的主要区别是：嵌套表可以存储在数据库列中，而关联数组则不能存储在数据库列中。

15.1.1　关联数组

创建关联数组的通用语法如清单 15.1 所示（括号中的保留字和短语是可选的）。

清单 15.1　关联数组

```
TYPE type_name IS TABLE OF element_type [NOT NULL]
    INDEX BY index_type;
table_name TYPE_NAME;
```

请注意，关联数组的声明需要两个步骤。首先，使用 `TYPE` 语句定义表结构，其中 `type_name` 是类型名称，它在第二步中用于声明一个实际的表。`element_type` 是数组中各个元素的数据类型。`INDEX BY` 子句指定了用来给关联数组构建索引的数据类型，它可以是字符串类型（例如 `VARCHAR2`）或是 `PLS_INTEGER` 类型。

> **你知道吗？**
>
> 关联数组的索引可以是任何数据类型，只要能通过 `TO_CHAR` 函数将其转换为 `VARCHAR2` 即可。

其次，实际的数组变量是根据上一步中指定的数据类型来声明的，如清单 15.2 所示。

清单 15.2　声明一个关联数组

```
DECLARE
    TYPE last_name_type IS TABLE OF student.last_name%TYPE
        INDEX BY PLS_INTEGER;
    last_name_tab last_name_type;
```

在这段代码中，`last_name_type` 类型声明基于 `STUDENT` 表的 `LAST_NAME` 列，并使用 `PLS_INTEGER` 类型构建索引。然后，将一个名为 `last_name_tab` 的实际关联数组声明为 `last_name_type` 类型。

如前所述，关联数组的各个元素都是通过下标命名法引用的，如下所示：

array_name(subscript)

以下示例说明了该命名法的使用。

示例　ch15_1a.sql

```
DECLARE
   CURSOR c_name
   IS
   SELECT last_name
     FROM student
    WHERE rownum < 10;

   TYPE last_name_type IS TABLE OF student.last_name%TYPE
       INDEX BY PLS_INTEGER;
   last_name_tab last_name_type;

   v_index PLS_INTEGER := 0;
BEGIN
   FOR rec IN c_name
   LOOP
      v_index := v_index + 1;
      last_name_tab(v_index) := rec.last_name;

      DBMS_OUTPUT.PUT_LINE
         ('last_name('||v_index||'): '||last_name_tab(v_index));
   END LOOP;
END;
```

在本例中，关联数组 last_name_tab 的值是通过 STUDENT 表中的 LAST_NAME 列来填充的。而变量 v_index 用作引用各个表元素的下标。此示例生成的结果如下：

```
last_name(1): Crocitto
last_name(2): Landry
last_name(3): Enison
last_name(4): Moskowitz
last_name(5): Olvsade
last_name(6): Mierzwa
last_name(7): Sethi
last_name(8): Walter
last_name(9): Martin
```

> **注意**　引用关联数组中不存在的行会导致 NO_DATA_FOUND 异常，如下所示：
>
> ```
> DECLARE
>    CURSOR c_name
>    IS
>    SELECT last_name
>      FROM student
>     WHERE rownum < 10;
>
>    TYPE last_name_type IS TABLE OF student.last_name%TYPE
>     INDEX BY PLS_INTEGER;
>    last_name_tab last_name_type;
>
>    v_index PLS_INTEGER := 0;
> BEGIN
>    FOR rec IN c_name
>    LOOP
> ```

```
            v_index := v_index + 1;
            last_name_tab(v_index) := rec.last_name;

            DBMS_OUTPUT.PUT_LINE ('last_name('|| v_index ||
            '): '||last_name_tab(v_index));
        END LOOP;
        DBMS_OUTPUT.PUT_LINE
            ('last_name(10): '||last_name_tab(10));
    END;
```

这个脚本的输出结果如下:

```
last_name(1): Crocitto
last_name(2): Landry
last_name(3): Enison
last_name(4): Moskowitz
last_name(5): Olvsade
last_name(6): Mierzwa
last_name(7): Sethi
last_name(8): Walter
last_name(9): Martin
ORA-01403: no data found
ORA-06512: at line 21
```

以粗体显示的 DBMS_OUTPUT.PUT_LINE 语句触发了 NO_DATA_FOUND 异常, 因为它引用了关联数组的第 10 行, 而该数组仅包含了 9 行。

请注意, 如果我们在 SQL Developer 中运行此示例, 则第一条 DBSM_OUTPUT.PUT_LINE 语句的结果将显示在 Dbms Output 窗口中, 第二条 DBMS_OUTPUT.PUT_LINE 语句产生的错误将显示在 Script Output (脚本输出) 窗口中。

15.1.2 嵌套表

创建嵌套表的通用语法如清单 15.3 所示 (括号中的保留字和短语是可选的)。

清单 15.3 嵌套表

```
TYPE type_name IS TABLE OF element_type [NOT NULL];
table_name TYPE_NAME;
```

请注意, 此声明类似于关联数组的声明, 只是没有 INDEX BY 子句。

请看清单 15.4 中所示的这段代码。

清单 15.4 嵌套表的声明

```
DECLARE
    TYPE last_name_type IS TABLE OF student.last_name%TYPE;
    last_name_tab last_name_type;
```

在这段代码中, last_name_type 类型声明基于 STUDENT 表的 LAST_NAME 列。接着, 将一个名为 last_name_tab 的实际嵌套表声明为 last_name_type 类型。

与关联数组不同, 嵌套表可以通过 CREATE TYPE 语句定义为一个独立的用户定义的类型。这个过程如清单 15.5 所示。

清单 15.5　在模式级下定义嵌套表类型

```
CREATE OR REPLACE TYPE last_name_type AS TABLE OF VARCHAR2(30);
/
CREATE OR REPLACE TYPE last_name_table AS TABLE OF last_name_type;
/
```

在清单 15.5 中，我们定义了在 STUDENT 模式中创建的两个独立的类型。第一个类型 last_name_type 是嵌套表的类型，此类型的每个元素可以包含不超过 30 个字符的字符串。第二个类型 last_name_table 是嵌套表本身，它基于 last_name_type 类型。

嵌套表必须先初始化，然后才能引用其每个元素。请看本实验示例 ch15_1a.sql 的修改版本。请注意，last_name_type 被定义为嵌套表，没有 INDEX BY 子句（被修改的语句以粗体突出显示）。

示例　ch15_1b.sql

```
DECLARE
   CURSOR c_name
   IS
   SELECT last_name
     FROM student
    WHERE rownum < 10;

   TYPE last_name_type IS TABLE OF student.last_name%TYPE;
   last_name_tab last_name_type;

   v_index PLS_INTEGER := 0;
BEGIN
   FOR rec IN c_name
   LOOP
      v_index := v_index + 1;
      last_name_tab(v_index) := rec.last_name;

      DBMS_OUTPUT.PUT_LINE
         ('last_name('|| v_index || '): '||last_name_tab(v_index));
   END LOOP;
END;
```

此示例产生以下错误：

```
ORA-06531: Reference to uninitialized collection
ORA-06512: at line 15
```

此脚本之所以会产生此错误，是因为嵌套表在声明时会自动被赋值为 NULL。换句话说，由于嵌套表本身为 NULL，所以它还没有单个的元素。要引用嵌套表中的元素，我们必须使用一个由系统定义的函数——构造函数来初始化该表。构造函数的名称与嵌套表类型的名称相同。

例如，下面的语句：

```
last_name_tab := last_name_type('Silvestrov', 'Rakhimov');
```

对 last_name_tab 表的两个元素进行了初始化。大多数时候，我们事先并不知道一个已定义的嵌套表由哪些值构成。在这种情况下，我们可以使用下面的语句生成一个空值而不是 NULL 的嵌套表：

    last_name_tab := last_name_type();

请注意，没有任何参数传递给构造函数。

下面请看一个示例，它对示例 ch15_1b.sql 进行了一些修改（修改部分以粗体突出显示）。

示例　ch15_1c.sql

```
DECLARE
   CURSOR c_name
   IS
   SELECT last_name
     FROM student
    WHERE rownum < 10;

   TYPE last_name_type IS TABLE OF student.last_name%TYPE;
   last_name_tab last_name_type := last_name_type();

   v_index PLS_INTEGER := 0;
BEGIN
   FOR rec IN c_name
   LOOP
      v_index := v_index + 1;
      last_name_tab.EXTEND;
      last_name_tab(v_index) := rec.last_name;

      DBMS_OUTPUT.PUT_LINE
         ('last_name('||v_index||'): '||last_name_tab(v_index));
   END LOOP;
END;
```

在这个版本中，嵌套表在声明部分被初始化。因此，它是空值而不是 NULL。游标循环中包含有一个集合方法 EXTEND 的语句。此方法允许我们增加集合的大小。请注意，EXTEND 方法不能与关联数组一起使用。下一节将详细解释各种集合方法。

之后，给嵌套表赋值，这就像在示例 ch15_1a.sql 中给关联数组赋值一样。当我们运行此脚本时，代码成功地被执行，并产生以下输出：

```
last_name(1): Crocitto
last_name(2): Landry
last_name(3): Enison
last_name(4): Moskowitz
last_name(5): Olvsade
last_name(6): Mierzwa
last_name(7): Sethi
last_name(8): Walter
last_name(9): Martin
```

> **你知道吗？**
>
> 　　NULL 集合和空集合之间有什么区别？如果集合还未被初始化，则引用集合中的元素时会产生以下错误：

```
DECLARE
 TYPE integer_type IS TABLE OF INTEGER;
 integer_tab integer_type;

 v_index PLS_INTEGER := 1;
BEGIN
 DBMS_OUTPUT.PUT_LINE (integer_tab(v_index));
END;

ORA-06531: Reference to uninitialized collection
ORA-06512: at line 7
```

如果集合已被初始化,那么它就是一个非 NULL 集合,其值是空值,当我们引用集合中的元素时,会产生不同的错误:

```
DECLARE
 TYPE integer_type IS TABLE OF INTEGER;
 integer_tab integer_type := integer_type();

 v_index PLS_INTEGER := 1;
BEGIN
 DBMS_OUTPUT.PUT_LINE (integer_tab(v_index));
END;

ORA-06533: Subscript beyond count
ORA-06512: at line 7
```

15.1.3 集合方法

在示例 ch15_1c.sql 中,我们学习了一个集合方法:EXTEND。所谓集合方法就是通过点命名法调用的一个内置的过程或者函数,如清单 15.6 所示。

清单 15.6 调用集合方法

collection_name.method_name

我们可以通过下面的集合方法操作或获取指定集合的相关信息:

- EXISTS:如果集合中存在着一个指定的元素,那么此方法返回 TRUE,它能够用来避免触发 SUBSCRIPT_OUTSIDE_LIMIT 异常。
- COUNT:此方法返回集合中包含的元素总数。
- EXTEND:此方法会增加集合的大小。
- DELETE:此方法从集合中删除所有的元素,或者删除指定范围内的元素,或者一个指定的元素。而 PL/SQL 会保留被删除元素的占位符。
- FIRST 和 LAST:这两个方法分别返回集合的第一个元素的下标和最后一个元素的下标。如果删除了嵌套表的第一个元素,FIRST 方法会返回一个大于 1 的值。如果从嵌套表的中间部分删除了元素,则 LAST 方法将返回一个大于 COUNT 方法的值。
- PRIOR 和 NEXT:这两个方法返回某个指定集合下标之前和之后的下标。

❏ TRIM：此方法用于从集合的末尾删除一个或指定数量的元素。PL/SQL 不会保留被删除元素的占位符。

 注意 EXTEND 和 TRIM 方法不能与关联数组一起使用。

以下示例说明了各种集合方法的使用。

示例　ch15_2a.sql

```
DECLARE
   TYPE index_by_type IS TABLE OF NUMBER
      INDEX BY PLS_INTEGER;
   index_by_table index_by_type;

   TYPE nested_type IS TABLE OF NUMBER;
   nested_table nested_type :=
      nested_type(1, 2, 3, 4, 5, 6, 7, 8, 9, 10);
BEGIN
   -- Populate associative array
   FOR i IN 1..10
   LOOP
      index_by_table(i) := i;
   END LOOP;

   -- Check if the associative array has third element
   IF index_by_table.EXISTS(3)
   THEN
      DBMS_OUTPUT.PUT_LINE ('index_by_table(3) = '||
         index_by_table(3));
   END IF;

   -- Delete 10th element from associative array
   index_by_table.DELETE(10);
   -- Delete 10th element from nested table
   nested_table.DELETE(10);
   -- Delete elements 1 through 3 from nested table
   nested_table.DELETE(1,3);

   -- Get element counts for associative array and nested table
   DBMS_OUTPUT.PUT_LINE
      ('index_by_table.COUNT = '||index_by_table.COUNT);
   DBMS_OUTPUT.PUT_LINE
      ('nested_table.COUNT = '||nested_table.COUNT);

   -- Get first and last indexes of the associative array
   -- and nested table
   DBMS_OUTPUT.PUT_LINE
      ('index_by_table.FIRST = '||index_by_table.FIRST);
   DBMS_OUTPUT.PUT_LINE
      ('index_by_table.LAST = '||index_by_table.LAST);
   DBMS_OUTPUT.PUT_LINE
      ('nested_table.FIRST = '||nested_table.FIRST);
   DBMS_OUTPUT.PUT_LINE
      ('nested_table.LAST = '||nested_table.LAST);

   -- Get indexes that precede and succeed 2nd indexes of the
   -- associative array and nested table
```

```
        DBMS_OUTPUT.PUT_LINE
            ('index_by_table.PRIOR(2) = '||index_by_table.PRIOR(2));
        DBMS_OUTPUT.PUT_LINE
            ('index_by_table.NEXT(2) = '||index_by_table.NEXT(2));
        DBMS_OUTPUT.PUT_LINE
            ('nested_table.PRIOR(2) = '||nested_table.PRIOR(2));
        DBMS_OUTPUT.PUT_LINE
            ('nested_table.NEXT(2) = '||nested_table.NEXT(2));

        -- Delete last two elements of the nested table
        nested_table.TRIM(2);
        -- Delete last element of the nested table
        nested_table.TRIM;

        -- Get last index of the nested table
        DBMS_OUTPUT.PUT_LINE
            ('nested_table.LAST = '||nested_table.LAST);
END;
```

我们来看本示例返回的输出结果：

```
index_by_table(3) = 3
index_by_table.COUNT = 9
nested_table.COUNT = 6
index_by_table.FIRST = 1
index_by_table.LAST = 9
nested_table.FIRST = 4
nested_table.LAST = 9
index_by_table.PRIOR(2) = 1
index_by_table.NEXT(2) = 3
nested_table.PRIOR(2) =
nested_table.NEXT(2) = 4
nested_table.LAST = 7
```

其中第 1 行输出的结果

```
index_by_table(3) = 3
```

说明了 EXISTS 方法返回的值是 TRUE。因此，IF 语句

```
IF index_by_table.EXISTS(3)
THEN
   …
```

的判断结果也是 TRUE。

第 2 行和第 3 行的输出结果

```
index_by_table.COUNT = 9
nested_table.COUNT = 6
```

显示了从关联数组和嵌套表中删除一些元素后，由 COUNT 方法计算得出的结果。

接下来，第 4～7 行的输出结果

```
index_by_table.FIRST = 1
index_by_table.LAST = 9
```

```
nested_table.FIRST = 4
nested_table.LAST = 9
```

显示了由 FIRST 和 LAST 方法得出的结果。请注意，用于嵌套表的 FIRST 方法返回的结果是 4，因为我们在之前的语句中已经删除了前 3 个元素。

接下来，第 8～11 行的输出结果

```
index_by_table.PRIOR(2) = 1
index_by_table.NEXT(2) = 3
nested_table.PRIOR(2) =
nested_table.NEXT(2) = 4
```

显示了 PRIOR 和 NEXT 方法返回的结果。请注意，用于嵌套表的 PRIOR 方法返回的结果是 NULL，因为我们在前面的语句中已经删除了第 1 个元素。

而最后 1 行的输出结果

```
nested_table.LAST = 7
```

显示了嵌套表的最后 3 个元素被删除后，其最后一个下标的值。在我们执行了 DELETE 方法后，PL/SQL 会保留被删除元素的占位符。因此，在第一次调用 TRIM 方法后，从嵌套表中删除了第 9 个和第 10 个元素，在第二次调用 TRIM 方法后，从该嵌套表中删除了第 8 个元素。因此，LAST 方法返回的结果是 7，作为嵌套表的最后一个下标值。

15.2 实验 2：变长数组

完成此实验后，我们将能够实现以下目标：
- 使用变长数组。

变长数组是另一种集合类型。与 PL/SQL 表类似，变长数组的每个元素都被分配了一个从 1 开始的连续下标。图 15.2 显示了一个由 5 个整数组成的变长数组，其中每个整数都被分配了一个唯一的下标，该下标对应于其在变长数组中的位置。

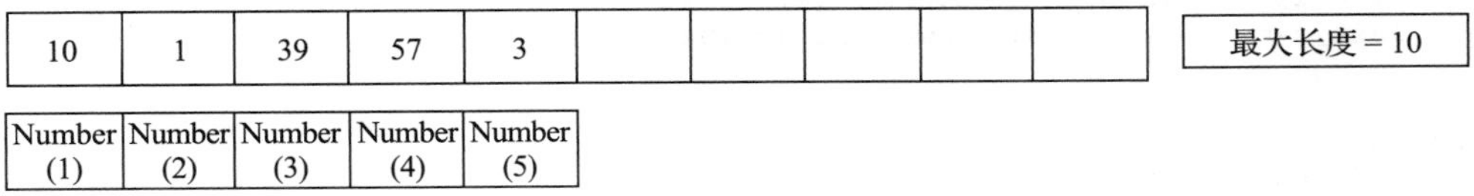

图 15.2　变长数组

变长数组是有最大长度限制的。换句话说，变长数组下标的固定下限为 1，上限可以根据需要进行扩展。在图 15.2 中，变长数组的上限是 5，但它可以扩展到 6、7，依此类推，最大可达 10。因此，变长数组可以包含多个元素，从零（空数组）到其最大长度不等。回想一下，PL/SQL 表并不需要显式地指定其最大长度限制。

创建变长数组的通用语法如清单 15.7 所示（括号中的保留字和短语是可选的）。

清单 15.7 变长数组

```
TYPE type_name IS {VARRAY | VARYING ARRAY} (size_limit) OF
    element_type [NOT NULL];
varray_name TYPE_NAME;
```

首先，使用 TYPE 语句定义变长数组的结构，其中 type_name 是第二步中用于声明一个实际变长数组的类型名称。请注意，有两种类型的变长数组：VARRAY 和 VARYING ARRAY。size_limit 是一个正整数，用于指定变长数组的上限。

其次，基于第一步中定义的类型来声明实际的变长数组。

请看清单 15.8 中所示的一段代码。

清单 15.8 声明一个变长数组

```
DECLARE
   TYPE last_name_type IS VARRAY(10) OF student.last_name%TYPE;
   last_name_varray last_name_type;
```

在本例中，我们声明了一个具有 10 个元素的变长数组类型——last_name_type，该类型基于 STUDENT 表的 LAST_NAME 列。接下来，我们声明了一个实际的变长数组——last_name_varray，它基于 last_name_type 类型。与嵌套表类似，通过 CREATE TYPE 语句我们能够把一个变长数组定义为独立的用户定义的类型。

与嵌套表一样，变长数组在声明时自动地被设置为 NULL，在引用其各个元素之前必须先进行初始化。下面的示例对 15.1 节中的示例 ch15_1c.sql 进行了一些修改，其中使用变长数组代替了嵌套表（修改后的语句以粗体突出显示）。

示例 ch15_1d.sql

```
DECLARE
   CURSOR c_name
   IS
   SELECT last_name
     FROM student
    WHERE rownum < 10;

   TYPE last_name_type IS VARRAY(10) OF student.last_name%TYPE;
   last_name_varray last_name_type := last_name_type();

   v_index PLS_INTEGER := 0;
BEGIN
   FOR rec IN c_name
   LOOP
      v_index := v_index + 1;
      last_name_varray.EXTEND;
      last_name_varray(v_index) := rec.last_name;

      DBMS_OUTPUT.PUT_LINE
         ('last_name('||v_index||'): '||last_name_varray(v_index));
   END LOOP;
END;
```

此示例的输出结果如下：

```
last_name(1): Crocitto
last_name(2): Landry
last_name(3): Enison
last_name(4): Moskowitz
last_name(5): Olvsade
last_name(6): Mierzwa
last_name(7): Sethi
last_name(8): Walter
last_name(9): Martin
```

对比前面的示例，我们能够发现 15.1 节中使用的集合方法也可以在变长数组中使用。请看下面的示例，它演示了在变长数组中各种集合方法的使用。

示例　ch15_3a.sql

```
DECLARE
   TYPE varray_type IS VARRAY(10) OF NUMBER;
   v_varray varray_type := varray_type(1, 2, 3, 4, 5, 6);
BEGIN
   DBMS_OUTPUT.PUT_LINE ('v_varray.COUNT = '||v_varray.COUNT);
   DBMS_OUTPUT.PUT_LINE ('v_varray.LIMIT = '||v_varray.LIMIT);

   DBMS_OUTPUT.PUT_LINE ('v_varray.FIRST = '||v_varray.FIRST);
   DBMS_OUTPUT.PUT_LINE ('v_varray.LAST = '||v_varray.LAST);

   -- Append two copies of the 4th element to the varray
   v_varray.EXTEND(2, 4);

   DBMS_OUTPUT.PUT_LINE ('v_varray.LAST = '||v_varray.LAST);
   DBMS_OUTPUT.PUT_LINE ('v_varray('||v_varray.LAST||')= '||
      v_varray(v_varray.LAST));

   -- Trim last two elements
   v_varray.TRIM(2);
   DBMS_OUTPUT.PUT_LINE('v_varray.LAST = '||v_varray.LAST);
END;
```

此示例返回的结果如下：

```
v_varray.COUNT = 6
v_varray.LIMIT = 10
v_varray.FIRST = 1
v_varray.LAST = 6
v_varray.LAST = 8
v_varray(8) = 4
v_varray.LAST = 6
```

返回结果的前两行

```
v_varray.COUNT = 6
v_varray.LIMIT = 10
```

分别显示了 COUNT 方法和 LIMIT 方法的结果。回想一下，我们使用 COUNT 方法在集合中返回其包含的元素个数。此集合被初始化为 6 个元素，因此 COUNT 方法返回的值为 6。

第二行的输出结果对应于另一个集合方法 LIMIT。此方法返回集合所包含元素的最大数量，它通常与变长数组一起使用，因为变长数组在声明时指定了上限。这个变长数组的上限为 10，因此 `LIMIT` 方法的返回值为 10。

> **你知道吗？**
>
> 当 `LIMIT` 方法与关联数组和嵌套表一起使用时，它的返回值是 `NULL`，因为这些集合类型是没有最大长度限制。

下面是输出结果的第三行和第四行：

```
v_varray.FIRST = 1
v_varray.LAST = 6
```

它显示了 `FIRST` 方法和 `LAST` 方法的返回结果。而输出结果的第五行和第六行：

```
v_varray.LAST = 8
v_varray(8) = 4
```

显示了利用 `EXTEND` 方法将集合扩展后，由 `LAST` 方法返回的结果以及集合的第八个元素的值。请注意，`EXTEND` 方法

```
v_varray.EXTEND(2, 4);
```

将第四个元素的两个副本添加到集合中。因此，第七个和第八个元素的值都是 4。

输出结果的最后一行

```
v_varray.LAST = 6
```

显示了通过 `TRIM` 方法删除最后两个元素后，最后一个下标的值。

> **注意** 不能使用 `DELETE` 方法删除变长数组中的元素。与 PL/SQL 表不同，变长数组是密集型的，使用 `DELETE` 方法会导致错误，如下面的示例所示：
>
> ```
> DECLARE
>    TYPE varray_type IS VARRAY(3) OF CHAR(1);
>    v_varray varray_type := varray_type('A', 'B', 'C');
> BEGIN
>    v_varray.DELETE(3);
> END;
>
> ORA-06550: line 5, column 4:
> PLS-00306: wrong number or types of arguments in call to 'DELETE'
> ORA-06550: line 5, column 4:
> PL/SQL: Statement ignored
> ```

现在，我们已经学习了如何定义和使用三种集合数据类型：关联数组、嵌套表和变长数组。三种集合数据类型的异同如表 15.1 所示。

表 15.1　关联数组、嵌套表和变长数组

集合类型	元素个数	构建索引使用的类型	在声明部分的状态	可以在哪些对象中定义	密集型或稀疏型
关联数组	不用设置	字符串或 PLS_INTEGER	空值	在 PL/SQL 块、包、过程以及函数中	可以是密集型的，也可以是稀疏型的
嵌套表	不用设置	整数	Null	在 PL/SQL 块、包、过程、函数中，以及在模式级下独立定义的类型	开始是密集型的，以后可能会变成稀疏型的
变长数组	在声明部分被设置	整数	Null	在 PL/SQL 块、包、过程、函数中，以及在模式级下独立定义的类型	一直都是密集型的

15.3　实验 3：多维集合

完成此实验后，我们将能够实现以下目标：

❑ 使用多维集合。

到目前为止，我们已经学习了集合的各种示例，在这些示例中元素的类型都是基于标量类型，例如 NUMBER 和 VARCHAR2。然而，PL/SQL 支持我们创建其元素类型为集合类型的集合。我们称这种集合为"多级集合"（multilevel）或"多维集合"。请看图 15.3 所示的变长数组中包含的变长数组。

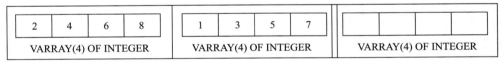

图 15.3　嵌套的变长数组

图 15.3 显示了变长数组中包含的变长数组，也称为嵌套的变长数组。图中，嵌套的变长数组由三个元素组成，其中每一个元素都是由四个整数组成的变长数组。

如果我们要引用嵌套的变长数组中的某个元素，需要使用清单 15.9 中所示的命名法。

清单 15.9　引用嵌套的变长数组中的元素

varray_name(subscript of the outer varray)(subscript of the inner varray)

例如，图 15.3 中的 varray(1)(3) 为 6；类似地，varray(2)(1) 为 1。下面请看基于图 15.3 创建的脚本示例。

示例　ch15_4a.sql

```
DECLARE
   TYPE varray_type1 IS VARRAY(4) OF INTEGER;
   TYPE varray_type2 IS VARRAY(3) OF varray_type1;
```

```
      varray1 varray_type1 := varray_type1(2, 4, 6, 8);
      varray2 varray_type2 := varray_type2(varray1);
BEGIN
   DBMS_OUTPUT.PUT_LINE ('Varray of integers');
   FOR i IN 1..4
   LOOP
      DBMS_OUTPUT.PUT_LINE ('varray1('||i||'): '||varray1(i));
   END LOOP;

   varray2.EXTEND;
   varray2(2) := varray_type1(1, 3, 5, 7);

   DBMS_OUTPUT.PUT_LINE (chr(10)||'Varray of varrays of integers');
   FOR i IN 1..2
   LOOP
      FOR j IN 1..4
      LOOP
         DBMS_OUTPUT.PUT_LINE
            ('varray2('||i||')('||j||'): '||varray2(i)(j));
      END LOOP;
   END LOOP;
END;
```

在示例的声明部分定义了两个变长数组类型。第一个类型 `varray_type1` 基于 `INTEGER` 数据类型，最多可以包含四个元素。第二个类型 `varray_type2` 基于 `varray_type1`，最多可以包含三个元素，其中的每个元素本身最多又可以包含四个元素。

接下来，根据刚才描述的类型声明了两个变长数组的变量。我们将第一个变长数组的变量 `varray1` 声明为 `varray_type1` 类型，然后对其进行初始化，用 2、4、6、8 这四个偶数给变量的四个元素赋值。我们将第二个变长数组的变量 `varray2` 声明为 `varray_type2` 类型，其每个元素都是一个由四个整数组成的变长数组，然后对其进行初始化，并赋值给第一个变长数组元素。

在本示例的可执行部分中，我们将 `varray1` 的值显示在屏幕上。然后，我们将 `varray2` 的上限增加 1，并按如下方式赋值给第二个元素：

```
varray2(2) := varray_type1(1, 3, 5, 7);
```

在赋值语句中，我们使用了一个与 `varray_type1` 类型名称相同的构造函数，因为 `varray2` 的每个元素都是基于 `varray1` 集合构建的。换言之，我们能够通过下面这两个语句来获得同样的输出结果：

```
varray1(2) := varray_type1(1, 3, 5, 7);
varray2(2) := varray_type2(varray1);
```

在我们给 `varray2` 的第二个元素赋值后，我们能够通过嵌套的数字型 `FOR` 循环在屏幕上显示其输出的结果。

此示例产生以下输出结果：

```
Varray of integers
varray1(1): 2
```

```
varray1(2): 4
varray1(3): 6
varray1(4): 8

Varray of varrays of integers
varray2(1)(1): 2
varray2(1)(2): 4
varray2(1)(3): 6
varray2(1)(4): 8
varray2(2)(1): 1
varray2(2)(2): 3
varray2(2)(3): 5
varray2(2)(4): 7
```

请注意中间的那个空行，它将示例的输出结果分成了两部分。这个空行是为了增加可读性，是通过将 Oracle 的内置函数 CHR(10) 添加到 DBMS_OUTPUT.PUT_LINE 语句中来实现的。此函数添加了一个换行符，从而将输出结果的两部分用空行分隔开。

15.4　实验 4：集合迭代控制和限定表达式

完成此实验后，我们将能够实现以下目标：
❑ 使用集合迭代控制。
❑ 使用限定表达式。

在 Oracle 21c 版本中，Oracle 扩展了集合迭代控制的功能，并增强了限定表达式的功能。这两个特性提高了代码的可读性，因为它们允许开发人员以简洁而清晰的方式编写代码。

15.4.1　集合迭代控制

Oracle 21c 版本新增了三个集合迭代控制：VALUES OF、INDICES OF 和 PAIRS OF。这些迭代控制从集合中获取其值，如以下示例所示。

示例　ch15_5a.sql

```
DECLARE
   TYPE tab_type IS TABLE OF PLS_INTEGER INDEX BY PLS_INTEGER;

   v_tab tab_type;
BEGIN
   -- This is a sparse collection as its 4th element is not
   -- initialized
   v_tab(1) := 10;
   v_tab(2) := 20;
   v_tab(3) := 30;
   v_tab(5) := 50;

   DBMS_OUTPUT.PUT_LINE ('Collection values:');
   FOR i IN VALUES OF v_tab
   LOOP
      DBMS_OUTPUT.PUT_LINE ('i = '||i);
   END LOOP;
END;
```

在本示例中，VALUES OF 迭代控制用于循环语句中，它对 v_tab 集合执行遍历操作，并将值显示在屏幕上。请注意，DBMS_OUTPUT.PUT_LINE 语句引用的是循环迭代"i"值，而不是本章前面示例中的集合。当我们运行此示例时，会产生下面的输出结果：

```
Collection values:
i = 10
i = 20
i = 30
i = 50
```

在 Oracle 21c 版本之前，此示例需要使用更复杂的逻辑来显示稀疏型集合的值，同时还需要避免 NO_DATA_FOUND 异常。

接下来，请看这个示例的升级版本，它演示了 INDICES OF 迭代控制的功能。该功能演示的是集合的索引而不是其值。

示例　ch15_5b.sql

```
DECLARE
   TYPE tab_type IS TABLE OF PLS_INTEGER INDEX BY PLS_INTEGER;

   v_tab tab_type;
BEGIN
   -- This is a sparse collection as its 4th element is not
   -- initialized
   v_tab(1) := 10;
   v_tab(2) := 20;
   v_tab(3) := 30;
   v_tab(5) := 50;
   DBMS_OUTPUT.PUT_LINE ('Collection values:');
   FOR i IN VALUES OF v_tab
   LOOP
      DBMS_OUTPUT.PUT_LINE ('i = '||i);
   END LOOP;

   DBMS_OUTPUT.PUT_LINE ('Collection indexes:');
   FOR i IN INDICES OF v_tab
   LOOP
      DBMS_OUTPUT.PUT_LINE ('i = '||i);
   END LOOP;
END;
```

在这个升级版的脚本中，第二个 FOR 循环演示了集合索引的输出结果，如下面的输出所示：

```
 Collection values:
i = 10
i = 20
i = 30
i = 50
Collection indexes:
i = 1
i = 2
i = 3
i = 5
```

接下来，请看脚本的最后一个版本，它演示了迭代控制 PAIRS OF 的使用。PAIRS OF 提供了对集合的值和索引进行访问的功能。

示例　ch15_5c.sql

```
DECLARE
    TYPE tab_type IS TABLE OF PLS_INTEGER INDEX BY PLS_INTEGER;

    v_tab tab_type;
BEGIN
    -- This is a sparse collection as its 4th element is not
    -- initialized
    v_tab(1) := 10;
    v_tab(2) := 20;
    v_tab(3) := 30;
    v_tab(5) := 50;

    DBMS_OUTPUT.PUT_LINE ('Collection values:');
    FOR i IN VALUES OF v_tab
    LOOP
        DBMS_OUTPUT.PUT_LINE ('i = '||i);
    END LOOP;

    DBMS_OUTPUT.PUT_LINE ('Collection indexes:');
    FOR i IN INDICES OF v_tab
    LOOP
        DBMS_OUTPUT.PUT_LINE ('i = '||i);
    END LOOP;
    DBMS_OUTPUT.PUT_LINE ('Collection indexes and values:');
    FOR i, v IN PAIRS OF v_tab
    LOOP
        DBMS_OUTPUT.PUT_LINE ('index = '||i||', value = '||v);
    END LOOP;
END;
```

请注意观察最后一个 FOR 循环是如何对两个循环迭代 i 和 v 执行引用的，又是如何通过 i 和 v 来展示集合的索引和其值的。当我们运行此脚本后，会产生下面的输出结果：

```
Collection values:
i = 10
i = 20
i = 30
i = 50
Collection indexes:
i = 1
i = 2
i = 3
i = 5
Collection indexes and values:
index = 1, value = 10
index = 2, value = 20
index = 3, value = 30
index = 5, value = 50
```

接下来，请看 ch15_1d.sql 脚本的修改版，它演示了如何将 PAIR OF 迭代控制与 VARRAY 集合类型一同使用（所有更改都以粗体突出显示）。

示例　ch15_1e.sql

```
DECLARE
   CURSOR c_name
   IS
   SELECT last_name
     FROM student
    WHERE rownum < 10;

   TYPE last_name_type IS VARRAY(10) OF student.last_name%TYPE;
   last_name_varray last_name_type := last_name_type();

   v_index PLS_INTEGER := 0;
BEGIN
   FOR rec IN c_name
   LOOP
      v_index := v_index + 1;
      last_name_varray.EXTEND;
      last_name_varray(v_index) := rec.last_name;
   END LOOP;

   FOR i, v IN PAIRS OF last_name_varray
   LOOP
      DBMS_OUTPUT.PUT_LINE ('last_name('||i||'): '||v);
   END LOOP;
END;
```

在修改版的脚本中，我们使用一个新的 FOR 循环语句在屏幕上显示变长数组的输出结果。请注意，尽管我们在示例中使用了不同的集合类型和不同的元素数据类型，但 FOR 循环语句的结构并没有改变。修改版的脚本执行后，其输出的结果与原来脚本的输出结果是相同的：

```
last_name(1): Crocitto
last_name(2): Landry
last_name(3): Enison
last_name(4): Moskowitz
last_name(5): Olvsade
last_name(6): Mierzwa
last_name(7): Sethi
last_name(8): Walter
last_name(9): Martin
```

15.4.2　限定表达式

Oracle 在版本 18c 中引入了限定表达式。我们可以在集合数据类型和记录数据类型中使用限定表达式。限定表达式的通用语法如清单 15.10 所示。

清单 15.10　限定表达式

```
typemark (qualified_expression)
```

限定表达式的类型名称由 typemark 指定。请看下面示例，该示例说明了如何使用限定表达式为关联数组赋值。

示例　ch15_6a.sql

```
DECLARE
    TYPE tab_type IS TABLE OF VARCHAR2(1) INDEX BY PLS_INTEGER;

    v_tab tab_type;
BEGIN
    -- Before Oracle 18c
    v_tab(1) := 'A';
    v_tab(2) := 'B';
    v_tab(3) := 'C';

    -- Qualified expression with Oracle 18c
    -- Named association
    v_tab := tab_type(1 => 'A', 2 => 'B', 3 => 'C');

    -- Qualified expression with Oracle 21c
    -- Positional association
    v_tab := tab_type('A', 'B', 'C');
END;
```

在 Oracle 18c 之前，关联数组的每个元素通过单个赋值语句来赋值：

```
v_tab(1) := 'A';
v_tab(2) := 'B';
v_tab(3) := 'C';
```

当然，这也可以通过一个简单的数字型 FOR 循环来实现。从 Oracle 18c 开始，这三个赋值语句被一条语句所取代，这条语句使用了与名称相关联的限定表达式：

```
v_tab := tab_type(1 => 'A', 2 => 'B', 3 => 'C');
```

请注意，在这条语句中，tab_type 就是 typemark，而（1=>'A', 2=>'B', 3=>'C'）就是限定表达式。

从 Oracle 21c 开始，限定表达式的功能得到了增强，我们也可以使用与位置相关联的限定表达式：

```
v_tab := tab_type('A', 'B', 'C');
```

需要注意的是，限定表达式将替换或删除集合中之前定义的元素。看下面的示例，这个示例产生了一个异常。

示例　ch15_7a.sql

```
DECLARE
    TYPE tab_type IS TABLE OF VARCHAR2(1) INDEX BY PLS_INTEGER;

    v_tab tab_type;
BEGIN
    v_tab := tab_type('A', 'B', 'C', 'D', 'E');
    DBMS_OUTPUT.PUT_LINE ('1. v_tab(4) = '||v_tab(4));
    DBMS_OUTPUT.PUT_LINE ('1. V_tab(5) = '||v_tab(5));

    v_tab := tab_type('X', 'Y', 'Z');
    DBMS_OUTPUT.PUT_LINE ('2. v_tab(4) = '||v_tab(4));
    DBMS_OUTPUT.PUT_LINE ('2. V_tab(5) = '||v_tab(5));
```

```
EXCEPTION
    WHEN OTHERS THEN
        DBMS_OUTPUT.PUT_LINE (SQLERRM);
END;
```

在本例中，我们首先将 5 个元素值赋给了关联数组，并将第 4 个和第 5 个元素的结果输出在屏幕上。接下来，我们重新将 3 个元素值赋给这个关联数组，然后将第 4 个和第 5 个元素的结果再次输出在屏幕上。但是，由于第二条赋值语句使用了限定表达式，因此它替换掉了前一条赋值语句，并创建了一个只包含三个元素的数组的新实例。因此，当运行这个示例时，会产生以下输出：

```
1. v_tab(4) = D
1. V_tab(5) = E
ORA-01403: no data found
```

通常，限定表达式有三种类型：

- 空值限定表达式：这种表达式的形式为 `typemark()`。从概念上讲，它类似于我们在本章实验 1 中介绍的初始化嵌套表。
- 简单限定表达式：这种表达式只有一个值。请注意，该值不一定是标量值。
- 聚合限定表达式：这种表达式是包含了许多值的一个列表。在本实验的示例 ch15_6a.sql 中，我们看到了使用位置关联和名称关联的聚合表达式。聚合限定表达式还可以利用循环迭代关联、索引迭代关联和序列迭代关联的方式。

1. 利用循环迭代关联的聚合限定表达式

循环迭代关联使用循环结构为集合赋值，其中循环迭代（iterand）作为集合索引使用，而表达式的值被赋给集合元素。下面的例子进一步说明了这种情况。

示例　ch15_8a.sql

```
DECLARE
    TYPE tab_type IS TABLE OF NUMBER INDEX BY PLS_INTEGER;

    v_tab tab_type;
BEGIN
    v_tab := tab_type(FOR i IN 1..4 => i/2);

    FOR i, v IN PAIRS OF v_tab
    LOOP
        DBMS_OUTPUT.PUT_LINE ('index = '||i||', value = '||v);
    END LOOP;
END;
```

其中下面的语句，用于给集合 v_tab 赋值：

```
v_tab := tab_type(FOR i IN 1..4 => i/2);
```

下面的 FOR 循环结构，使用了四个元素给集合赋值：

```
FOR i IN 1..4
```

每个集合元素的索引对应于循环迭代 i。每个集合元素的值在每次循环迭代时，由表达式 i/2 计算而得。运行后，此示例会产生以下输出：

```
index = 1, value = .5
index = 2, value = 1
index = 3, value = 1.5
index = 4, value = 2
```

2. 利用索引迭代关联的聚合限定表达式

索引迭代关联使用循环结构为集合赋值，其中分别使用索引表达式和值表达式生成集合索引和集合元素的值。下面的示例说明了这种方法（新添加的代码以粗体突出显示）。

示例　ch15_8b.sql

```
DECLARE
   TYPE tab_type IS TABLE OF NUMBER INDEX BY PLS_INTEGER;

   v_tab       tab_type;
   v_tab_new tab_type;
BEGIN
   v_tab := tab_type(FOR i IN 1..4 => i/2);

   DBMS_OUTPUT.PUT_LINE ('v_tab:');
   FOR i, v IN PAIRS OF v_tab
   LOOP
      DBMS_OUTPUT.PUT_LINE ('index = '||i||', value = '||v);
   END LOOP;

   v_tab_new :=
      tab_type(FOR i, v IN PAIRS OF v_tab INDEX i+10 => v+10);

   DBMS_OUTPUT.PUT_LINE ('v_tab_new:');
   FOR i, v IN PAIRS OF v_tab_new
   LOOP
      DBMS_OUTPUT.PUT_LINE ('index = '||i||', value = '||v);
   END LOOP;
END;
```

在这个修改后的脚本中，第二个集合 v_tab_new 是通过集合 v_tab 来赋值的。

在下面的这个语句中：

```
v_tab_new :=
   tab_type(FOR i, v IN PAIRS OF v_tab INDEX i+10 => v+10);
```

新集合 v_tab_new 的索引是由索引表达式 index i+10 推导出的。实际上，在循环的每次迭代中，v_tab 集合的索引值都会被加 10，然后再赋给新集合 v_tab_new 的索引。需要注意的一点是，v_tab 集合的索引没有更改，它只是被用在索引表达式中为另一个集合生成索引值。

同样地，v_tab_new 集合的每个元素都是通过值表达式 v+10 来赋值的。请注意，这个示例在一条语句中使用了 PAIRS OF 迭代控制来访问集合索引和元素值。

当我们执行这个脚本后，产生以下输出结果：

```
v_tab:
index = 1, value = .5
index = 2, value = 1
index = 3, value = 1.5
index = 4, value = 2
v_tab_new:
index = 11, value = 10.5
index = 12, value = 11
index = 13, value = 11.5
index = 14, value = 12
```

3. 利用序列迭代关联的聚合限定表达式

序列迭代关联使用循环结构为集合赋值，其中新的集合元素被顺序地添加到集合中。下面的示例说明了这种方法（新添加的代码以粗体突出显示）。

示例　ch15_8c.sql

```
DECLARE
   TYPE tab_type IS TABLE OF NUMBER INDEX BY PLS_INTEGER;

   v_tab      tab_type;
   v_tab_new tab_type;
BEGIN
   v_tab := tab_type(FOR i IN 1..4 => i/2);

   DBMS_OUTPUT.PUT_LINE ('v_tab:');
   FOR i, v IN PAIRS OF v_tab
   LOOP
      DBMS_OUTPUT.PUT_LINE ('index = '||i||', value = '||v);
   END LOOP;

   v_tab_new :=
      tab_type(FOR i, v IN PAIRS OF v_tab INDEX i+10 => v+10);

   DBMS_OUTPUT.PUT_LINE ('v_tab_new:');
   FOR i, v IN PAIRS OF v_tab_new
   LOOP
      DBMS_OUTPUT.PUT_LINE ('index = '||i||', value = '||v);
   END LOOP;

   -- Update v_tab collection
   v_tab := tab_type(FOR i IN 10..14 SEQUENCE => i/2);
   DBMS_OUTPUT.PUT_LINE ('v_tab updated:');
   FOR i, v IN PAIRS OF v_tab
   LOOP
      DBMS_OUTPUT.PUT_LINE ('index = '||i||', value = '||v);
   END LOOP;
END;
```

在这个修改后的脚本中，我们使用新值更新了 v_tab 集合的元素。请注意，在这个实例中，集合索引与循环迭代之间不存在任何关联。相反，集合索引是基于限定表达式中所使用的 SEQUENCE 关键字：

```
v_tab := tab_type(FOR i IN 10..14 SEQUENCE => i/2);
```

当我们执行这个脚本后，产生以下输出结果：

```
v_tab:
index = 1, value = .5
index = 2, value = 1
index = 3, value = 1.5
index = 4, value = 2
v_tab_new:
index = 11, value = 10.5
index = 12, value = 11
index = 13, value = 11.5
index = 14, value = 12
v_tab updated:
index = 1, value = 5
index = 2, value = 5.5
index = 3, value = 6
index = 4, value = 6.5
index = 5, value = 7
```

请注意，更新后的 v_tab 集合的索引值是如何从 1 开始按顺序生成的。

现在请看另一组示例，这些示例演示了如何在嵌套表集合中正确地使用循环迭代。

示例　ch15_9a.sql

```
DECLARE
   TYPE tab_type IS TABLE OF NUMBER;

   v_tab tab_type;
BEGIN
   v_tab := tab_type(FOR i IN 1..4 => i/2);

   FOR i, v IN PAIRS OF v_tab
   LOOP
      DBMS_OUTPUT.PUT_LINE ('index = '||i||', value = '||v);
   END LOOP;
END;
```

此示例是示例 ch15_8a.sql 的副本，但有一处不同。它没有使用关联数组，而是使用了嵌套表。运行此脚本后，会产生如下错误消息：

```
ORA-06550: line 6, column 22:
PLS-00868: The iterand type for an iteration control is not compatible with the
collection index type, use SEQUENCE, or INDEX iterator association instead of a basic
iterator association.
```

为了避免产生此错误消息，我们对这个脚本进行了修改。在修改后的版本中，我们使用了 INDEX 迭代控制给嵌套表赋值，然后通过 SEQUENCE 迭代控制对嵌套表执行更新操作。

示例　ch15_9b.sql

```
DECLARE
   TYPE tab_type IS TABLE OF NUMBER;

   v_tab tab_type;
BEGIN
   v_tab := tab_type(FOR i IN 1..4 INDEX I => i/2);

   DBMS_OUTPUT.PUT_LINE ('v_tab:');
```

```
      FOR i, v IN PAIRS OF v_tab
      LOOP
         DBMS_OUTPUT.PUT_LINE ('index = '||i||', value = '||v);
      END LOOP;

      -- Update v_tab collection
      v_tab := tab_type(FOR i IN 10..14 SEQUENCE => i/2);

      DBMS_OUTPUT.PUT_LINE ('v_tab updated:');
      FOR i, v IN PAIRS OF v_tab
      LOOP
         DBMS_OUTPUT.PUT_LINE ('index = '||i||', value = '||v);
      END LOOP;
END;
```

运行这个修改后的脚本，从其输出的结果可以看到这两种赋值方法都能成功地执行：

```
v_tab:
index = 1, value = .5
index = 2, value = 1
index = 3, value = 1.5
index = 4, value = 2
v_tab updated:
index = 1, value = 5
index = 2, value = 5.5
index = 3, value = 6
index = 4, value = 6.5
index = 5, value = 7
```

本章小结

在本章中，我们学习了 PL/SQL 中支持的关联数组、嵌套表和变长数组等集合类型。我们也学习了如何创建独立的用户定义的集合类型。同时，我们也学习了如何利用内置过程和函数（我们将这些内置过程和函数称为方法，而这些方法就是专门为管理单个元素而设计的）来管理单个集合元素。此外，我们还学习了如何将不同的集合类型嵌套在另一个集合中以创建多维集合。最后，我们学习了集合迭代控制和限定表达式这两个特性，其中集合迭代控制是在 Oracle 21c 中引入的新特性，而限定表达式是在 Oracle 18c 中引入的，并在 Oracle 21c 中得到了进一步的增强。

第 16 章 记 录

通过本章，我们将掌握以下内容：
- 用户定义的记录（User-Defined Records）。
- 嵌套记录（Nested Records）。
- 记录集合（Collections of Records）。

我们在第 11 章中介绍了记录类型的概念。我们了解了记录是一种复合数据结构，能够让我们将不同但相关的数据合并到一个逻辑单元中，同时我们还学习了如何在游标处理中使用基于表和基于游标的记录。

在本章中，我们将继续学习 PL/SQL 支持的记录类型，并学习一种用户定义的记录类型。此外，我们还将学习包含集合和其他记录（也称为"嵌套记录"）的记录以及记录集合。

16.1 实验 1：用户定义的记录

完成此实验后，我们将能够实现以下目标：
- 使用用户定义的记录。
- 在记录中使用限定表达式。
- 了解记录的兼容性。

16.1.1 用户定义的记录

在第 11 章中，我们学习了如何创建基于表或基于游标的记录。然而，我们可能需要创建一个记录，它既不基于任何一个表也不基于任何一个游标。针对这种情况，PL/SQL 提供了一种用户定义的记录类型，使我们能够完全地控制记录的结构。

创建用户定义的记录的通用语法如清单 16.1 所示（括号中的保留字和短语是可选的）。

清单 16.1　用户定义的记录类型

```
TYPE type_name IS RECORD
 (field_name1 datatype1 [NOT NULL] [ := DEFAULT EXPRESSION],
  field_name2 datatype2 [NOT NULL] [ := DEFAULT EXPRESSION],
  …
  field_nameN datatypeN [NOT NULL] [ := DEFAULT EXPRESSION]);

record_name TYPE_NAME;
```

第一步，我们用 TYPE 语句定义了一个记录的结构，其中 type_name 是记录类型的名称，用来在第二步中声明一个实际的记录。括号中是对每个记录字段的名称和数据类型的声明。我们还可以指定 NOT NULL 约束或者是给定一个默认值。第二步，基于上一步中所定义的类型声明一个实际的记录。请看以下示例。

示例　ch16_1a.sql

```
DECLARE
   TYPE time_rec_type IS RECORD
     (curr_date DATE,
      curr_day  VARCHAR2(12),
      curr_time VARCHAR2(8) := '00:00:00');

   time_rec TIME_REC_TYPE;
BEGIN
   time_rec.curr_date := sysdate;
   time_rec.curr_day  := TO_CHAR(time_rec.curr_date, 'DAY');
   time_rec.curr_time := TO_CHAR(time_rec.curr_date, 'HH24:MI:SS');

   DBMS_OUTPUT.PUT_LINE ('Date: '||
      to_char(time_rec.curr_date, 'MM/DD/YYYY HH24:MI:SS'));
   DBMS_OUTPUT.PUT_LINE ('Day:  '||time_rec.curr_day);
   DBMS_OUTPUT.PUT_LINE ('Time: '||time_rec.curr_time);
END;
```

在本示例中，time_rec_type 是用户定义的记录类型，它包含了三个字段。最后一个字段 curr_time 已初始化为一个特定值。这里，time_rec 是一个基于 time_rec_type 类型的用户定义的记录。请注意，示例中是如何分别为每个记录字段赋值的。当我们运行此脚本后，会生成以下输出：

```
Date: 10/22/2022 17:03:30
Day:  SATURDAY
Time: 17:03:30
```

如前所述，我们在声明记录类型时，可以为各个字段指定 NOT NULL 约束。而带 NOT NULL 约束的字段必须先执行初始化操作。下面这个示例之所以会产生语法错误，是因为在一个记录字段上指定了 NOT NULL 约束之后，并没有对该字段进行初始化操作。

示例　ch16_2a.sql

```
DECLARE
   TYPE sample_type IS RECORD
      (field1 NUMBER(3),
       field2 VARCHAR2(3) NOT NULL);

   sample_rec sample_type;
BEGIN
   sample_rec.field1 := 10;
   sample_rec.field2 := 'ABC';

   DBMS_OUTPUT.PUT_LINE
      ('sample_rec.field1 = '||sample_rec.field1);
   DBMS_OUTPUT.PUT_LINE
      ('sample_rec.field2 = '||sample_rec.field2);
END;
```

这个示例会生成以下输出：

```
ORA-06550: line 4, column 8:
PLS-00218: a variable declared NOT NULL must have an initialization assignment
```

下面请看这个例子的正确脚本（修改后的语句用粗体突出显示）。

示例　ch16_2b.sql

```
DECLARE
   TYPE sample_type IS RECORD
      (field1 NUMBER(3),
       -- Initialize a NOT NULL field
       field2 VARCHAR2(3) NOT NULL := 'ABC');

   sample_rec sample_type;
BEGIN
   sample_rec.field1 := 10;
   DBMS_OUTPUT.PUT_LINE
      ('sample_rec.field1 = '||sample_rec.field1);
   DBMS_OUTPUT.PUT_LINE
      ('sample_rec.field2 = '||sample_rec.field2);
END;
```

此版本的示例会生成以下输出：

```
sample_rec.field1 = 10
sample_rec.field2 = ABC
```

16.1.2　在记录中使用限定表达式

在上一章中，我们学习了如何将限定表达式与集合变量一起使用。类似地，限定表达式也可与记录变量一起使用。请看对示例 ch16_1a.sql 稍作修改后的脚本。在这个脚本中我们使用了限定表达式，而不是通过单个赋值语句为每个记录字段赋值。所有的修改都以粗体突出显示。

示例 ch16_1b.sql

```
DECLARE
   TYPE time_rec_type IS RECORD
      (curr_date DATE,
       curr_day   VARCHAR2(12),
       curr_time  VARCHAR2(8) := '00:00:00');

   time_rec TIME_REC_TYPE;
BEGIN
   time_rec := time_rec_type (sysdate, TO_CHAR(SYSDATE, 'DAY')
                             ,TO_CHAR(SYSDATE, 'HH24:MI:SS'));

   DBMS_OUTPUT.PUT_LINE ('Date: '||
      to_char(time_rec.curr_date, 'MM/DD/YYYY HH24:MI:SS'));
   DBMS_OUTPUT.PUT_LINE ('Day:  '||time_rec.curr_day);
   DBMS_OUTPUT.PUT_LINE ('Time: '||time_rec.curr_time);
END;
```

在这个脚本中，三个赋值语句

```
time_rec.curr_date := sysdate;
time_rec.curr_day  := TO_CHAR(time_rec.curr_date, 'DAY');
time_rec.curr_time := TO_CHAR(time_rec.curr_date, 'HH24:MI:SS');
```

被一个限定表达式语句所替换：

```
time_rec := time_type_rec (sysdate, TO_CHAR(sysdate, 'DAY')
                          ,TO_CHAR(sysdate, 'HH24:MI:SS'));
```

尽管这是一个简单的示例，但它说明了如何使用限定表达式来简化代码的编写。本章的后续示例都会在适当的时候使用限定表达式，以便进一步来描述它的使用方法。

16.1.3 记录的兼容性

我们已经知道，记录是由其名称、结构和类型定义的。实际上，两个记录可能会具有相同的结构，但类型不同。在这种情况下，就要给不同记录类型之间的操作施加某些限制了。请看下面的示例。

示例 ch16_3a.sql

```
DECLARE
   TYPE name_type1 IS RECORD
      (first_name VARCHAR2(15),
       last_name  VARCHAR2(30));

   TYPE name_type2 IS RECORD
      (first_name VARCHAR2(15),
       last_name  VARCHAR2(30));

   name_rec1 name_type1;
   name_rec2 name_type2;
```

```
BEGIN
   name_rec1 := name_type1 ('John', 'Smith');
   name_rec2 := name_rec1; -- illegal assignment
END;
```

在本示例中,两个记录具有相同的结构,但每个记录的类型却不相同。因此,这两个记录彼此之间并不兼容。换句话说,聚合赋值语句(aggregate assignment statement):

```
name_rec2 := name_rec1;
```

将产生下列错误消息:

```
ORA-06550: line 14, column 17:
PLS-00382: expression is of wrong type
ORA-06550: line 14, column 4:
PL/SQL: Statement ignored
```

要想将 name_rec1 记录的值赋给 name_rec2 记录,我们可以将 name_rec1 记录的每个字段分别赋给 name_rec2 记录的对应字段,或者将 name_rec2 记录声明成与 name_rec1 记录相同的数据类型(下面对脚本修改的部分以粗体突出显示)。

示例　ch16_3b.sql

```
-- Option1: Assign each field of name_rec1 to name_rec2
DECLARE
   TYPE name_type1 IS RECORD
      (first_name VARCHAR2(15),
       last_name VARCHAR2(30));

   TYPE name_type2 IS RECORD
      (first_name VARCHAR2(15),
       last_name  VARCHAR2(30));

   name_rec1 name_type1;
   name_rec2 name_type2;
BEGIN
   name_rec1 := name_type1 ('John', 'Smith');

   -- These assignments are legal
   name_rec2.first_name := name_rec1.first_name;
   name_rec2.last_name  := name_rec1.last_name;
END;
```

或者

示例　ch16_3c.sql

```
-- Option 2: Declare name_rec2 to have the same type
-- as name_rec1
DECLARE
   TYPE name_type1 IS RECORD
      (first_name VARCHAR2(15),
       last_name VARCHAR2(30));

   name_rec1 name_type1;
```

```
    name_rec2 name_type1;
BEGIN
    name_rec1 := name_type1 ('John', 'Smith');
    name_rec2 := name_rec1; -- no longer illegal assignment
END;
```

我们在前面提到的赋值限制只是针对用户定义的记录。换句话说，我们可以将基于表或基于游标的记录赋值给用户定义的记录，只要它们具有相同的结构。请看下面的示例。

示例　ch16_4a.sql

```
DECLARE
    CURSOR course_cur
    IS
    SELECT *
      FROM course
     WHERE rownum < 2;

    TYPE course_type IS RECORD
       (course_no       NUMBER(38),
        description     VARCHAR2(50),
        cost            NUMBER(9,2),
        prerequisite    NUMBER(8)
        created_by      VARCHAR2(30),
        created_date    DATE,
        modified_by     VARCHAR2(30),
        modified_date   DATE);

    course_rec1 course%ROWTYPE;        -- table-based record
    course_rec2 course_cur%ROWTYPE;    -- cursor-based record
    course_rec3 course_type;           -- user-defined record
BEGIN
    -- Populate table-based record
    SELECT *
      INTO course_rec1
      FROM course
     WHERE course_no = 10;

    -- Populate cursor-based record
    OPEN course_cur;
    LOOP
        FETCH course_cur INTO course_rec2;
        EXIT WHEN course_cur%NOTFOUND;
    END LOOP;

    -- Assign course_rec2 to course_rec1 and course_rec3
    course_rec1 := course_rec2;
    course_rec3 := course_rec2;

    DBMS_OUTPUT.PUT_LINE
        (course_rec1.course_no||' - '||course_rec1.description);
    DBMS_OUTPUT.PUT_LINE
        (course_rec2.course_no||' - '||course_rec2.description);
    DBMS_OUTPUT.PUT_LINE
        (course_rec3.course_no||' - '||course_rec3.description);
END;
```

在本示例中，尽管每个记录的类型都不相同，但它们彼此是兼容的，因为所有的记录都具有相同的结构。因此，此示例不会导致任何语法错误，其执行后输出的结果如下：

```
10 - Technology Concepts
10 - Technology Concepts
10 - Technology Concepts
```

16.2 实验 2：嵌套记录

完成此实验后，我们将能够实现以下目标：
- 使用嵌套记录。

如本章引言中提到的，PL/SQL 允许用户定义嵌套记录，即包含了其他记录和集合的记录。我们将包含了嵌套记录或集合的记录称为"封闭记录"（enclosing record）。

请看清单 16.2 中的一段代码。

清单 16.2　声明一个嵌套记录

```
DECLARE
   TYPE name_type IS RECORD
      (first_name VARCHAR2(15),
       last_name VARCHAR2(30));

   TYPE person_type IS RECORD
       (name    name_type,
        street  VARCHAR2(50),
        city    VARCHAR2(25),
        state   VARCHAR2(2),
        zip     VARCHAR2(5));

   person_rec person_type;
```

这段代码中包含了两个用户定义的记录类型。第二个用户定义的记录类型 person_type 是一个嵌套记录类型，因为它的字段 name 是 name_type 类型的记录（以粗体突出显示）。

下面请看一个完整的脚本，它是基于清单 16.2 中所声明的嵌套记录。其中，对嵌套记录的引用以粗体突出显示。

示例　ch16_5a.sql

```
DECLARE
   TYPE name_type IS RECORD
     (first_name VARCHAR2(15),
      last_name  VARCHAR2(30));

   TYPE person_type IS RECORD
       (name    name_type,
        street  VARCHAR2(50),
        city    VARCHAR2(25),
        state   VARCHAR2(2),
        zip     VARCHAR2(5));

   person_rec person_type;
```

```
BEGIN
   SELECT first_name, last_name, street_address, city, state, zip
     INTO person_rec.name.first_name, person_rec.name.last_name,
          person_rec.street, person_rec.city, person_rec.state,
          person_rec.zip
     FROM student
     JOIN zipcode USING (zip)
    WHERE rownum < 2;

   DBMS_OUTPUT.PUT_LINE ('Name:    '||
      person_rec.name.first_name||' '||person_rec.name.last_name);
   DBMS_OUTPUT.PUT_LINE ('Street:  '||person_rec.street);
   DBMS_OUTPUT.PUT_LINE ('City:    '||person_rec.city);
   DBMS_OUTPUT.PUT_LINE ('State:   '||person_rec.state);
   DBMS_OUTPUT.PUT_LINE ('Zip:     '||person_rec.zip);
END;
```

在此示例中，person_rec 记录是用户定义的嵌套记录。要引用它的 name 字段（name 字段是一个包含了两个字段的记录），可以使用清单 16.3 中所示的语法，其中语法中的括号只是为了增加可读性。

清单 16.3   引用嵌套记录的各个字段

```
enclosing_record.(nested_record or nested_collection).field_name
```

在本例中，person_rec 是封闭记录，因为它包含了 name 记录作为其字段之一。换句话说，name 记录被嵌套在 person_rec 记录中。

此示例的输出结果如下：

```
Name:    Fred Crocitto
Street:  101-09 120th St.
City:    Richmond Hill
State:   NY
Zip:     11419
```

嵌套记录还可以包含一个集合类型作为其字段之一。在下面的示例中，对于一个给定的邮政编码，居住在该邮政编码地区的学生的姓名将显示在屏幕上。

示例   ch16_6a.sql

```
DECLARE
   TYPE last_name_type IS TABLE OF student.last_name%TYPE
      INDEX BY PLS_INTEGER;

   -- User-defined record type
   TYPE zip_info_type IS RECORD
      (zip            VARCHAR2(5),
       last_name_tab last_name_type);

   CURSOR c_name (p_zip VARCHAR2)
   IS
   SELECT last_name
     FROM student
    WHERE zip = p_zip;
```

```
    zip_info_rec zip_info_type;
    v_zip      VARCHAR2(5) := '&sv_zip';
    v_index PLS_INTEGER := 0;
BEGIN
    zip_info_rec.zip := v_zip;
    DBMS_OUTPUT.PUT_LINE ('ZIP: '||zip_info_rec.zip);

    FOR rec IN c_name (v_zip)
    LOOP
        v_index := v_index + 1;
        zip_info_rec.last_name_tab(v_index) := rec.last_name;

        DBMS_OUTPUT.PUT_LINE ('Names('||v_index||'): '||
            zip_info_rec.last_name_tab(v_index));
    END LOOP;
END;
```

在本示例的声明部分中包含了关联数组类型 last_name_type、记录类型 zip_info_type 和嵌套的用户定义记录 zip_info_rec 的声明。zip_info_rec 记录的 last_name_tab 字段是一个关联数组，通过游标 c_name 对其进行填充操作。此外，声明部分包含两个变量：v_zip 和 v_index。变量 v_zip 用于存储运行时提供的邮政编码的输入值。变量 v_index 用于填充关联数组 last_name_tab。脚本的可执行部分为记录字段 zip 和 last_name_tab 赋值。last_name_tab 是一个关联数组，通过游标型 FOR 循环执行填充操作。

当在运行时输入 ZIP 值 11368 时，此脚本将生成以下输出：

```
ZIP: 11368
Names(1): Lasseter
Names(2): Miller
Names(3): Boyd
Names(4): Griffen
Names(5): Hutheesing
Names(6): Chatman
```

16.3 实验 3：记录集合

完成此实验后，我们将能够实现以下目标：
❑ 使用记录集合。

在 16.2 节中，我们看到了嵌套记录的示例，其中记录的一个字段被定义为关联数组。PL/SQL 也支持我们定义一个记录集合（例如一个关联数组，其元素类型为基于游标的记录）。下面的示例说明了这种用法。

示例　ch16_7a.sql

```
DECLARE
    CURSOR c_name
    IS
```

```
   SELECT first_name, last_name
   FROM student
   WHERE ROWNUM <= 4;

   TYPE name_type IS TABLE OF c_name%ROWTYPE
      INDEX BY PLS_INTEGER;

   name_tab name_type;
   v_index  INTEGER := 0;
BEGIN
   FOR rec IN c_name
   LOOP
      v_index := v_index + 1;

      name_tab(v_index).first_name := rec.first_name;
      name_tab(v_index).last_name := rec.last_name;

      DBMS_OUTPUT.PUT_LINE ('First Name('||v_index ||'): '||
         name_tab(v_index).first_name);
      DBMS_OUTPUT.PUT_LINE('Last Name('||v_index ||'): '||
         name_tab(v_index).last_name);
   END LOOP;
END;
```

本示例的声明部分包含了游标 c_name 的定义，该游标返回四个学生的名字和姓氏。此外，它还定义了一个关联数组类型。关联数组的元素类型是一个基于游标的记录，它被定义为 %ROWTYPE 类型。最后，该脚本还定义了一个关联数组变量和索引变量，该索引变量稍后用来引用关联数组的每一行。

示例的可执行部分对关联数组执行填充操作，并在屏幕上显示其记录。前面示例中所使用的点命名法如清单 16.4 所示，它被用于引用数组中的单个元素。

清单 16.4　引用记录集合

```
collection_name(index).record_field_name1
collection_name(index).record_field_name2
…
collection_name(index).record_field_nameN
```

要引用数组的每一行，我们可以使用索引变量，就像前面所有使用集合的示例一样。然而，由于此关联数组的每一行都是一条记录，因此我们必须要引用基础记录的单个字段。

此示例的输出结果如下：

```
First Name(1): Fred
Last Name(1): Crocitto
First Name(2): J.
Last Name(2): Landry
First Name(3): Laetia
Last Name(3): Enison
First Name(4): Angel
Last Name(4): Moskowitz
```

下面请看对示例 ch16_7a.sql 进行修改后的新脚本。在此版本中，集合类型已从关联数组更改为嵌套表（所有更改均以粗体突出显示）。

示例　ch16_7b.sql

```
DECLARE
   CURSOR c_name
   IS
   SELECT first_name, last_name
     FROM student
    WHERE ROWNUM <= 4;

   TYPE name_type IS TABLE OF c_name%ROWTYPE;

   name_tab name_type := name_type();
   v_index   INTEGER := 0;
BEGIN
   FOR rec IN c_name
   LOOP
      v_index := v_index + 1;
      name_tab.EXTEND;

      name_tab(v_index).first_name := rec.first_name;
      name_tab(v_index).last_name := rec.last_name;

      DBMS_OUTPUT.PUT_LINE('First Name('||v_index||'): '||
         name_tab(v_index).first_name);
      DBMS_OUTPUT.PUT_LINE('Last Name('||v_index||'): '||
         name_tab(v_index).last_name);
   END LOOP;
END;
```

与前面脚本的唯一不同之处是集合类型的声明部分以及集合初始化所使用的方法。而对记录及其各个字段的所有引用均没有修改。这个新版的代码所产生的输出与旧版本的输出是相同的：

```
First Name(1): Fred
Last Name(1): Crocitto
First Name(2): J.
Last Name(2): Landry
First Name(3): Laetia
Last Name(3): Enison
First Name(4): Angel
Last Name(4): Moskowitz
```

到目前为止，我们已经学习了在基于游标的记录类型上定义记录集合的一些示例。下面请看一个示例，它是在用户定义的记录类型上来定义记录集合。

示例　ch16_8a.sql

```
DECLARE
   CURSOR c_enroll
   IS
   SELECT first_name, last_name, COUNT(*) total
     FROM student
     JOIN enrollment USING (student_id)
   GROUP BY first_name, last_name;
   TYPE enroll_rec_type IS RECORD
      (first_name   VARCHAR2(15),
```

```
         last_name    VARCHAR2(30),
         enrollments INTEGER);

      TYPE enroll_array_type IS TABLE OF enroll_rec_type
         INDEX BY PLS_INTEGER;

      enroll_tab enroll_array_type;
      v_index    INTEGER := 0;
   BEGIN
      FOR rec IN c_enroll
      LOOP
         v_index := v_index + 1;

         enroll_tab(v_index) :=
            enroll_rec_type (rec.first_name, rec.last_name, rec.total);

         -- Print data for 4 first students
         IF v_index <= 4
         THEN
            DBMS_OUTPUT.PUT_LINE('Student Name('||v_index||'): '||
               enroll_tab(v_index).first_name||' '||
               enroll_tab(v_index).last_name);
            DBMS_OUTPUT.PUT_LINE('Enrollments('||v_index||'): '||
               enroll_tab(v_index).enrollments);
         END IF;
      END LOOP;
   END;
```

这个脚本的声明部分包含用户定义的记录类型 `enroll_rec_type`，随后这个记录类型被用作关联数组类型 `enroll_array_type` 的声明。最后，基于 `enroll_array_type` 类型，我们声明了关联数组 `enroll_tab`。

在这个脚本的可执行部分中，关联数组 `enroll_tab` 通过游标型 FOR 循环执行填充操作，关联数组的前四条记录显示在屏幕上。

运行此脚本后，输出下面的结果：

```
Student Name(1): Fred Crocitto
Enrollments(1): 2
Student Name(2): J. Landry
Enrollments(2): 1
Student Name(3): Laetia Enison
Enrollments(3): 1
Student Name(4): Angel Moskowitz
Enrollments(4): 1
```

本章小结

在本章中，我们学习了用户定义的记录、记录的兼容性以及它是如何影响记录的赋值或比较操作。此外，我们也了解了如何将不同的记录类型进行互相嵌套，以及如何来定义和操作包含了集合元素的记录。最后，我们学习了如何定义和处理记录集合。

第 17 章 本地动态 SQL

通过本章，我们将掌握以下内容：
- EXECUTE IMMEDIATE 语句。
- OPEN FOR、FETCH 和 CLOSE 语句。

通常，PL/SQL 应用程序执行指定的任务并处理一组静态表。例如，存储过程可能会接收一个学生 ID 并返回学生的名字和姓氏。在这个过程中，SELECT 语句是我们预先知道的，它作为存储过程的一部分被编译。这类 SELECT 语句被称为**静态语句**，因为它们在每次执行之间不会更改。

现在，我们要学习另一种不同类型的 PL/SQL 应用程序，其中的 SQL 语句是根据运行时指定的一组参数动态构建的。例如，某个应用程序可能需要基于 SQL 语句构建各种报告，我们事先并不知道表名和列名，数据的排序和分组可能是由请求报告的用户所指定的。同样，另一个应用程序可能需要根据用户在运行时指定的操作来创建、删除表或其他数据库对象。由于这些 SQL 语句是动态生成的，并可能会随时发生变化，因此它们被称为**动态语句**。

PL/SQL 支持两种方法来动态编写 SQL 语句：本地动态 SQL（简称"动态 SQL"）和 DBMS_SQL 包。在本章中，我们将学习如何使用动态 SQL。DBMS_SQL 包将在第 25 章中详细介绍。

17.1 实验 1：EXECUTE IMMEDIATE 语句

完成此实验后，我们将能够实现以下目标：
- 使用 EXECUTE IMMEDIATE 语句。

通常，动态 SQL 语句以字符串形式保存，并根据运行时指定的参数被构建和执行。这些字符串必须包含有效的 SQL 语句或 PL/SQL 代码。清单 17.1 展示了一个动态 SQL 语句。

清单 17.1　动态 SQL 语句

```
'SELECT first_name, last_name
   FROM student
  WHERE student_id = :student_id'
```

这个 SELECT 语句返回给定学生 ID 的学生名字和姓氏。学生 ID 值我们事先并不知道，而是通过绑定变量的占位符 :student_id 来指定的。因此，PL/SQL 不区分下述语句：

```
'SELECT first_name, last_name FROM student
  WHERE student_id = :student_id'

'SELECT first_name, last_name
   FROM student
  WHERE student_id = :id'
```

我们可以使用以下选项来处理本地动态 SQL 语句：
- EXECUTE IMMEDIATE 语句。
- OPEN FOR、FETCH 和 CLOSE 语句。

EXECUTE IMMEDIATE 语句用于处理单行 SELECT 语句、所有的 DML 语句和 DDL 语句。要处理返回多行的 SELECT 语句，我们可以将 EXECUTE IMMEDIATE 语句与 BULK COLLECT INTO 子句或者 OPEN FOR、FETCH 和 CLOSE 语句结合起来使用。在本章中，我们将学习 EXECUTE IMMEDIATE 语句以及 OPEN FOR、FETCH 和 CLOSE 语句的用法。带有 BULK COLLECT INTO 子句的 EXECUTE IMMEDIATE 语句将在第 18 章中介绍。

EXECUTE IMMEDIATE 语句

EXECUTE IMMEDIATE 语句解析动态语句或 PL/SQL 块以立即执行操作，其语句结构如清单 17.2 所示（括号中的保留字和短语是可选的）。

清单 17.2　EXECUTE IMMEDIATE 语句

```
EXECUTE IMMEDIATE dynamic_SQL_string
[INTO defined_variable1, defined_variable2, ...]
[USING [IN | OUT | IN OUT] bind_argument1, bind_argument2,...]
[{RETURNING | RETURN} field1, field2,...INTO bind_argument1,
bind_argument2, ...]
```

首先，dynamic_SQL_string 是包含有效 SQL 语句或 PL/SQL 块的字符串。INTO 子句包含了预定义变量列表，这些变量保存动态 SQL 语句返回的值。当动态 SQL 语句返回单行时使用此子句，类似于静态 SELECT INTO 语句。

其次，USING 子句包含了绑定参数列表，这些参数的值将被传递给动态 SQL 语句或 PL/SQL 块。IN、OUT 和 IN OUT 选项是绑定参数的模式。如果没有指定模式，那么 USING

子句中列出的所有绑定参数模式默认为 IN。

最后，RETURNING INTO 或 RETURN 子句包含了绑定参数列表，这些参数存储了动态 SQL 语句或 PL/SQL 块返回的值。与 USING 子句类似，RETURNING INTO 子句中也包含多种参数模式；但是，如果没有指定参数的模式，那么所有的绑定参数模式都默认为 OUT。

以下示例的 EXECUTE IMMEDIATE 语句让我们在 STUDENT 模式中能够创建任何表的副本并查询新创建的表。

示例　ch17_1a.sql

```
DECLARE
   sql_stmt       VARCHAR2(100);
   v_table_name VARCHAR2(20) := '&sv_table_name';
   v_total_rows NUMBER;
BEGIN
   sql_stmt :=
      'CREATE TABLE my_'||v_table_name||' AS '||
      'SELECT * FROM '||v_table_name;
   EXECUTE IMMEDIATE sql_stmt;

   -- Select total number of records from the newly created table
   -- and display the results on the screen
   EXECUTE IMMEDIATE 'SELECT COUNT(*) FROM my_'||v_table_name
      INTO v_total_rows;

   DBMS_OUTPUT.PUT_LINE ('Table my_'||v_table_name||' has '||
      v_total_rows||' rows');
END;
```

在此脚本中，我们创建了一个 DDL 语句，该语句从 STUDENT 模式中所给定的表中选取数据并创建新的表。DDL 语句使用的表名是在运行时由绑定变量 sv_table_name 提供的。请注意，新表名以 my_. 为前缀。接下来，EXECUTE IMMEDIATE 语句创建一个新表。

在脚本的第二部分，EXECUTE IMMEDIATE 语句从新创建的表中查询记录总数。此处 INTO 选项与 EXECUTE IMMEDIATE 语句一起使用，因为 SELECT 语句会返回一个值并赋给变量 v_total_rows。

执行这个脚本，当我们指定 INSTRUCTOR 表时，这个示例会产生如下结果：

```
Table my_instructor has 10 rows
```

下面对上述脚本进行一些修改，其中 EXECUTE IMMEDIATE 语句产生了一个错误（修改部分以粗体显示）。

示例　ch17_1b.sql

```
DECLARE
   sql_stmt           VARCHAR2(100);
   v_table_name       VARCHAR2(20) := '&sv_table_name';
   v_my_table_name VARCHAR2(25);
```

```
    v_total_rows      NUMBER;
BEGIN
  -- Specify name of the new table
  v_my_table_name := 'my_'||v_table_name;
  DBMS_OUTPUT.PUT_LINE ('New table name: '||v_my_table_name);

  sql_stmt :=
     'CREATE TABLE :v_my_table_name AS '||
     'SELECT * FROM '||v_table_name;
  EXECUTE IMMEDIATE sql_stmt USING v_my_table_name;

  -- Select total number of records from the newly created table
  -- and display the results on the screen
  EXECUTE IMMEDIATE 'SELECT COUNT(*) FROM :v_my_table_name'
     INTO v_total_rows;

  DBMS_OUTPUT.PUT_LINE ('Table my_'||v_table_name||' has '||
     v_total_rows||' rows');
END;
```

在此版本的脚本中，我们定义了新变量 v_my_table_name 来保存新表的名称。接下来，我们修改了 CREATE TABLE 语句让其包含一个绑定变量占位符，同时也修改了 EXECUTE IMMEDIATE 语句让其使用带有单个绑定变量 v_my_table_name 的 USING 子句。当我们执行该脚本时，它产生了以下错误。请注意，在 SQL Developer 中，DBMS_OUTPUT.PUT_LINE 语句的结果显示在 Dbms Output 窗口中，为方便阅读，我们将它们放在一起显示：

```
New table name: my_instructor
ORA-00903: invalid table name
ORA-06512: at line 15
```

此脚本产生错误的原因是，我们不能将模式对象的名称作为绑定变量传递给动态 SQL、DDL 和 DML 语句。我们需要将表名和语句连接起来才能在运行时提供表名，例如：

```
EXECUTE IMMEDIATE
   'CREATE TABLE my_'||v_table_name||' AS '||
   'SELECT * FROM '||v_table_name;
```

或者

```
EXECUTE IMMEDIATE 'SELECT COUNT(*) FROM my_'||v_table_name
   INTO v_total_rows;
```

接下来，我们再看一个脚本，其中 EXECUTE IMMEDIATE 语句又产生了一个错误，因为 CREATE TABLE 语句的 WHERE 子句中使用了绑定变量占位符（以粗体显示）。

示例　ch17_2a.sql

```
DECLARE
   sql_stmt     VARCHAR2(100);
   v_zip        VARCHAR2(5) := '&sv_zip';
```

```
    v_total_rows  NUMBER;
BEGIN
    sql_stmt :=
        'CREATE TABLE my_student AS '||
        'SELECT * FROM student WHERE zip = :zip';
    EXECUTE IMMEDIATE sql_stmt USING v_zip;

    -- Select total number of records from the newly created table
    -- and display the results on the screen
    EXECUTE IMMEDIATE 'SELECT COUNT(*) FROM my_student'
        INTO v_total_rows;

    DBMS_OUTPUT.PUT_LINE ('Table my_student has '||
        v_total_rows||' rows for zip code '||v_zip);
END;
```

在此脚本中，我们根据 STUDENT 表中的数据子集创建了一个新表。该子集由运行时提供的 ZIP 值定义。当我们执行这个脚本时，会产生以下错误：

```
ORA-01027: bind variables not allowed for data definition operations
ORA-06512: at line 10
```

此脚本产生错误的原因是，DDL 语句不能接收任何绑定变量。该错误能用以下示例所示的方法得到解决。

示例　ch17_2b.sql

```
DECLARE
    sql_stmt       VARCHAR2(100);
    v_zip          VARCHAR2(5) := '&sv_zip';
    v_total_rows   NUMBER;
BEGIN
    sql_stmt :=
        'CREATE TABLE my_student AS '||
        'SELECT * FROM student WHERE zip = '||v_zip;
    EXECUTE IMMEDIATE sql_stmt;

    -- Select total number of records from the newly created table
    -- and display the results on the screen
    EXECUTE IMMEDIATE 'SELECT COUNT(*) FROM my_student'
        INTO v_total_rows;

    DBMS_OUTPUT.PUT_LINE ('Table my_student has '||
        v_total_rows||' rows for zip code '||v_zip);
END;
```

在这个版本的脚本中，变量 v_zip 与 CREATE TABLE 语句连接了起来。因此，EXECUTE IMMEDIATE 语句没有使用 USING 子句。当我们执行此脚本时，会产生以下输出：

```
Table my_student has 4 rows for zip code 11106
```

如前所述，动态 SQL 字符串中可以包含 PL/SQL 块。现在我们看一个简单的 PL/SQL 块，它计算用于动态 SQL 执行的矩形面积。

示例

```
DECLARE
   v_area    NUMBER;
BEGIN
   v_area := :v_side1 * :v_side2;
   DBMS_OUTPUT.PUT_LINE (''Area of a rectangle is ''||v_area);
END;
```

在这个 PL/SQL 块中,有两个占位符 v_side1 和 v_side2,用来处理运行时提供的值。请注意,DBMS_OUTPUT.PUT_LINE 语句中文本的两侧包含两个单引号:''Area of a rectangle is''。原因是在动态 SQL 中调用 PL/SQL 块时会将它用单引号括起来,这样可以确保 PL/SQL 块被正确地编译和执行。

接下来,我们来看在动态 SQL 执行中调用此 PL/SQL 块的脚本。

示例 ch17_3a.sql

```
DECLARE
   plsql_block VARCHAR2(300);
   v_side1 NUMBER := 75;
   v_side2 NUMBER := 25;
BEGIN
   -- Create PL/SQL block to calculate the area of a rectangle
   plsql_block :=
      'DECLARE
          v_area    NUMBER;
       BEGIN
          v_area := :v_side1 * :v_side2;
          DBMS_OUTPUT.PUT_LINE
             (''Area of a rectangle is ''||v_area);
       END;';
   EXECUTE IMMEDIATE plsql_block USING v_side1, v_side2;
END;
```

在此示例中,我们将前述 PL/SQL 块赋给变量 plsql_block,以便执行下一步的处理。变量 v_side1 和 v_side2 是 EXECUTE IMMEDIATE 语句中使用的绑定变量,它们将矩形的长、宽值传递给这个 PL/SQL 块。当我们执行这个脚本时,会产生以下输出:

```
Area of a rectangle is 1875
```

下面我们来看这个脚本的修改版,其中矩形的面积由 PL/SQL 块返回(修改部分以粗体显示)。

示例 ch17_3b.sql

```
DECLARE
   plsql_block VARCHAR2(300);
   v_side1 NUMBER := 75;
   v_side2 NUMBER := 25;
   v_area  NUMBER;
BEGIN
   -- Create PL/SQL block to calculate the area of a rectangle
   plsql_block :=
      'BEGIN
```

```
            :v_area := :v_side1 * :v_side2;
        END;';
    EXECUTE IMMEDIATE plsql_block
        USING IN OUT v_area, v_side1, v_side2;
    DBMS_OUTPUT.PUT_LINE ('Area of a rectangle is '||v_area);
END;
```

在此版本的脚本中，我们在 PL/SQL 主块中声明了新变量 v_area 用于存储由动态 SQL 返回的矩形面积。在动态 SQL 调用的 PL/SQL 块中，我们删除了块的声明部分和 DBMS_OUTPUT.PUT_LINE 语句。我们也将 v_area 变量修改为新的绑定变量的占位符。

然后，我们在 PL/SQL 主块中修改了 EXECUTE IMMEDIATE 语句：

```
EXECUTE IMMEDIATE v_plsql_block
    USING IN OUT v_area, v_side1, v_side2;
```

该语句包含了 v_area 绑定变量和它的模式 IN OUT。该语句向动态 SQL 发出信号，表明这个变量将把数值传入和传出这个嵌套的 PL/SQL 块中。请注意，v_side1 和 v_side2 的模式在默认情况下是正确的，不需要进行额外的更改。当我们执行这个脚本时，它输出的结果与之前脚本的相同。

下面，我们对这个示例稍作修改，使用单个占位符。

示例　ch17_3c.sql

```
DECLARE
    plsql_block VARCHAR2(300);
    v_side1 NUMBER := 75;
    v_side2 NUMBER := 25;
    v_area  NUMBER;
BEGIN
    -- Create PL/SQL block to calculate the area of a rectangle
    plsql_block :=
        'BEGIN
            :v_area := :v_side * :v_side;
         END;';
    EXECUTE IMMEDIATE plsql_block
        USING IN OUT v_area, v_side1;
    DBMS_OUTPUT.PUT_LINE ('Area of a rectangle is '||v_area);
END;
```

在此版本中，单个占位符 v_side 在 PL/SQL 字符串中重复出现，因此，USING 子句中也包含了两个绑定变量：v_area 和 v_side1。这是因为当动态 SQL 语句所包含的 PL/SQL 块中使用了重复的占位符时，我们不会重复对应的绑定变量。在此示例中，对占位符 v_side 的两次引用都对应于绑定变量 v_side1。当我们执行这个脚本时，会产生以下输出：

```
Area of a rectangle is 5625
```

现在，我们来看当 USING 子句使用三个绑定变量时所产生的错误消息。

示例　ch17_3d.sql

```
DECLARE
   plsql_block VARCHAR2(300);
   v_side1 NUMBER := 75;
   v_side2 NUMBER := 25;
   v_area  NUMBER;
BEGIN
   -- Create PL/SQL block to calculate the area of a rectangle
   plsql_block :=
      'BEGIN
         :v_area := :v_side * :v_side;
       END;';
   EXECUTE IMMEDIATE plsql_block
      USING IN OUT v_area, v_side1, v_side2;
   DBMS_OUTPUT.PUT_LINE ('Area of a rectangle is '||v_area);
END;
```

该脚本产生的错误消息如下：

```
ORA-01006: bind variable does not exist
ORA-06512: at line 12
```

这种代码不适合用于没有 PL/SQL 块的动态 SQL 语句。下面，我们对上述示例的代码进行修改，使用 SELECT 语句而不是 PL/SQL 块来计算矩形的面积。

示例　ch17_4a.sql

```
DECLARE
   sql_stmt VARCHAR2(300);
   v_side1 NUMBER := 75;
   v_side2 NUMBER := 25;
   v_area  NUMBER;
BEGIN
   sql_stmt := 'SELECT :v_side * :v_side FROM dual';

   EXECUTE IMMEDIATE sql_stmt
      INTO v_area USING v_side1;
   DBMS_OUTPUT.PUT_LINE ('Area of a rectangle is '||v_area);
END;
```

请注意，EXECUTE IMMEDIATE 语句使用了 INTO 和 USING 子句，因为动态 SQL 语句没有使用 PL/SQL 块。当我们执行这个脚本时，会产生以下错误：

```
ORA-01008: not all variables bound
ORA-06512: at line 10
```

产生此错误的原因是，当动态 SQL 语句没有使用 PL/SQL 块时，占位符通过变量所在的位置而不是变量名与 USING 子句中的绑定变量进行关联。下面我们通过修改上述示例的代码来进一步说明这一点。

示例　ch17_4b.sql

```
DECLARE
   sql_stmt VARCHAR2(300);
```

```
    v_side1 NUMBER := 75;
    v_side2 NUMBER := 25;
    v_area  NUMBER;
BEGIN
    sql_stmt := 'SELECT :v_side * :v_side FROM dual';

    -- Option1: different bind variables, v_side1 and v_side2
    EXECUTE IMMEDIATE sql_stmt
        INTO v_area USING v_side1, v_side2;
    DBMS_OUTPUT.PUT_LINE ('Area of a rectangle is '||v_area);

    -- Option2: repeated bind variable, v_side1
    EXECUTE IMMEDIATE sql_stmt
        INTO v_area USING v_side1, v_side1;
    DBMS_OUTPUT.PUT_LINE ('Area of a rectangle is '||v_area);
END;
```

这个版本演示了 USING 子句的两个选项。在第一个选项中，两个绑定变量 v_side1 和 v_side2 与占位符 v_side 进行关联。在第二个选项中，绑定变量 v_side1 被列出了两次。请注意，由于动态 SQL 语句中的 SELECT 语句有两个占位符，因此 USING 子句必须列出相同数量的绑定变量。

该脚本被成功地执行，输出如下：

```
Area of a rectangle is 1875
Area of a rectangle is 5625
```

传递 NULL

在某些情况下，我们可能需要将 NULL 值作为绑定变量的值传递给动态 SQL 语句。例如，我们需要更新 COURSE 表，以便将 PREREQUISITE 列设置为 NULL。我们可以使用下列动态 SQL 和 EXECUTE IMMEDIATE 语句来完成此任务。

示例　ch17_5a.sql

```
DECLARE
    sql_stmt VARCHAR2(100);
    v_null CHAR(1);
BEGIN
    sql_stmt := 'UPDATE course
                    SET prerequisite = :null_value';
    EXECUTE IMMEDIATE sql_stmt USING v_null;
END;
```

记得在运行此脚本后执行 ROLLBACK 语句以保留 COURSE 表中的数据。

在此示例中，我们使用一个未初始化的变量来更新 COURSE 表。之所以使用这种方法，是因为文字型 NULL 与 USING 子句一起使用时，NULL 不会被认为是一种 SQL 类型，如以下示例所示（更改部分以粗体显示）。

示例　ch17_5b.sql

```
DECLARE
    sql_stmt VARCHAR2(100);
```

```
BEGIN
    sql_stmt := 'UPDATE course
                    SET prerequisite = :null_value';
    EXECUTE IMMEDIATE sql_stmt USING NULL;
END;
```

```
ORA-06550: line 6, column 37:
PLS-00457: expressions have to be of SQL types
ORA-06550: line 6, column 4:
PL/SQL: Statement ignored
```

17.2 实验 2：OPEN FOR、FETCH 和 CLOSE 语句

完成此实验后，我们将能够实现以下目标：
- 使用 OPEN FOR、FETCH 和 CLOSE 语句。

当动态 SQL 语句表示返回多行的 SELECT 语句时，会用到 OPEN FOR、FETCH 和 CLOSE 语句。理论上，这个概念类似于第 11 章介绍的游标处理。

对于动态 SQL，OPEN FOR 语句用于将游标变量与动态 SQL 语句关联起来。OPEN FOR 语句有一个可选的 USING 子句，它允许我们在运行时将值传递给绑定变量。FETCH 语句用于从结果集中一次检索一行，CLOSE 语句用于关闭游标变量。

请看以下示例，该示例演示了如何将 OPEN FOR、FETCH 和 CLOSE 语句与动态 SQL 一起使用。

示例　ch17_6a.sql

```
DECLARE
    TYPE name_cur_type IS REF CURSOR;

    c_name          name_cur_type;
    sql_stmt        VARCHAR2(300);
    v_zip           VARCHAR2(5) := '07010';
    v_first_name    VARCHAR2(25);
    v_last_name     VARCHAR2(25);
BEGIN
    -- SELECT statement for dynamic SQL
    sql_stmt :=
        'SELECT first_name, last_name
           FROM student
          WHERE zip = :1';

    -- Open cursor and specify bind variable
    OPEN c_name FOR sql_stmt USING v_zip;
    -- Loop through the cursor and fetch a row at a time
    LOOP
        FETCH c_name INTO v_first_name, v_last_name;
        EXIT WHEN c_name%NOTFOUND;

        DBMS_OUTPUT.PUT_LINE
            ('Name: '||v_first_name||' '||v_last_name);
```

```
         END LOOP;
      CLOSE c_name;
EXCEPTION
   WHEN OTHERS
   THEN
      IF c_name%ISOPEN
      THEN
         CLOSE c_name;
      END IF;
      DBMS_OUTPUT.PUT_LINE ('ERROR: '||SUBSTR(SQLERRM, 1, 200));
END;
```

此示例返回居住在指定 ZIP 地址的学生姓名。REF CURSOR 类型用来声明游标变量 c_name。在 PL/SQL 块的可执行部分，OPEN FOR 语句将动态 SQL 语句 sql_stmt 与游标变量 c_name 相关联。请注意我们是如何使用 USING 子句在运行时传递绑定变量 v_zip 的值的。在 FETCH 语句返回所有的行后，循环的退出条件将变为 TRUE，这时可以关闭游标变量。

该脚本产生的输出如下：

```
Name: Lorraine Tucker
Name: John Mithane
Name: Adrienne Lopez
Name: Kathleen Mulroy
Name: Lorrane Velasco
Name: Robin Kelly
```

下面，我们对上述脚本做一些修改，其中 SELECT 语句能够针对 STUDENT 表或 INSTRUCTOR 表执行操作。换句话说，SELECT 语句中使用的表名可以在运行时指定（修改部分以粗体显示）。

示例   ch17_6b.sql

```
DECLARE
   TYPE name_cur_type IS REF CURSOR;

   c_name          name_cur_type;
   sql_stmt        VARCHAR2(300);
   v_table_name VARCHAR2(10) := '&sv_table_name';
   v_zip           VARCHAR2(5) := '07010';
   v_first_name VARCHAR2(25);
   v_last_name  VARCHAR2(25);
BEGIN
   DBMS_OUTPUT.PUT_LINE ('Table name: '||v_table_name);
   -- SELECT statement for dynamic SQL
   sql_stmt :=
      'SELECT first_name, last_name
         FROM '||v_table_name||
      ' WHERE zip = :1';

   -- Open cursor and specify bind variable
   OPEN c_name FOR sql_stmt USING v_zip;
   -- Loop through the cursor and fetch a row at a time
   LOOP
      FETCH c_name INTO v_first_name, v_last_name;
      EXIT WHEN c_name%NOTFOUND;
```

```
            DBMS_OUTPUT.PUT_LINE
                ('Name: '||v_first_name||' '||v_last_name);
        END LOOP;
        CLOSE c_name;
EXCEPTION
    WHEN OTHERS
    THEN
        IF c_name%ISOPEN
        THEN
            CLOSE c_name;
        END IF;
        DBMS_OUTPUT.PUT_LINE ('ERROR: '||SUBSTR(SQLERRM, 1, 200));
END;
```

在此版本的脚本中，我们增加了变量 v_table_name 用来保存运行时提供的表名，还增加了 DBMS_OUTPUT.PUT_LINE 语句用来显示表名信息。动态 SQL 语句就被修改成：

```
sql_stmt :=
    'SELECT first_name, last_name
        FROM '||v_table_name||
    ' WHERE zip = :1';
```

这样，我们就可以用变量 v_table_name 来代替实际的表名（STUDENT）。

当我们执行该脚本时，会产生以下输出。第一次运行基于 STUDENT 表：

```
Table name: student
Name: Lorraine Tucker
Name: John Mithane
Name: Adrienne Lopez
Name: Kathleen Mulroy
Name: Lorrane Velasco
Name: Robin Kelly
```

第二次运行基于 INSTRUCTOR 表：

```
Table name: instructor
```

请注意，第二次运行并没有返回由动态 SQL 语句处理的任何行，因为 INSTRUCTOR 表中没有给定 ZIP 值的记录。但是，由于这个脚本在两个实例中都成功地执行了，因此我们可以断定这个脚本是按照预期正确执行的。

到目前为止，我们所看到的都是将动态 SQL 语句所返回的值存储在各个变量中。在这种情况下，变量将按照 SELECT 语句返回的相应列的顺序列出。与静态 SQL 语句一样，PL/SQL 允许我们将动态 SELECT 语句返回的值存储在记录类型的变量中。

请看一个示例，其中动态 SQL 语句的功能是检索 INSTRUCTOR 表或 STUDENT 表中按 ZIP 分组的记录数。在此示例中，使用用户定义的记录来存储此信息。

示例 ch17_7a.sql

```
DECLARE
    TYPE zip_cur_type IS REF CURSOR;
```

```
    TYPE zip_rec_type IS RECORD
       (zip    VARCHAR2(5),
        total  NUMBER);

    c_zip          zip_cur_type;
    zip_rec        zip_rec_type;
    v_table_name VARCHAR2(20) := '&sv_table_name';
    sql_stmt       VARCHAR2(300);
BEGIN
    DBMS_OUTPUT.PUT_LINE ('Table name: '||v_table_name);

    sql_stmt := 'SELECT zip, COUNT(*) total
                   FROM '||v_table_name||' '||
                'GROUP BY zip';

    OPEN c_zip FOR sql_stmt;
    LOOP
       FETCH c_zip INTO zip_rec;
       EXIT WHEN c_zip%NOTFOUND;

       DBMS_OUTPUT.PUT_LINE
          ('Zip code: '||zip_rec.zip||' Total: '||zip_rec.total);
    END LOOP;
    CLOSE c_zip;
EXCEPTION
    WHEN OTHERS
    THEN
       IF c_zip%ISOPEN
       THEN
          CLOSE c_zip;
       END IF;
       DBMS_OUTPUT.PUT_LINE ('ERROR: '||SUBSTR(SQLERRM, 1, 200));
END;
```

在此脚本中，我们将用户定义的记录变量 zip_rec 声明为用户定义的记录类型 zip_rec_type。zip_rec 变量在 FETCH 语句中用来检索游标变量 c_zip 返回的各个行。请注意，用户定义的记录与游标的各个行有相同的结构。当我们运行这个脚本时，在输入 INSTRUCTOR 表名后，该示例输出如下。其中，最后一行的输出表明该教师还没有填写 ZIP 值：

```
Table name: instructor
Zip code: 10015 Total: 3
Zip code: 10025 Total: 4
Zip code: 10035 Total: 1
Zip code: 10005 Total: 1
Zip code:       Total: 1
```

请注意此示例中动态 SQL 语句的代码格式，特别是空格的使用：

```
sql_stmt := 'SELECT zip, COUNT(*) total
               FROM '||v_table_name||' '||
            'GROUP BY zip';
```

动态 SQL 语句的格式与我们在本书中所看到的静态 SQL 语句的类似。但是，用粗体突出显示的第二行末尾有一个连接空格。这样做是为了确保在实际表名替换了 v_table_ `name` 变量后，实际表名和 `GROUP BY` 子句之间有一个空格，从而确保 `SELECT` 语句在运行时不会产生任何语法错误。

本章小结

在本章中，我们学习了如何在 PL/SQL 块中构建本地动态 SQL 语句，从而能够根据需要编写灵活的代码。动态 SQL 允许我们更改在运行时执行的 SQL 语句，它支持对 SQL 语句中的各种元素（如表和列）进行更改。本章介绍的第一个方法是 `EXECUTE IMMEDIATE` 语句，它让我们知道了如何避免各种 Oracle 错误。本章介绍的第二个方法是 `OPEN FOR`、`FETCH` 和 `CLOSE` 语句，用来处理多行查询。

第 18 章 批量 SQL

通过本章，我们将掌握以下内容：
- FORALL 语句。
- BULK COLLECT 子句。
- 在 SQL 语句中使用绑定集合变量。

在第 1 章中，我们了解了 PL/SQL 引擎将 SQL 语句发送给 SQL 引擎，然后 SQL 引擎将结果返回给 PL/SQL 引擎。PL/SQL 引擎和 SQL 引擎之间的通信也被称为上下文转换。这些上下文转换会带来一些性能开销。然而，PL/SQL 语言有许多特性可以最大限度地减少性能开销，我们将其统称为批量 SQL。通常，如果一条 SQL 语句涉及了四行或更多行，那么使用批量 SQL 可能会显著提高性能。批量 SQL 能够对 SQL 语句及其结果进行批处理，批量 SQL 包括两个特性：FORALL 语句和 BULK COLLECT 子句。

目前对集合数据类型和批量 SQL 的支持也扩展到了动态 SQL 语句。因此，当我们使用 EXECUTE IMMEDIATE 语句或 OPEN FOR、FETCH 和 CLOSE 语句时，可以使用绑定集合变量。这部分的内容将在 18.3 节中详细介绍。

18.1 实验 1：FORALL 语句

完成此实验后，我们将能够实现以下目标：
- 使用 FORALL 语句。
- 使用 SAVE EXCEPTIONS 选项。
- 使用 INDICES OF 选项。
- 使用 VALUES OF 选项。

请看清单 18.1 所示的示例，这是一个 INSERT 语句，由迭代了 10 次的数字型 FOR 循环构成。

清单 18.1　由数字型 FOR 循环构成的 INSERT 语句

```
FOR i IN 1..10
LOOP
  INSERT INTO table_name
  VALUES (…);
END LOOP;
```

这个 INSERT 语句从 PL/SQL 引擎发送给 SQL 引擎共 10 次。换句话说，发生了 10 次上下文转换。但是，如果我们用 FORALL 语句代替数字型 FOR 循环，那么 INSERT 语句从 PL/SQL 引擎发送给 SQL 引擎只有一次，但 INSERT 语句仍执行 10 次。在这种情况下，PL/SQL 引擎和 SQL 引擎之间的上下文转换只发生了一次。

18.1.1　FORALL 语句

FORALL 语句批量地将 INSERT、UPDATE 或 DELETE 语句从 PL/SQL 引擎发送给 SQL 引擎，而不是每次只发送一条语句。其语法结构如清单 18.2 所示（用括号中的保留字和短语是可选的）。

清单 18.2　FORALL 语句语法结构

```
FORALL loop_counter IN bounds_clause
  SQL_STATEMENT [SAVE EXCEPTIONS];
```

在这个语句中，bounds_clause 可以是下列任意一种语句格式：

lower_limit..upper_limit

INDICES OF *collection_name* BETWEEN *lower_limit..upper_limit*

VALUES OF *collection_name*

FORALL 语句有一个隐式定义的与其相关联的循环计数器变量。该循环计数器变量的值和循环迭代的次数是由 bounds_clause 控制的，而 bounds_clause 有三种语句格式。第一种语句格式指定了循环计数器的下限和上限，该语法格式类似于数字型 FOR 循环。第二种语句格式"INDICES OF ..."引用了指定集合（该集合可以是嵌套表或数字型下标的关联数组）中各个元素的下标。第三种语句格式"VALUES OF ..."引用了指定集合（该集合可以是嵌套表或关联数组）中各个元素的值。

 提醒　被 INDICES OF 子句引用的集合可能是稀疏的。也就是说，其中的一些集合元素可能已经被删除了。

 注意　当使用 VALUES OF 选项时，存在以下限制：

- 如果 VALUES OF 子句中使用的集合是关联数组，则必须使用 PLS_INTEGER 类型创建索引。
- VALUES OF 子句中使用的集合元素必须是 PLS_INTEGER 类型。
- 当 VALUES OF 子句所引用的集合为空时，FORALL 语句会触发异常。

此外，SQL_STATEMENT 是引用了一个或多个集合的静态或动态 INSERT、UPDATE 或 DELETE 语句。SAVE EXCEPTIONS 子句是可选的，即使 SQL_STATEMENT 语句触发了异常，SAVE EXCEPTIONS 子句也允许 FORALL 语句继续执行。

以下示例说明了如何使用 FORALL 语句。本示例以及本章中的其他示例都使用了专门为此目的创建的 TEST 表。TEST 表中的行可以轻松地插入、更新或删除，而不会影响到 STUDENT 模式或违反任何完整性约束。

示例　ch18_1a.sql

```
CREATE TABLE test
   (row_num   NUMBER
   ,row_text VARCHAR2(10));

DECLARE
   -- Define collection types and variables
   TYPE row_num_type IS TABLE OF NUMBER
      INDEX BY PLS_INTEGER;
   TYPE row_text_type IS TABLE OF VARCHAR2(10)
      INDEX BY PLS_INTEGER;

   row_num_tab row_num_type;
   row_text_tab row_text_type;
   v_rows NUMBER;
BEGIN
   -- Populate collections
   FOR i IN 1..10
   LOOP
      row_num_tab(i)  := i;
      row_text_tab(i) := 'row '||i;
   END LOOP;

   -- Populate TEST table
   FORALL i IN 1..10
      INSERT INTO test (row_num, row_text)
      VALUES (row_num_tab(i), row_text_tab(i));

   COMMIT;

   -- Check how many rows were inserted in the TEST table
   -- display it on the screen
   SELECT COUNT(*)
    INTO v_rows
    FROM TEST;

   DBMS_OUTPUT.PUT_LINE
      ('There are '||v_rows||' rows in the TEST table');
END;
```

如前所述，当 SQL 语句与 FORALL 语句一起使用时，它们会引用集合元素。因此，在此脚本中，我们将两个集合类型 row_num_type 和 row_text_type 定义为关联数组。此外，两个集合变量 row_num_tab 和 row_text_tab 中的数据是通过数字型 FOR 循环填充的。接下来，我们用这两个集合变量中的数据填充 TEST 表。

当我们执行这个脚本时，会得到如下结果：

```
There are 10 rows in the TEST table
```

下面这个示例演示了通过使用 FORALL 语句获得的性能提升。该脚本比较了针对 TEST 表上发出的 INSERT 语句的执行时间。前 10 000 个 INSERT 语句由数字型 FOR 循环完成，后 10 000 个 INSERT 语句由 FORALL 语句完成。

示例　ch18_2a.sql

```sql
TRUNCATE TABLE test;

DECLARE
   -- Define collection types and variables
   TYPE row_num_type IS TABLE OF NUMBER
      INDEX BY PLS_INTEGER;
   TYPE row_text_type IS TABLE OF VARCHAR2(10)
      INDEX BY PLS_INTEGER;

   row_num_tab row_num_type;
   row_text_tab row_text_type;

   v_start_time INTEGER;
   v_end_time   INTEGER;
BEGIN
   -- Populate collections
   FOR i IN 1..10000
   LOOP
      row_num_tab(i) := i;
      row_text_tab(i) := 'row '||i;
   END LOOP;

   -- Record start time
   v_start_time := DBMS_UTILITY.GET_TIME;

   -- Insert first 10000 rows
   FOR i IN 1..10000
   LOOP
      INSERT INTO test (row_num, row_text)
      VALUES (row_num_tab(i), row_text_tab(i));
   END LOOP;

   -- Record end time
   v_end_time := DBMS_UTILITY.GET_TIME;

   -- Calculate and display elapsed time
   DBMS_OUTPUT.PUT_LINE ('Duration of the FOR LOOP: '||
      (v_end_time - v_start_time));

   -- Record start time
   v_start_time := DBMS_UTILITY.GET_TIME;
```

```
   -- Insert second 10000 rows
   FORALL i IN 1..10000
      INSERT INTO test (row_num, row_text)
      VALUES (row_num_tab(i), row_text_tab(i));

   -- Record end time
   v_end_time := DBMS_UTILITY.GET_TIME;

   -- Calculate and display elapsed time
   DBMS_OUTPUT.PUT_LINE ('Duration of the FORALL statement: '||
      (v_end_time - v_start_time));

   COMMIT;
END;
```

为了分别计算出数字型 FOR 循环和 FORALL 语句的执行时间，该脚本使用了 Oracle SYS 用户下 DBMS_UTILITY 包中定义的 GET_TIME 函数。GET_TIME 函数返回当前时间（以 0.01s 为单位）。以下是上述脚本的输出结果：

```
Duration of the FOR LOOP: 8
Duration of the FORALL statement: 1
```

18.1.2 SAVE EXCEPTIONS 选项

SAVE EXCEPTIONS 选项能够让 FORALL 语句继续执行，即使相应的 SQL 语句产生了异常。这些异常被存储在名为 SQL%BULK_EXCEPTIONS 的游标属性中。SQL%BULK_EXCEPTIONS 属性是一个存储了所有记录的集合，其中每条记录由两个字段组成：ERROR_INDEX 和 ERROR_CODE。ERROR_INDEX 字段存储了产生异常后 FORALL 语句的迭代次数，ERROR_CODE 字段存储了该异常对应的 Oracle 错误号。

我们可以通过 SQL%BULK_EXCEPTIONS.COUNT 检索到 FORALL 语句在执行期间产生的异常数量。虽然每个错误消息不会被保存，但可以通过 SQLERRM 函数查找它们。

下面这个示例在 FORALL 语句中使用了 SAVE EXCEPTIONS 选项。

示例　ch18_3a.sql

```
TRUNCATE TABLE TEST;

DECLARE
   -- Define collection types and variables
   TYPE row_num_type IS TABLE OF NUMBER
      INDEX BY PLS_INTEGER;
   TYPE row_text_type IS TABLE OF VARCHAR2(11)
      INDEX BY PLS_INTEGER;

   row_num_tab row_num_type;
   row_text_tab row_text_type;

   -- Define user-defined exception and associated Oracle
   -- error number with it
   errors EXCEPTION;
   PRAGMA EXCEPTION_INIT(errors, -24381);
```

```
         v_rows NUMBER;
      BEGIN
         -- Populate collections
         FOR i IN 1..10
         LOOP
            row_num_tab(i)  := i;
            row_text_tab(i) := 'row '||i;
         END LOOP;

         -- Modify 1, 5, and 7 elements of the V_ROW_TEXT collection
         -- These rows will cause exceptions in the FORALL statement
         row_text_tab(1) := RPAD(row_text_tab(1), 11, ' ');
         row_text_tab(5) := RPAD(row_text_tab(5), 11, ' ');
         row_text_tab(7) := RPAD(row_text_tab(7), 11, ' ');

         -- Populate TEST table
         FORALL i IN 1..10 SAVE EXCEPTIONS
            INSERT INTO test (row_num, row_text)
            VALUES (row_num_tab(i), row_text_tab(i));
         COMMIT;
      EXCEPTION
         WHEN errors
         THEN
            -- Display total number of records inserted in the TEST table
            SELECT count(*)
             INTO v_rows
             FROM test;
            DBMS_OUTPUT.PUT_LINE
                ('There are '||v_rows||' records in the TEST table');

            -- Display total number of exceptions encountered
            DBMS_OUTPUT.PUT_LINE ('There were '||
               SQL%BULK_EXCEPTIONS.COUNT||' exceptions');

            -- Display detailed exception information
            FOR i in 1.. SQL%BULK_EXCEPTIONS.COUNT
            LOOP
               DBMS_OUTPUT.PUT_LINE ('Record '||
                  SQL%BULK_EXCEPTIONS(i).error_index||' caused error '||
                  i||': '||SQL%BULK_EXCEPTIONS(i).error_code||' '||
                  SQLERRM(-SQL%BULK_EXCEPTIONS(i).error_code));
            END LOOP;
      END;
```

在这个示例中，声明了一个用户定义的异常并将其与 ORA-24381 异常相关联。这个异常的产生是由于数组 DML 语句（在本例中为使用集合元素的 INSERT 语句）出现了错误。

在脚本的可执行部分，将 row_text_tab 集合变量的第 1、第 5 和第 7 个元素的字符长度从 10 扩展到 11，从而在对 TEST 表执行 INSERT 语句时出现异常。请注意 FORALL 语句中出现了 SAVE EXCEPTIONS 子句。如前所述，SAVE EXCEPTIONS 子句允许 FORALL 语句继续执行，直到完成。

在脚本的异常处理部分，我们查询并显示了在 TEST 表中插入的记录数，以及在 SQL%BULK_EXCEPTIONS 集合中出现的异常记录数。而异常记录数是通过调用 COUNT 方法来完成的。此外，在脚本的异常处理部分还显示了详细的异常信息，包括产生异常的记录号以及与此异常相关联的错误消息。

如果我们要显示产生异常的记录号，就可以在 DBMS_OUTPUT.PUT_LINE 语句中引用 error_index 字段，具体如下：

```
SQL%BULK_EXCEPTIONS(i).error_index
```

如果我们要显示错误消息，就可以将 error_code 字段作为输入参数传递给 SQLERRM 函数。请注意，当我们把 error_code 传递给 SQLERRM 函数时，它的前缀需要加一个减号：

```
SQLERRM(-SQL%BULK_EXCEPTIONS(i).error_code)
```

当我们执行此脚本时，得到如下结果：

```
There are 7 records in the TEST table
There were 3 exceptions
Record 1 caused error 1: 12899 ORA-12899: value too large for column (actual: ,
maximum: )
Record 5 caused error 2: 12899 ORA-12899: value too large for column (actual: ,
maximum: )
Record 7 caused error 3: 12899 ORA-12899: value too large for column (actual: ,
maximum: )
```

如前所述，在 FORALL 语句添加 SAVE EXCEPTIONS 子句，能够让 FORALL 语句继续执行直到完成。因此，INSERT 语句能够成功地向 TEST 表中插入 7 条记录。

18.1.3　INDICES OF 选项

如前所述，INDICES OF 选项可以让我们对稀疏集合执行循环操作，而这类集合可以是嵌套表或关联数组。下面的示例演示了 INDICES OF 选项的用法。

示例　ch18_4a.sql

```
TRUNCATE TABLE TEST;

DECLARE
   -- Define collection types and variables
   TYPE row_num_type IS TABLE OF NUMBER
      INDEX BY PLS_INTEGER;
   TYPE row_text_type IS TABLE OF VARCHAR2(10)
      INDEX BY PLS_INTEGER;

   row_num_tab row_num_type;
   row_text_tab row_text_type;

   v_rows NUMBER;
BEGIN
   -- Populate collections
   FOR i IN 1..10
   LOOP
      row_num_tab(i) := i;
      row_text_tab(i) := 'row '||i;
```

```
    END LOOP;

    -- Delete 1, 5, and 7 elements of collections
    row_num_tab.DELETE(1); row_text_tab.DELETE(1);
    row_num_tab.DELETE(5); row_text_tab.DELETE(5);
    row_num_tab.DELETE(7); row_text_tab.DELETE(7);

    -- Populate TEST table
    FORALL i IN INDICES OF row_num_tab
       INSERT INTO test (row_num, row_text)
       VALUES (row_num_tab(i), row_text_tab(i));
    COMMIT;
    SELECT COUNT(*)
      INTO v_rows
      FROM test;
    DBMS_OUTPUT.PUT_LINE
       ('There are '||v_rows||' rows in the TEST table');
END;
```

为了让关联数组变成稀疏型数组,我们从两个集合中分别删除第1、第5和第7个元素。于是,FORALL语句只迭代了7次,并将7条记录插入TEST表。输出结果显示如下:

```
There are 7 rows in the TEST table
```

18.1.4　VALUES OF 选项

按照 VALUES OF 选项的要求,FORALL 语句中的循环计数器的值是基于指定集合中的元素的值。实际上,这个集合是 FORALL 语句用来执行循环的一组索引。而且,这些索引并不需要是唯一的,它们可以按任意顺序排列。下面的示例演示了 VALUES OF 选项的用法。

示例　ch18_5a.sql

```
CREATE TABLE TEST_EXC
    (row_num   NUMBER
    ,row_text  VARCHAR2(50));

TRUNCATE TABLE TEST;

DECLARE
    -- Define collection types and variables
    TYPE row_num_type IS TABLE OF NUMBER
       INDEX BY PLS_INTEGER;
    TYPE row_text_type IS TABLE OF VARCHAR2(11)
       INDEX BY PLS_INTEGER;
    TYPE exc_ind_type IS TABLE OF PLS_INTEGER
       INDEX BY PLS_INTEGER;

    row_num_tab  row_num_type;
    row_text_tab row_text_type;
    exc_ind_tab  exc_ind_type;

    -- Define user-defined exception and associated Oracle
    -- error number with it
```

```
    errors EXCEPTION;
    PRAGMA EXCEPTION_INIT(errors, -24381);

BEGIN
    -- Populate collections
    FOR i IN 1..10
    LOOP
        row_num_tab(i) := i;
        row_text_tab(i) := 'row '||i;
    END LOOP;

    -- Modify 1, 5, and 7 elements of the ROW_TEXT_TAB collection
    -- These rows will cause exceptions in the FORALL statement
    row_text_tab(1) := RPAD(row_text_tab(1), 11, ' ');
    row_text_tab(5) := RPAD(row_text_tab(5), 11, ' ');
    row_text_tab(7) := RPAD(row_text_tab(7), 11, ' ');

    -- Populate TEST table
    FORALL i IN 1..10 SAVE EXCEPTIONS
        INSERT INTO test (row_num, row_text)
        VALUES (row_num_tab(i), row_text_tab(i));
    COMMIT;

EXCEPTION
    WHEN errors
    THEN
        -- Populate EXC_IND_TAB collection to be used in the
        -- VALUES OF clause
        FOR i in 1..SQL%BULK_EXCEPTIONS.COUNT
        LOOP
           exc_ind_tab(i) := SQL%BULK_EXCEPTIONS(i).error_index;
        END LOOP;

        -- Insert records that caused exceptions in
        -- the TEST_EXC table
        FORALL i in VALUES OF exc_ind_tab
            INSERT INTO test_exc (row_num, row_text)
            VALUES (row_num_tab(i), row_text_tab(i));
    COMMIT;
END;
```

在此脚本中，我们创建了 TEST_EXC 表，它与 TEST 表具有相同的结构，但我们增加了字符型字段的长度。新创建的 TEST_EXC 表用来存储在插入 TEST 表时会产生异常的记录。然后，我们将新的集合数据类型 exc_ind_type 定义为 PLS_INTEGERS 数据类型的关联数组。最后，我们将新的集合变量 exc_ind_tab 定义为 exc_ind_type 数据类型。这个新的集合变量在脚本的异常处理部分被 VALUES OF 子句所引用。

为了在 FORALL 语句中产生异常，我们对 row_text_tab 关联数组中的第 1、第 5 和第 7 个元素进行了修改，字符长度从 10 扩展到 11。然后，在脚本的异常处理部分，向 exc_ind_tab 集合变量中填充产生异常的那些行的索引值。在本示例中，这些索引值分别是 1、5 和 7，它们被存储在 SQL%BULK_EXCEPTION 集合的 error_index 字段中。在完成了对 exc_ind_tab 集合的填充后，它将再次用于遍历 row_num_tab 和 row_test_tab 集合，同时在 TEST_EXC 表中插入错误的记录。

当我们运行这个脚本后，TEST 和 TEST_EXC 表将包含以下记录：

```
select *
  from test;

    ROW_NUM    ROW_TEXT
    ---------  ------------------------------------------
         2     row 2
         3     row 3
         4     row 4
         6     row 6
         8     row 8
         9     row 9
        10     row 10

select *
  from test_exc;

    ROW_NUM    ROW_TEXT
    ---------  ------------------------------------------
         1     row 1
         5     row 5
         7     row 7
```

18.2 实验 2：BULK COLLECT 子句

完成此实验后，我们将能够实现以下目标：

❑ 使用 BULK COLLECT 子句。

BULK COLLECT 子句用于获取批量的结果，同时将这些从 SQL 引擎获得的结果返回给 PL/SQL 引擎。我们以 STUDENT 表的游标为示例，该游标返回学生 ID、名字和姓氏。打开该游标后，会逐行获取记录，直到处理完所有行，然后关闭游标。下面是该示例的步骤演示。

示例　ch18_6a.sql

```
DECLARE
 CURSOR student_cur IS
   SELECT student_id, first_name, last_name
     FROM student;
BEGIN
 FOR rec IN student_cur
 LOOP
   DBMS_OUTPUT.PUT_LINE ('student_id: '||rec.student_id);
   DBMS_OUTPUT.PUT_LINE ('first_name: '||rec.first_name);
   DBMS_OUTPUT.PUT_LINE ('last_name:  '||rec.last_name);
 END LOOP;
END;
```

我们可以回顾一下，游标型 FOR 循环的打开、关闭以及隐式地获取游标记录的操作流程。

从 STUDENT 表中获取记录的批量操作可以使用 BULK COLLECT 子句来完成。使用游标型 FOR 循环和 BULK COLLECT 子句这两种方法的区别是，BULK COLLECT 子句将从

STUDENT 表中一次获取全部的记录行。由于 BULK COLLECT 获取了多行记录，因此这些行被存储在集合变量中。

我们对上面的示例做了一些修改，用 BULK COLLECT 子句代替了游标处理。

示例　ch18_6b.sql

```
DECLARE
   -- Define collection type and variables to be used by the
   -- BULK COLLECT clause
   TYPE student_id_type IS TABLE OF student.student_id%TYPE;
   TYPE first_name_type IS TABLE OF student.first_name%TYPE;
   TYPE last_name_type IS TABLE OF student.last_name%TYPE;
   student_id_tab student_id_type;
   first_name_tab first_name_type;
   last_name_tab last_name_type;

BEGIN
   -- Fetch all student data at once via BULK COLLECT clause
   SELECT student_id, first_name, last_name
     BULK COLLECT INTO student_id_tab, first_name_tab,
          last_name_tab
     FROM student;

   FOR i IN student_id_tab.FIRST..student_id_tab.LAST
   LOOP
      DBMS_OUTPUT.PUT_LINE ('student_id: '||student_id_tab(i));
      DBMS_OUTPUT.PUT_LINE ('first_name: '||first_name_tab(i));
      DBMS_OUTPUT.PUT_LINE ('last_name:  '||last_name_tab(i));
   END LOOP;
END;
```

该脚本声明了三个嵌套表类型和变量。这些变量用于存储由 SELECT 语句和 BULK COLLECT 子句所返回的数据。由于此版脚本使用了 BULK COLLECT 子句，因此无须声明和处理游标。

> **你知道吗？**
> 当我们使用 SELECT 语句和 BULK COLLECT 子句填充嵌套表时，嵌套表将被自动初始化和扩展。我们回顾一下之前嵌套表的操作流程，在使用之前，嵌套表必须进行初始化，通常是通过调用一个与其类型名称同名的构造函数来完成的。初始化后，必须通过 EXTEND 方法扩展嵌套表，然后才能为其赋下一个值。

在这个脚本中，为了显示各集合变量中已获得的数据，我们通过数字型 FOR 循环执行遍历操作。请注意，循环计数器的下限和上限是通过 FIRST 和 LAST 方法指定的。

> **你知道吗？**
> BULK COLLECT 子句与游标循环类似，当 SELECT 语句不返回任何记录时，它不会触发 NO_DATA_FOUND 异常。因此，最佳实践的方法是，检查结果集合中是否包含了数据。

因为 BULK COLLECT 子句不限制集合的大小并能够自动地扩展，因此当 SELECT 语句返回大量数据时，对结果集加以限制也是一个不错的建议。我们可以将 BULK COLLECT 子句和游标 SELECT 语句一起使用，并通过增加 LIMIT 选项来实现。

示例　ch18_6c.sql

```
DECLARE
   CURSOR student_cur
   IS
   SELECT student_id, first_name, last_name
     FROM student;

   -- Define collection type and variables to be used by the
   -- BULK COLLECT clause
   TYPE student_id_type IS TABLE OF student.student_id%TYPE;
   TYPE first_name_type IS TABLE OF student.first_name%TYPE;
   TYPE last_name_type IS TABLE OF student.last_name%TYPE;

   student_id_tab student_id_type;
   first_name_tab first_name_type;
   last_name_tab last_name_type;

   -- Define variable to be used by the LIMIT clause
   v_limit PLS_INTEGER := 50;

BEGIN
   OPEN student_cur;
   LOOP
      -- Fetch 50 rows at once
      FETCH student_cur
      BULK COLLECT INTO student_id_tab, first_name_tab,
         last_name_tab
      LIMIT v_limit;

      EXIT WHEN student_id_tab.COUNT = 0;

      FOR i IN student_id_tab.FIRST..student_id_tab.LAST
      LOOP
         DBMS_OUTPUT.PUT_LINE ('student_id: '||student_id_tab(i));
         DBMS_OUTPUT.PUT_LINE ('first_name: '||first_name_tab(i));
         DBMS_OUTPUT.PUT_LINE ('last_name:  '||last_name_tab(i));
      END LOOP;
   END LOOP;
   CLOSE student_cur;
END;
```

在此脚本中，我们使用了 BULK COLLECT 子句和 LIMIT 选项，一次从 STUDENT 表中获取 50 行。也就是说，每个集合最多包含 50 条记录。为了实现此任务，我们同时使用了 BULK COLLECT 子句和游标循环语句。在这种情况下，循环的退出条件依赖于集合中的记录数而不是 student_cur%NOTFOUND 属性。

请注意在屏幕上显示信息的数字型 FOR 循环是如何在游标循环中移动的。这样做的原因是 BULK COLLECT 子句每次获取的 50 条新记录都将替换掉上一次迭代中获取的 50 条老记录。

到目前为止，我们已经学习了 BULK COLLECT 子句将数据提取到集合中的示例，这些集合中的基本元素都是简单的数据类型，如 NUMBER 或 VARCHAR2 类型。实际上，使用 BULK COLLECT 子句也能够将数据提取到记录集合或对象集合中。对象集合将在第 23 章中讨论。下面我们对前述示例进行一些修改，将学生数据提取到用户定义的记录集合中。

示例　ch18_6d.sql

```
DECLARE
   CURSOR student_cur
   IS
   SELECT student_id, first_name, last_name
     FROM student;

   -- Define record type
   TYPE student_rec IS RECORD
      (student_id student.student_id%TYPE,
       first_name student.first_name%TYPE,
       last_name student.last_name%TYPE);

   -- Define collection type
   TYPE student_type IS TABLE OF student_rec;

   -- Define collection variable
   student_tab student_type;

   -- Define variable to be used by the LIMIT clause
   v_limit PLS_INTEGER := 50;
BEGIN
   OPEN student_cur;
   LOOP
      -- Fetch 50 rows at once
      FETCH student_cur BULK COLLECT INTO student_tab
      LIMIT v_limit;

      EXIT WHEN student_tab.COUNT = 0;

      FOR i IN student_tab.FIRST..student_tab.LAST
      LOOP
         DBMS_OUTPUT.PUT_LINE
            ('student_id: '||student_tab(i).student_id);
         DBMS_OUTPUT.PUT_LINE
            ('first_name: '||student_tab(i).first_name);
         DBMS_OUTPUT.PUT_LINE
            ('last_name:  '||student_tab(i).last_name);
      END LOOP;
   END LOOP;
   CLOSE student_cur;
END;
```

在此脚本中，我们将游标返回的结果集提取到用户定义的记录集合 student_tab 中。因此，使用 BULK COLLECTION 选项的 FETCH 语句并不需要引用单个记录元素。

本示例的所有脚本都产生相同的输出结果，我们只显示了其中部分结果：

```
student_id: 230
first_name: George
last_name:  Kocka
student_id: 232
```

```
first_name: Janet
last_name:  Jung
student_id: 233
first_name: Kathleen
last_name:  Mulroy
student_id: 234
first_name: Joel
last_name:  Brendler
…
```

到目前为止，我们已经学习了如何将 BULK COLLECT 子句与 SELECT 语句一起使用。但是，BULK COLLECT 子句通常与 INSERT、UPDATE 和 DELETE 语句一起使用。在这种情况下，BULK COLLECT 子句也可以与 RETURNING 子句结合使用，如下面的示例所示。

示例　ch18_7a.sql

```
DECLARE
   -- Define collection types and variables
   TYPE row_num_type IS TABLE OF NUMBER
      INDEX BY PLS_INTEGER;
   TYPE row_text_type IS TABLE OF VARCHAR2(10)
      INDEX BY PLS_INTEGER;

   row_num_tab row_num_type;
   row_text_tab row_text_type;

BEGIN
   DELETE FROM test
   RETURNING row_num, row_text
   BULK COLLECT INTO row_num_tab, row_text_tab;

   DBMS_OUTPUT.PUT_LINE ('Deleted '||SQL%ROWCOUNT||' rows:');

   FOR i IN row_num_tab.FIRST..row_num_tab.LAST
   LOOP
      DBMS_OUTPUT.PUT_LINE
         ('row_num = '||row_num_tab(i)||
          ' row_text = '||row_text_tab(i));
   END LOOP;
   COMMIT;
END;
```

此脚本从我们在 18.1 节中所创建和填充的 TEST 表中删除记录。DELETE 语句通过 RETURNING 子句返回了 ROW_NUM 和 ROW_TEXT 的值。而这些值被 BULK COLLECT 子句提取到两个集合变量 row_num_tab 和 row_text_tab 中。然后，该脚本通过数字型 FOR 循环将已提取到单个集合变量中的数据显示在屏幕上。

当我们执行该脚本时，会产生下面的输出结果：

```
Deleted 7 rows:
row_num = 2 row_text = row 2
row_num = 3 row_text = row 3
row_num = 4 row_text = row 4
row_num = 6 row_text = row 6
row_num = 8 row_text = row 8
row_num = 9 row_text = row 9
row_num = 10 row_text = row 10
```

如前所述，BULK COLLECT 子句与游标循环类似，因为当 SELECT 语句不返回任何行时，它不会产生 NO_DATA_FOUND 异常。下面的示例对此进行了详细说明。

示例　ch18_8a.sql

```
DECLARE
   -- Define collection types and variables
   TYPE row_num_type IS TABLE OF NUMBER
      INDEX BY PLS_INTEGER;
   TYPE row_text_type IS TABLE OF VARCHAR2(10)
      INDEX BY PLS_INTEGER;

   row_num_tab row_num_type;
   row_text_tab row_text_type;
BEGIN
   SELECT row_num, row_text
     BULK COLLECT INTO row_num_tab, row_text_tab
     FROM test;

   FOR i IN row_num_tab.FIRST..row_num_tab.LAST
   LOOP
      DBMS_OUTPUT.PUT_LINE
         ('row_num = '||row_num_tab(i)||
          ' row_text = '||row_text_tab(i));
   END LOOP;
END;
```

在此示例中，我们从 TEST 表中检索出数据，并将其填充到两个集合变量 row_num_tab 和 row_text_tab 中。我们是通过 BULK COLLECT 子句完成这些操作的。然后，我们使用数字型 FOR 循环将集合中的数据显示在屏幕上，并调用 row_num_tab.FIRST 和 row_num_tab.LAST 两个方法，将其返回的值作为循环的下限和上限。

如果不仔细对比，此示例的脚本似乎与示例 ch18_6b.sql 类似，因为它具有相同的操作步骤。首先，声明集合类型和变量。其次，在集合变量中检索数据。最后，将集合变量中的数据显示在屏幕上。但是，当我们运行该脚本时，会产生以下异常：

```
ORA-06502: PL/SQL: numeric or value error
ORA-06512: at line 14
```

这个异常错误是由

```
FOR i IN row_num_tab.FIRST..row_num_tab.LAST
```

语句导致的，因为集合变量中没有任何数据。出现这种情况是因为在示例 ch18_7a.sql 中我们已经将 TEST 表中的数据删除了。要解决此问题，我们需要修改示例中的一些语句（被修改的语句以粗体显示）。

示例　ch18_8b.sql

```
DECLARE
   -- Define collection types and variables
   TYPE row_num_type IS TABLE OF NUMBER
```

```
         INDEX BY PLS_INTEGER;
      TYPE row_text_type IS TABLE OF VARCHAR2(10)
         INDEX BY PLS_INTEGER;

      row_num_tab row_num_type;
      row_text_tab row_text_type;

   BEGIN
      SELECT row_num, row_text
        BULK COLLECT INTO row_num_tab, row_text_tab
        FROM test;

      IF row_num_tab.COUNT != 0
      THEN
         FOR i IN row_num_tab.FIRST..row_num_tab.LAST
         LOOP
            DBMS_OUTPUT.PUT_LINE
               ('row_num = '||row_num_tab(i)||
                ' row_text = '||row_text_tab(i));
         END LOOP;
      ELSE
         DBMS_OUTPUT.PUT_LINE
            ('row_num_tab.COUNT = '||row_num_tab.COUNT);
         DBMS_OUTPUT.PUT_LINE
            ('row_text_tab.COUNT = '||row_text_tab.COUNT);
      END IF;
   END;
```

当我们运行这个修改过的脚本时，不再产生任何异常。当 COUNT 方法返回 0 时，IF 语句的计算结果为 FALSE，最后输出的结果如下：

```
row_num_tab.COUNT = 0
row_text_tab.COUNT = 0
```

纵观本章的内容，我们已经学习了 FORALL 语句和 BULK COLLECT 子句的使用方法。现在请看一个示例，我们将结合使用这两种方法。这个示例使用了 MY_ZIPCODE 表，该表是基于 ZIPCODE 表创建的。请注意，CREATE TABLE 语句创建了一个空表，因为 WHERE 子句中指定的条件不返回任何记录。

示例　ch18_9a.sql

```
CREATE TABLE my_zipcode AS
SELECT *
  FROM zipcode
 WHERE 1 = 2;

DECLARE
   -- Declare collection types
   TYPE zipcode_tab_type IS TABLE OF my_zipcode%ROWTYPE
      INDEX BY PLS_INTEGER;

   -- Declare collection variable to be used by the
   -- FORALL statement
   zip_tab zipcode_tab_type;

   v_rows INTEGER := 0;
BEGIN
```

```
   -- Populate collection of records
   SELECT *
     BULK COLLECT INTO zip_tab
     FROM zipcode
    WHERE state = 'CT';

   -- Populate MY_ZIPCODE table
   FORALL i in 1..zip_tab.COUNT
      INSERT INTO my_zipcode
      VALUES zip_tab(i);
   COMMIT;

   -- Check how many records were added to MY_ZIPCODE table
   SELECT COUNT(*)
     INTO v_rows
     FROM my_zipcode;

   DBMS_OUTPUT.PUT_LINE
       (v_rows||' records were added to MY_ZIPCODE table');
END;
```

此脚本将 ZIPCODE 表中检索到的记录填充到 MY_ZIPCODE 表中。为了能够使用 BULK COLLECT 和 FORALL 语句，该脚本使用了基于表的记录集合。请注意 INSERT 语句的格式：

```
INSERT INTO my_zipcode
VALUES zip_tab(i);
```

它直接将记录插入 MY_ZIPCODE 表中。也就是说，没有引用单个记录的属性。

当我们运行此脚本时，会产生以下结果：

```
19 records were added to MY_ZIPCODE table
```

接下来，请看另一个示例，我们将 FORALL 语句、BULK COLLECT 子句与 DELETE 语句一起使用。这个脚本从 MY_ZIPCODE 表中删除了一些邮政编码值的记录，同时将对应的城市名以及被删除的邮政编码分别存储在 city_tab 和 zip_tab 集合中。

示例　ch18_10a.sql

```
DECLARE
   -- Declare collection types
   TYPE string_type IS TABLE OF VARCHAR2(100);

   -- Declare collection variables to be used by the
   -- FORALL statement and BULK COLLECT clause
   zip_codes string_type :=
       string_type ('06401', '06455', '06483', '06520', '06605');
   zip_tab   string_type;
   city_tab  string_type;

   v_rows INTEGER := 0;
BEGIN
   -- Delete some records from MY_ZIPCODE table
   FORALL i in zip_codes.FIRST..zip_codes.LAST
      DELETE FROM my_zipcode
```

```
        WHERE zip = zip_codes(i)
        RETURNING zip, city
        BULK COLLECT INTO zip_tab, city_tab;
    COMMIT;

    DBMS_OUTPUT.PUT_LINE
        ('These records were deleted from MY_ZIPCODE table:');
    FOR i in zip_tab.FIRST..zip_tab.LAST
    LOOP
        DBMS_OUTPUT.PUT_LINE
            ('Zip code '||zip_tab(i)||', city '||city_tab(i));
    END LOOP;
END;
```

在此脚本中，FORALL 语句对存储在 zip_codes 集合中的给定邮政编码值列表执行 DELETE 语句。DELETE 语句包含了 RETURNING 子句和 BULK COLLECT 子句，这两个子句分别将邮政编码和城市名存储在 zip_tab 和 city_tab 集合中。最后，调用数字型 FOR 循环显示存储在 zip_tab 和 city_tab 集合中的数据，该脚本的输出结果如下所示：

```
The following records were deleted from MY_ZIPCODE table:
Zip code 06401, city Ansonia
Zip code 06455, city Middlefield
Zip code 06483, city Oxford
Zip code 06520, city New Haven
Zip code 06605, city Bridgeport
```

18.3 实验 3：在 SQL 语句中使用绑定集合变量

完成此实验后，我们将能够实现以下目标：
- 在 EXECUTE IMMEDIATE 语句中使用绑定集合变量。
- 在 OPEN FOR、FETCH 和 CLOSE 语句中使用绑定集合变量。

18.3.1 在 EXECUTE IMMEDIATE 语句中使用绑定集合变量

在上一章中，我们学习了许多 EXECUTE IMMEDIATE 语句的示例。所有这些示例都有一个共同点：绑定变量的数据类型都是已知的 SQL 类型。换句话说，这些数据类型都是 SQL 支持的，例如 NUMBER 和 VARCHAR2。我们也可以使用基于集合和记录类型的绑定变量，但有一个限制：集合或记录数据类型必须在包规范中声明。

test_adm_pkg 包如清单 18.3 所示。在这个包中，定义了两种集合类型和三个过程，这三个过程分别是从 TEST 表中插入、更新和删除记录。（过程、函数和包将在第 19～21 章中详细介绍。）

清单 18.3 包含了集合类型的 test_adm_pkg 包

```
CREATE OR REPLACE PACKAGE test_adm_pkg
AS
```

```
   -- Define collection types
   TYPE row_num_type IS TABLE OF NUMBER
       INDEX BY PLS_INTEGER;
   TYPE row_text_type IS TABLE OF VARCHAR2(10)
       INDEX BY PLS_INTEGER;


   -- Define procedures
   PROCEDURE populate_test (row_num_tab ROW_NUM_TYPE
                           ,row_num_type ROW_TEXT_TYPE);

   PROCEDURE update_test (row_num_tab ROW_NUM_TYPE
                         ,row_num_type ROW_TEXT_TYPE);

   PROCEDURE delete_test (row_num_tab ROW_NUM_TYPE);
END test_adm_pkg;
/

CREATE OR REPLACE PACKAGE BODY test_adm_pkg
AS
PROCEDURE populate_test (row_num_tab ROW_NUM_TYPE
                        ,row_num_type ROW_TEXT_TYPE)
IS
BEGIN
   FORALL i IN 1..10
       INSERT INTO test (row_num, row_text)
       VALUES (row_num_tab(i), row_num_type(i));
END populate_test;
PROCEDURE update_test (row_num_tab ROW_NUM_TYPE
                      ,row_num_type ROW_TEXT_TYPE)
IS
BEGIN
   FORALL i IN 1..10
       UPDATE test
          SET row_text = row_num_type(i)
        WHERE row_num = row_num_tab(i);
END update_test;

PROCEDURE delete_test (row_num_tab ROW_NUM_TYPE)
IS
BEGIN
   FORALL i IN 1..10
       DELETE from test
         WHERE row_num = row_num_tab(i);
END delete_test;

END test_adm_pkg;
/
```

这个包涵盖了包规范和包主体。包规范包含两个关联数组类型（`row_num_type` 和 `row_text_type`）和三个过程（`populate_test`、`update_test` 和 `delete_test`）的声明。在每个过程中，分别包含了参数 `row_num_tab` 和 `row_text_tab`，而这两个参数是基于包中已定义的集合类型。包主体涵盖了包规范中声明的所有过程的代码。

下面的示例使用了这个新创建的包（对包对象的引用以粗体显示）。

示例　ch18_11a.sql

```
DECLARE
   row_num_tab test_adm_pkg.row_num_type;
   row_text_tab test_adm_pkg.row_text_type;

   v_rows NUMBER;

BEGIN
   -- Populate collections
   FOR i IN 1..10
   LOOP
      row_num_tab(i) := i;
      row_text_tab(i) := 'row '||i;
   END LOOP;

   -- Delete previously added data from the TEST table
   test_adm_pkg.delete_test (row_num_tab);

   -- Populate TEST table
   test_adm_pkg.populate_test (row_num_tab, row_text_tab);
   COMMIT;
   -- Check how many rows were inserted in the TEST table
   -- and display this number on the screen
   SELECT COUNT(*)
     INTO v_rows
     FROM test;

   DBMS_OUTPUT.PUT_LINE
      ('There are '||v_rows||' rows in the TEST table');
END;
```

该示例与 18.1 节中的示例 ch18_1a.sql 类似。首先填充 TEST 表，然后查询插入 TEST 表中的记录数，最后将此信息显示在屏幕上。这两个示例的不同之处在于，本示例在声明了两个集合变量后，引用了 test_adm_pkg 包，并调用 delete_test 和 populate_test 两个过程，分别删除之前添加到 TEST 表中的记录、重新插入新数据到 TEST 表中。请注意，所有对包对象的引用都使用包名作为前缀。

当我们执行这个脚本时，会产生以下结果：

```
There are 10 rows in the TEST table
```

下面我们对这个示例进行一些修改，将 delete_test 和 populate_test 过程的调用嵌入动态 SQL 中（所有修改部分以粗体显示）。

示例　ch18_11b.sql

```
DECLARE
   row_num_tab test_adm_pkg.row_num_type;
   row_text_tab test_adm_pkg.row_text_type;

   v_dyn_sql VARCHAR2(1000);
   v_rows NUMBER;

BEGIN
   -- Populate collections
```

```
   FOR i IN 1..10
   LOOP
      row_num_tab(i) := i;
      row_text_tab(i) := 'row '||i;
   END LOOP;

   -- Delete previously added data from the TEST table
   v_dyn_sql :=
      'begin
          test_adm_pkg.delete_test (:row_num_tab);
       end;';
   EXECUTE IMMEDIATE v_dyn_sql USING row_num_tab;

   -- Populate TEST table
   v_dyn_sql :=
      'begin
          test_adm_pkg.populate_test (:row_num_tab, :row_text_tab);
       end;';
   EXECUTE IMMEDIATE v_dyn_sql USING row_num_tab, row_text_tab;
   COMMIT;
   -- Check how many rows were inserted in the TEST table
   -- display it on the screen
   SELECT COUNT(*)
     INTO v_rows
     FROM test;

   DBMS_OUTPUT.PUT_LINE
       ('There are '||v_rows||' rows in the TEST table');
END;
```

这个修改后的脚本首先声明了一个新变量 v_dyn_sql，它被用来存储动态 SQL 语句。然后，将两个过程 delete_test 和 populate_test 的调用替换为由 EXECUTE IMMEDIATE 语句执行的动态 SQL 语句。

请注意动态 SQL 语句的语法。在原始示例中，我们对包中的两个过程的调用方式如下：

```
-- Delete previously added data from the TEST table
test_adm_pkg.delete_test (row_num_tab);

-- Populate TEST table
test_adm_pkg.populate_test (row_num_tab, row_text_tab);
```

在这个被修改的脚本示例中，我们将这些过程的调用放在了 BEGIN 和 END 语句之间：

```
-- Delete previously added data from the TEST table
v_dyn_sql :=
   'begin
       test_adm_pkg.delete_test (:row_num_tab);
    end;';
EXECUTE IMMEDIATE v_dyn_sql USING row_num_tab;

-- Populate TEST table
v_dyn_sql :=
   'begin
       test_adm_pkg.populate_test (:row_num_tab, :row_text_tab);
    end;';
EXECUTE IMMEDIATE v_dyn_sql USING row_num_tab, row_text_tab;
```

之所以使用这种调用方法是因为每条动态 SQL 语句都作为匿名 PL/SQL 块执行，因此必须有 BEGIN 和 END 语句。如果在动态 SQL 中省略了这些 BEGIN 和 END 语句，则脚本将无法成功执行。我们用下面的示例对此加以说明（被修改的语句以粗体显示）。

示例　ch18_11c.sql

```
DECLARE
    row_num_tab test_adm_pkg.row_num_type;
    row_text_tab test_adm_pkg.row_text_type;

    v_dyn_sql VARCHAR2(1000);
    v_rows NUMBER;
BEGIN
    -- Populate collections
    FOR i IN 1..10
    LOOP
        row_num_tab(i) := i;
        row_text_tab(i) := 'row '||i;
    END LOOP;

    -- Delete previously added data from the TEST table
    v_dyn_sql := 'test_adm_pkg.delete_test (:row_num_tab);';
    EXECUTE IMMEDIATE v_dyn_sql USING row_num_tab;

    -- Populate TEST table
    v_dyn_sql :=
        'test_adm_pkg.populate_test (:row_num_tab, :row_text_tab);';
    EXECUTE IMMEDIATE v_dyn_sql USING row_num_tab, row_text_tab;
    COMMIT;

    -- Check how many rows were inserted in the TEST table
    -- display it on the screen
    SELECT COUNT(*)
      INTO v_rows
      FROM test;

    DBMS_OUTPUT.PUT_LINE
        ('There are '||v_rows||' rows in the TEST table');
END;
```

运行这个脚本将产生以下错误：

```
ORA-00900: invalid SQL statement
ORA-06512: at line 18
```

如前所述，我们也能够基于记录类型使用绑定变量。与集合类型一样，记录类型必须在包规范中定义。我们对 test_adm_pkg 包的修改如清单 18.4 所示。修改后的 test_adm_pkg 包增加了一个记录类型的定义和一个新过程的定义，这个新过程实现了把 TEST 表的一条记录填充到记录变量中（新增加的语句以粗体显示）。

清单 18.4　包含了记录类型的 test_adm_pkg 包

```
CREATE OR REPLACE PACKAGE test_adm_pkg
AS
    -- Define collection types
```

```
        TYPE row_num_type IS TABLE OF NUMBER
            INDEX BY PLS_INTEGER;
        TYPE row_text_type IS TABLE OF VARCHAR2(10)
            INDEX BY PLS_INTEGER;

        -- Define record type
        TYPE rec_type IS RECORD
            (row_num    NUMBER
            ,row_text VARCHAR2(10));

        -- Define procedures
        PROCEDURE populate_test (row_num_tab ROW_NUM_TYPE
                                ,row_num_type ROW_TEXT_TYPE);

        PROCEDURE update_test (row_num_tab ROW_NUM_TYPE
                              ,row_num_type ROW_TEXT_TYPE);

        PROCEDURE delete_test (row_num_tab ROW_NUM_TYPE);

        PROCEDURE populate_test_rec (row_num_val IN NUMBER
                                    ,test_rec    OUT REC_TYPE);
END test_adm_pkg;
/

CREATE OR REPLACE PACKAGE BODY test_adm_pkg
AS
PROCEDURE populate_test (row_num_tab ROW_NUM_TYPE
                        ,row_num_type ROW_TEXT_TYPE);
IS
BEGIN
    FORALL i IN 1..10
        INSERT INTO test (row_num, row_text)
        VALUES (row_num_tab(i), row_num_type(i));
END populate_test;

PROCEDURE update_test (row_num_tab ROW_NUM_TYPE
                      ,row_num_type ROW_TEXT_TYPE);
IS
BEGIN
    FORALL i IN 1..10
        UPDATE test
            SET row_text = row_num_type(i)
          WHERE row_num = row_num_tab(i);
END update_test;

PROCEDURE delete_test (row_num_tab ROW_NUM_TYPE)
IS
BEGIN
    FORALL i IN 1..10
        DELETE from test
          WHERE row_num = row_num_tab(i);
END delete_test;

PROCEDURE populate_test_rec (row_num_val IN NUMBER
                            ,test_rec    OUT REC_TYPE)
IS
BEGIN
    SELECT *
      INTO test_rec
      FROM test
     WHERE row_num = row_num_val;
```

```
    END populate_test_rec;
END test_adm_pkg;
/
```

修改后的 `test_adm_pkg` 包定义了一个用户定义的记录类型 `rec_type` 和一个新过程 `populate_test_rec`，该过程根据运行时提供的 `row_num` 值从 `TEST` 表中查询出一条记录，然后将此记录赋给 `test_rec` 参数。请注意在 `populate_test_rec` 过程头部所指定的 `IN` 和 `OUT` 参数模式，它们分别表示将 `row_num_val` 参数值传递给过程，而从过程中获得的值传递给 `test_rec` 参数。(参数模式将在第 19～21 章中详细介绍。)

下面的示例使用新创建的记录类型和过程显示 `TEST` 表中的一条记录。

示例　ch18_12a.sql

```
DECLARE
    test_rec test_adm_pkg.rec_type;
    v_dyn_sql VARCHAR2(1000);
BEGIN
    -- Select record from the TEST table
    v_dyn_sql :=
      'begin
           test_adm_pkg.populate_test_rec (:val, :rec);
       end;';
    EXECUTE IMMEDIATE v_dyn_sql USING IN 10, OUT test_rec;
    COMMIT;

    -- Display newly selected record
    DBMS_OUTPUT.PUT_LINE ('test_rec.row_num = '||test_rec.row_num);
    DBMS_OUTPUT.PUT_LINE ('test_rec.row_text = '||
        test_rec.row_text);
END;
```

在此示例中，`EXECUTE IMMEDIATE` 语句中的 `USING` 子句包含参数模式。这样做是为了确保 `EXECUTE IMMEDIATE` 语句使用的变量与过程中的参数具有相同的模式。当我们执行这个脚本时，会输出以下结果：

```
test_rec.row_num = 10
test_rec.row_text = row 10
```

18.3.2　在 OPEN FOR、FETCH 和 CLOSE 语句中使用绑定集合变量

回顾一下，我们在多行查询或游标中使用 OPEN FOR、FETCH 和 CLOSE 语句的示例。下面示例说明了这种方法。

示例　ch18_13a.sql

```
DECLARE
    TYPE student_cur_typ IS REF CURSOR;
```

```
      student_cur student_cur_typ;
      student_rec student%ROWTYPE;

      v_zip_code student.zip%TYPE := '06820';
BEGIN
   OPEN student_cur
      FOR 'SELECT * FROM student WHERE zip = :my_zip'
      USING v_zip_code;

   LOOP
      FETCH student_cur INTO student_rec;
      EXIT WHEN student_cur%NOTFOUND;

      DBMS_OUTPUT.PUT_LINE
         ('student_rec.student_id = '||student_rec.student_id);
      DBMS_OUTPUT.PUT_LINE
         ('student_rec.first_name = '||student_rec.first_name);
      DBMS_OUTPUT.PUT_LINE
         ('student_rec.last_name = '||student_rec.last_name);
   END LOOP;
   CLOSE student_cur;
END;
```

在此脚本的声明部分，我们将游标类型 student_cur_typ 定义为 REF CURSOR 类型，同时将游标变量 student_cur 定义为该类型变量。然后，我们将记录变量 student_rec 定义为 STUDENT 表类型的变量。

在可执行部分，我们将 SELECT 语句与 student_cur 游标变量关联起来，同时打开游标。然后，将 SELECT 语句返回的每一行都提取到 student_rec 变量中，同时将学生 ID、名字和姓氏显示在屏幕上。当提取完由 SELECT 语句返回的所有记录后，游标关闭。

当我们执行这个脚本时，输出以下结果：

```
student_rec.student_id = 240
student_rec.first_name = Z.A.
student_rec.last_name = Scrittorale
student_rec.student_id = 326
student_rec.first_name = Piotr
student_rec.last_name = Padel
student_rec.student_id = 360
student_rec.first_name = Calvin
student_rec.last_name = Kiraly
```

下面，我们对这个脚本进行一些修改，我们将给定邮政编码的所有学生记录一次提取到记录集合中。回想一下我们学过的绑定集合类型或记录类型，必须要遵守下面的规则：**集合或记录数据类型必须在包规范中声明**。为了遵守此规则，清单 18.5 中所示的 student_adm_pkg 包就是专门为此目的而创建的。

清单 18.5　包含了记录类型和集合类型的 student_adm_pkg 包

```
CREATE OR REPLACE PACKAGE student_adm_pkg
AS
   -- Define collection type
```

```
   TYPE student_tab_type IS TABLE OF student%ROWTYPE
      INDEX BY PLS_INTEGER;
   -- Define procedures
   PROCEDURE
      populate_student_tab (zip_code      IN VARCHAR2
                           ,student_tab OUT student_tab_type);

   PROCEDURE display_student_info (student_rec student%ROWTYPE);
END student_adm_pkg;
/

CREATE OR REPLACE PACKAGE BODY student_adm_pkg
AS
PROCEDURE populate_student_tab (zip_code      IN VARCHAR2
                               ,student_tab OUT student_tab_type)
IS
BEGIN
   SELECT *
     BULK COLLECT INTO student_tab
     FROM student
    WHERE zip = zip_code;
END populate_student_tab;

PROCEDURE display_student_info (student_rec student%ROWTYPE)
IS
BEGIN
   DBMS_OUTPUT.PUT_LINE
      ('student_rec.zip =        '||student_rec.zip);
   DBMS_OUTPUT.PUT_LINE
      ('student_rec.student_id = '||student_rec.student_id);
   DBMS_OUTPUT.PUT_LINE
      ('student_rec.first_name = '||student_rec.first_name);
   DBMS_OUTPUT.PUT_LINE
      ('student_rec.last_name =  '||student_rec.last_name);
END display_student_info;

END student_adm_pkg;
/
```

我们在包规范中声明了关联数组类型 student_tab_type，该类型集合变量中的每个元素都是一条 student%ROWTYPE 类型的记录。然后，我们声明了 populate_student_tab 过程，该过程接收 ZIP 值并返回记录集合变量 student_tab，变量 student_tab 是通过 BULK COLLECT INTO 语句填充的。请注意在该过程声明中所指定的模式。zip_code 被定义为 IN 模式。根据 zip_code 的值，OUT 模式的 student_tab 值是通过对 STUDENT 表执行 SELECT 语句填充的。

第二个过程 display_student_info，它接收一个输入参数 student_rec，该参数类型是 STUDENT 表类型，该过程在屏幕上显示出学生的 ZIP 值、ID、名字和姓氏。

在包主体中包含了两个过程 populate_student_tab 和 display_student_info 的可执行部分。

在示例 ch18_13a.sql 中，我们做了一点修改，采用了这个新创建的包（其中包对象的引用以粗体显示）。

示例　ch18_13b.sql

```
DECLARE
   TYPE student_cur_typ IS REF CURSOR;
   student_cur student_cur_typ;

   -- Collection and record variables
   student_tab student_adm_pkg.student_tab_type;
   student_rec student%ROWTYPE;
BEGIN
   -- Populate collection of records
   student_adm_pkg.populate_student_tab ('06820', student_tab);

   OPEN student_cur
    FOR 'SELECT * FROM TABLE(:my_table)' USING student_tab;

   LOOP
      FETCH student_cur INTO student_rec;
      EXIT WHEN student_cur%NOTFOUND;

      student_adm_pkg.display_student_info (student_rec);
   END LOOP;
   CLOSE student_cur;
END;
```

在这个脚本中，声明了一个记录集合 student_tab，它的类型基于 student_adm_pkg 包中定义的集合类型。在可执行部分，将 STUDENT 表中满足指定 ZIP 值的记录填充到 student_tab 集合中，这是通过调用 student_adm_pkg 包中定义的 populate_student_tab 过程来完成的。接下来，从新填充的 student_tab 集合中检索学生记录。请注意 SELECT 语句中内置 TABLE 函数的使用。

> **你知道吗？**
>
> TABLE 函数能够让我们像物理数据库表一样去查询一个集合。本质上，它接收一个集合作为其输入参数，然后基于 SELECT 语句返回对应的结果集。请注意，输入参数也可以是 REF CURSOR 类型。

当我们执行此脚本时，会产生以下结果：

```
student_rec.zip        = 06820
student_rec.student_id = 240
student_rec.first_name = Z.A.
student_rec.last_name  = Scrittorale
student_rec.zip        = 06820
student_rec.student_id = 326
student_rec.first_name = Piotr
student_rec.last_name  = Padel
student_rec.zip        = 06820
student_rec.student_id = 360
student_rec.first_name = Calvin
student_rec.last_name  = Kiraly
```

本章小结

在本章中，我们学习了如何使用批量 SQL 特性来优化 PL/SQL 代码。从根本上说，我们探索了如何对 SQL 语句及其结果进行批量处理，以最大限度地减少在 PL/SQL 引擎和 SQL 引擎之间由于上下文的频繁转换而引起的性能开销。具体来说，我们学习了 FORALL 语句和 BULK COLLECT 子句的使用。此外，我们还学习了如何将批量 SQL 语句、集合数据类型与动态 SQL 语句结合起来使用。

第 19 章 过 程

通过本章，我们将掌握以下内容：
- 创建嵌套过程（Nested Procedure）。
- 创建独立过程（Stand-Alone Procedure）。

到目前为止，我们所编写的 PL/SQL 代码都是匿名块，它们作为脚本运行，并在运行时由数据库服务器编译。在本章和后续的几章中，我们将学习和使用模块化代码。模块化代码是一种从不同的部分（子程序）构建程序的方法。每个子程序都对实现程序的最终目标执行特定的功能或任务。

在 PL/SQL 中，子程序是一个被命名的 PL/SQL 块，它可以接受参数，并可以重复使用。我们可以在 PL/SQL 块中创建，在包中创建子程序，也可以在模式级（schema level）创建子程序。过程和函数就是子程序的两种类型。

在 PL/SQL 块中创建的子程序称为嵌套子程序。在模式级创建的子程序称为独立子程序。在包中创建的子程序称为包内子程序（package subprogram）。独立子程序和包内子程序也被称为存储子程序（stored subprogram）。

在本章中，我们将探索如何创建作为过程的嵌套子程序和独立子程序。在第 20 章中，我们将介绍嵌套函数和独立函数，在第 21 章中，我们将介绍包和包内子程序。

19.1 实验 1：创建嵌套过程

完成此实验后，我们将能够实现以下目标：
- 创建嵌套过程（Nested Procedure）。
- 了解参数模式（Parameter Mode）。

❑ 了解前向声明（Forward Declaration）。

19.1.1 嵌套过程

所谓过程就是执行一个或多个操作的模块。如前所述，我们可以在PL/SQL块中创建过程，请看以下示例。

示例　ch19_1a.sql

```
DECLARE
   v_num1 NUMBER := 5;
   v_num2 NUMBER := 8;
   v_sum  NUMBER;

   -- Procedure header
   PROCEDURE calc_sum (p_num1 IN NUMBER
                      ,p_num2 IN NUMBER
                      ,p_sum OUT NUMBER)
   IS
   -- Procedure executable portion
   BEGIN
      p_sum := p_num1 + p_num2;
   END calc_sum;

BEGIN
   calc_sum (v_num1, v_num2, v_sum);
   DBMS_OUTPUT.PUT_LINE ('Sum: '||v_sum);
END;
```

在这个示例中，我们创建了一个嵌套过程 calc_sum，用于计算两个数字的和。过程的头部：

```
PROCEDURE calc_sum (p_num1 IN NUMBER
                   ,p_num2 IN NUMBER
                   ,p_sum OUT NUMBER)
```

指定了过程名和三个形式参数（formal parameter）。每个形式参数都声明了其参数模式和数据类型。请注意，参数模式是可选的，如果没有声明参数模式，那么它被视为 IN 参数。

在块的可执行部分，我们调用了 calc_sum 过程：

```
calc_sum (v_num1, v_num2, v_sum);
```

同时利用变量 v_num1 和 v_num2 将其数值传递给过程，利用变量 v_sum 将其数值输出到过程外。这些变量是过程 calc_sum 的实际参数（actual parameter）。当我们执行这段代码时，示例会产生以下输出：

```
Sum: 13
```

> **注意**　在 PL/SQL 块的声明部分中，我们必须注意对子程序进行定义时的前后位置。它需要遵守局部变量（local variable）的声明规则，以避免语法错误，如下所示：

```
DECLARE
    -- Procedure header
    PROCEDURE calc_sum (p_num1 IN NUMBER
                       ,p_num2 IN NUMBER
                       ,p_sum OUT NUMBER)
    IS
    -- Procedure executable portion
    BEGIN
        p_sum := p_num1 + p_num2;
    END calc_sum;

    -- Declaration of local variables is placed after
    -- procedure
    v_num1 NUMBER := 5;
    v_num2 NUMBER := 8;
    v_sum  NUMBER;
BEGIN
    calc_sum (v_num1, v_num2, v_sum);
    DBMS_OUTPUT.PUT_LINE ('Sum: '||v_sum);
END;
```

这个脚本执行后，产生如下错误：

```
ERROR at line 12:
ORA-06550: line 12, column 4:
PLS-00103: Encountered the symbol "V_NUM1" when expecting one of the following:
begin function pragma procedure
```

19.1.2 参数模式

在前面的示例中，我们看到可以使用不同的模式创建形式参数，参数的模式定义了其作用。PL/SQL 支持三种类型的参数模式，如表 19.1 所示。

表 19.1 参数模式

模式	说明
IN	IN 模式是指把参数值传递给子程序 IN 模式是默认模式 在 IN 模式下，子程序将形式参数视为常量 在 IN 模式下，实际参数可以是初始化的变量、常量、文字或表达式
OUT	OUT 模式是指从子程序返回值 定义 OUT 模式的最佳实践是在子程序中给形式参数赋值
IN OUT	IN OUT 模式是指将参数值传递给子程序，同时返回更新后的值 在 IN OUT 模式下，实际参数必须是一个变量

下面的一组示例说明了参数的作用。

示例 ch19_2a.sql

```
DECLARE
    v_in    NUMBER := 5;
    v_out   VARCHAR2(5) := 'XYZ';
```

```
      v_in_out NUMBER := 200;

      -- Procedure header
      PROCEDURE param_modes (p_in              NUMBER -- IN by default
                            ,p_out             OUT VARCHAR2
                            ,p_in_out IN OUT NUMBER)
      IS
      -- Declaration portion
         v_local VARCHAR2(50) :=
            'Local variable in param_modes procedure';
      -- Executable portion
      BEGIN
         DBMS_OUTPUT.PUT_LINE ('In the procedure…');
         DBMS_OUTPUT.PUT_LINE ('p_in:       '||p_in);
         DBMS_OUTPUT.PUT_LINE ('p_out:      '||NVL(p_out, 'NULL'));
         DBMS_OUTPUT.PUT_LINE ('p_in_out: '||NVL(p_in_out, 0));
         DBMS_OUTPUT.PUT_LINE ('v_local:    '||v_local);

         -- Cannot assign a new value to p_in
         p_out    := 'ABC';
         p_in_out := 100;
      END param_modes;

   BEGIN
      DBMS_OUTPUT.PUT_LINE ('Before procedure call…');
      DBMS_OUTPUT.PUT_LINE ('v_in:       '||v_in);
      DBMS_OUTPUT.PUT_LINE ('v_out:      '||v_out);
      DBMS_OUTPUT.PUT_LINE ('v_in_out: '||v_in_out);

      param_modes (v_in, v_out, v_in_out);

      DBMS_OUTPUT.PUT_LINE ('After procedure call…');
      DBMS_OUTPUT.PUT_LINE ('v_in:       '||v_in);
      DBMS_OUTPUT.PUT_LINE ('v_out:      '||v_out);
      DBMS_OUTPUT.PUT_LINE ('v_in_out: '||v_in_out);
   END;
```

在此脚本中，我们创建了一个过程 param_modes，它包含了三个形式参数。请注意，第一个参数 p_in 默认是 IN 参数模式，尽管我们没有在过程的头部定义其参数模式。第二个参数 p_out 是 VARCHAR2 数据类型，但是，在声明部分我们没有定义其长度。其原因是，该参数的长度、精度和小数位是在过程被调用时确定的。

在过程的声明部分，我们定义了一个局部变量。在可执行部分中，我们将参数值显示在屏幕上，并给 p_out 和 p_in_out 参数赋值。

在 PL/SQL 块中，我们将显示过程 param_modes 被调用前和被调用后的实际参数值。此示例运行后的输出如下：

```
Before procedure call…
v_in:       5
v_out:      XYZ
v_in_out: 200
In the procedure…
p_in:       5
p_out:      NULL
p_in_out: 200
```

```
v_local: Local variable in param_modes procedure
After procedure call…
v_in:     5
v_out:    ABC
v_in_out: 100
```

我们对下面的部分输出做个详细的解释：

```
In the procedure…
p_in:     5
p_out:    NULL
p_in_out: 200
```

形式参数 p_in 的值与我们预想的一样。该过程将其视为常量，其值不会变化。形式参数 p_out 的值不再是 XYZ，它被该过程初始化为 NULL，原因是 OUT 模式的形式参数被初始化为其数据类型的默认值。在上面的示例中，VARCHAR2 数据类型的默认值为 NULL。第三个形式参数 p_in_out 的值保持不变。

到目前为止，我们所看到的示例中，实际参数是使用位置命名法定义的，如清单 19.1 所示。从本质上讲，实际参数与对应的形式参数的顺序相同。

清单 19.1　位置命名法

```
-- Procedure header
PROCEDURE param_modes (p_in              NUMBER -- IN by default
                      ,p_out      OUT VARCHAR2
                      ,p_in_out IN OUT NUMBER)
…

-- Procedure invocation
-- The actual parameters are listed in the same order as the
-- corresponding formal parameters
param_modes (v_in, v_out, v_in_out);
```

PL/SQL 也支持其他两种实际参数的命名方法：指定命名法和混合命名法。这些命名方法如清单 19.2 所示。

清单 19.2　指定命名法和混合命名法

```
-- Procedure header
PROCEDURE param_modes (p_in              NUMBER -- IN by default
                      ,p_out      OUT VARCHAR2
                      ,p_in_out IN OUT NUMBER)
…

-- Procedure invocation, Named notation
-- The actual parameters may be listed in any order
param_modes (p_out => v_out, p_in => v_in, p_in_out => v_in_out);

-- Procedure invocation, Mixed notation
-- Start with position notation and switch to named notation
param_modes (v_in, p_in_out => v_in_out, p_out => v_out);
```

在指定命名法中，即"形式参数 => 实际参数"，参数是根据它们的名称被引用的。因此，不需要指定参数的顺序。

在混合命名法中，采用了位置命名法和指定命名法的混合方式。在这种情况下，在开始时必须使用位置命名法，但随时可以切换到指定命名法。注意，反过来是不行的，即不可以先使用指定命名法，再切换到位置命名法。这样会导致错误，如下示例所示。

示例　ch19_3a.sql

```
DECLARE
    v_num1 NUMBER := 5;
    v_num2 NUMBER := 8;
    v_sum  NUMBER;

    -- Procedure header
    PROCEDURE calc_sum (p_num1 IN NUMBER
                       ,p_num2 IN NUMBER
                       ,p_sum OUT NUMBER)
    IS
    -- Procedure executable portion
    BEGIN
        p_sum := p_num1 + p_num2;
    END calc_sum;

BEGIN
    -- This notation causes error
    calc_sum (p_num => v_num1, v_num2, p_sum => v_sum);
    DBMS_OUTPUT.PUT_LINE ('Sum: '||v_sum);
END;
```

当我们执行这个脚本时，产生下列错误消息：

```
ORA-06550: line 18, column 4:
PLS-00306: wrong number or types of arguments in call to 'CALC_SUM'
ORA-06550: line 18, column 4:
PL/SQL: Statement ignored
```

现在我们对脚本进行修改，修改后的脚本演示了三种命名法：位置命名法、指定命名法和混合命名法。

示例　ch19_3b.sql

```
DECLARE
    v_num1 NUMBER := 5;
    v_num2 NUMBER := 8;
    v_sum  NUMBER;

    -- Procedure header
    PROCEDURE calc_sum (p_num1 IN NUMBER
                       ,p_num2 IN NUMBER
                       ,p_sum OUT NUMBER)
    IS
    -- Procedure executable portion
    BEGIN
        p_sum := p_num1 + p_num2;
    END calc_sum;

BEGIN
```

```
   -- Positional Notation
   calc_sum (v_num1, v_num2, v_sum);
   DBMS_OUTPUT.PUT_LINE ('Position Notation, Sum: '||v_sum);

   -- Named notation
   calc_sum (p_num1 => v_num1, p_num2 => v_num2, p_sum => v_sum);
   DBMS_OUTPUT.PUT_LINE ('Named Notation, Sum: '||v_sum);

   -- Mixed notation
   calc_sum (v_num1, v_num2, p_sum => v_sum);
   DBMS_OUTPUT.PUT_LINE ('Mixed Notation, Sum: '||v_sum);
END;
```

在上面这个示例中，三种命名法输出的结果是完全相同的：

```
Position Notation, Sum: 13
Named Notation, Sum: 13
Mixed Notation, Sum: 13
```

19.1.3 前向声明

PL/SQL 支持子程序的前向声明，当我们在某个子程序定义之前引用它时，需要进行前向声明。换句话说，我们可以先声明一个子程序（只定义了头部），并没有实际定义的语句。下面的例子进一步说明了前向声明。

示例　ch19_4a.sql

```
DECLARE
   -- Forward declaration specifies procedure header
   PROCEDURE p1 (p_num1 IN NUMBER, p_num2 OUT NUMBER);

   -- Procedure p2 invokes p1 before it is defined
   PROCEDURE p2 (p_num3 IN NUMBER)
   IS
      v_num NUMBER := 0;
   BEGIN
      DBMS_OUTPUT.PUT_LINE ('In P2…');
      DBMS_OUTPUT.PUT_LINE ('Before invoking P1');
      DBMS_OUTPUT.PUT_LINE ('p_num3: '||p_num3);
      DBMS_OUTPUT.PUT_LINE ('v_num:  '|| v_num);

      -- Call p1
      p1 (p_num3, v_num);
      DBMS_OUTPUT.PUT_LINE ('After invoking P1');
      DBMS_OUTPUT.PUT_LINE ('p_num3: '||p_num3);
      DBMS_OUTPUT.PUT_LINE ('v_num:  '||v_num);
   END p2;

   -- Define procedure p1
   PROCEDURE p1 (p_num1 IN NUMBER, p_num2 OUT NUMBER)
   IS
   BEGIN
      DBMS_OUTPUT.PUT_LINE ('   In P1…');
      p_num2 := p_num1 * 2;

      DBMS_OUTPUT.PUT_LINE ('   p_num1: '||p_num1);
```

```
        DBMS_OUTPUT.PUT_LINE ('   p_num2: '||p_num2);
    END p1;

BEGIN
    p2 (p_num3 => 7);
END;
```

在此示例中,对过程 p1 进行前向声明,因此过程 p2 调用过程 p1 不会产生任何错误。请注意,前向声明只列出了过程头部。当我们运行这个脚本后,会产生以下输出:

```
In P2...
Before invoking P1
p_num3: 7
v_num:  0
   In P1...
   p_num1: 7
   p_num2: 14
After invoking P1
p_num3: 7
v_num:  14
```

为了让过程的输出结果更具可读性,我们将过程 p1 的所有输出结果都缩进显示。在本示例中,过程 p2 在 PL/SQL 主块中被调用。在过程 p2 的主体部分,在过程 p1 被调用之前,先显示形式参数 p_num3 的值和局部变量 v_num 的值:

```
In P2...
Before invoking P1
p_num3: 7
v_num:  0
```

在过程 p1 被调用之后,屏幕上显示形式参数 p_num1 和 p_num2 的数值:

```
In P1...
p_num1: 7
p_num2: 14
```

然后,控制权被转到过程 p2,屏幕上显示下列信息:

```
After invoking P1
p_num3: 7
v_num:  14
```

我们建议前向声明只在有需要的时候才去使用。尽管这个示例比较简单,但整个过程执行的顺序还是有些复杂的。通常,当子程序之间进行相互递归时,我们可以使用前向声明,即子程序 A 调用子程序 B,子程序 B 调用子程序 A。

19.2 实验 2:创建独立过程

完成此实验后,我们将能够实现以下目标:
❑ 创建独立过程(Stand-Alone Procedure)。

正如我们在本章引言所介绍的，在模式级创建的子程序称为独立子程序。我们可以使用 CREATE PROCEDURE 或者 CREATE FUNCTION 语句来创建独立子程序。

创建独立过程的语法如清单 19.3（括号内的保留字和短语是可选的）所示。

清单 19.3　CREATE PROCEDURE 语句

```
CREATE [OR REPLACE] [EDITIONABLE|NONEDITIONABLE] PROCEDURE procedure_name
[(parameter declaration)]
{AS|IS}
…
```

保留短语 CREATE [OR REPLACE] PROCEDURE 表示我们要创建一个新的过程或者更新一个现有的过程。REPLACE 是可选项。但是请注意，在大多数情况下，我们都是一起使用 CREATE 和 REPLACE。

可选的保留字 EDITIONABLE 和 NONEDITIONABLE 说明一个过程是能被编辑的对象还是不能被编辑的对象。请注意，这个可选项适用的场景是：对象类型 PROCEDURE 已经启用了编辑功能。procedure_name 是指过程名。可选的参数声明是对过程定义的形式参数的声明。

下面，我们给出一个独立过程的示例，该过程返回给定学生 ID 的名字和姓氏。

示例　ch19_5a.sql

```
CREATE OR REPLACE PROCEDURE
   get_student_name (p_id            IN NUMBER
                    ,p_first_name OUT VARCHAR2
                    ,p_last_name  OUT VARCHAR2)
AS
BEGIN
   SELECT first_name, last_name
     INTO p_first_name, p_last_name
     FROM student
    WHERE student_id = p_id;
EXCEPTION
   WHEN OTHERS
   THEN
      DBMS_OUTPUT.PUT_LINE (SUBSTR(SQLERRM, 1, 300));
END;
```

这个示例脚本是在 STUDENT 模式中创建了一个名为 get_student_name 的独立过程。该过程包含三个形式参数，其返回值是给定学生 ID 的名字和姓氏。如果该过程遇到异常，则在屏幕上显示 SQL 错误消息。当执行此脚本时，会在 STUDENT 模式中创建这个独立过程，如下面示例所示。

示例　ch19_6a.sql

```
DECLARE
   v_first_name VARCHAR2(30);
   v_last_name  VARCHAR2(30);
BEGIN
   DBMS_OUTPUT.PUT_LINE ('Student ID: 200');
```

```
      get_student_name (200, v_first_name, v_last_name);
      DBMS_OUTPUT.PUT_LINE ('First name: '||v_first_name);
      DBMS_OUTPUT.PUT_LINE ('Last name: '||v_last_name);

      DBMS_OUTPUT.PUT_LINE ('Student ID: 400');
      get_student_name (400, v_first_name, v_last_name);
      DBMS_OUTPUT.PUT_LINE ('First name: '||v_first_name);
      DBMS_OUTPUT.PUT_LINE ('Last name: '||v_last_name);
   END;
```

当我们执行此脚本时，得到下面的输出结果：

```
Student ID: 200
First name: Gene
Last name: Bresser, HR Rep.
Student ID: 400
ORA-01403: no data found
First name:
Last name:
```

请注意，第二个学生ID（即400）会导致异常。屏幕上显示"ORA-01403: no data found"错误消息。此外，实际参数 v_first_name 和 v_last_name 被该过程初始化为 NULL，它们的值不会显示在屏幕上。

在某些情况下，我们可能需要为 IN 模式的形式参数提供默认值，如以下示例所示。

示例　ch19_5b.sql

```
CREATE OR REPLACE PROCEDURE
   get_student_name (p_id           IN NUMBER := 100
                    ,p_first_name OUT VARCHAR2
                    ,p_last_name  OUT VARCHAR2)
AS
BEGIN
   SELECT first_name, last_name
     INTO p_first_name, p_last_name
     FROM student
    WHERE student_id = p_id;
EXCEPTION
   WHEN OTHERS
   THEN
      DBMS_OUTPUT.PUT_LINE (SUBSTR(SQLERRM, 1, 300));
END;
```

具有默认值的形式参数被视为可选参数。因为当过程被调用时，可能会省略实际参数，如下面的示例所示。

示例　ch19_6b.sql

```
DECLARE
   v_first_name VARCHAR2(30);
   v_last_name  VARCHAR2(30);
BEGIN
   -- student ID is omitted in the call to the procedure
   get_student_name (p_first_name => v_first_name
                    ,p_last_name  => v_last_name);
   DBMS_OUTPUT.PUT_LINE ('First name: '||v_first_name);
```

```
        DBMS_OUTPUT.PUT_LINE ('Last name: '||v_last_name);
END;
```

当我们执行此脚本时,由于在过程的头部给出的参数默认值(即 100),在 STUDENT 表中没有满足该条件的记录,因此得到下面的输出结果:

```
ORA-01403: no data found
First name:
Last name:
```

请注意,上面的这个示例在调用独立过程 get_student_name 时,因为该过程有两个 OUT 模式的参数,因此采用了指定命名法,这是非常必要的,它避免了下列错误的产生。

```
ORA-06550: line 6, column 4:
PLS-00306: wrong number or types of arguments in call to 'GET_STUDENT_NAME'
ORA-06550: line 6, column 4:
PL/SQL: Statement ignored
```

本章小结

在本章中,我们学习了如何创建嵌套过程和独立过程。同时,我们也了解了形式参数、实际参数,以及不同类型的参数模式及其使用的方法。此外,我们还学习了前向声明和它的使用方法。

第 20 章

函　　数

通过本章，我们将掌握以下内容：
- 创建嵌套函数。
- 创建独立函数。

函数与过程类似，可以在 PL/SQL 块、模式级别或包中创建。过程和函数之间的主要区别在于，过程是执行一个操作，而函数是进行计算并返回一个值。在本章中，我们将学习如何创建嵌套函数和独立函数。

20.1　实验 1：创建嵌套函数

完成此实验后，我们将能够实现以下目标：
- 创建嵌套函数。

函数是另外一种类型的子程序。函数可以接受一个或者多个参数，也可以不接受任何参数，但它必须返回一个值。因此，函数在头部需要指定返回值的数据类型，在可执行部分需要指定 RETURN 子句。请看下面的嵌套函数示例，该函数用于计算两个数值之差。

示例　ch20_1a.sql

```
DECLARE
   v_diff NUMBER;

   FUNCTION diff (p_num1 NUMBER, p_num2 NUMBER)
   RETURN NUMBER
   IS
   BEGIN
      RETURN (p_num1 - p_num2);
   END diff;
```

```
BEGIN
   -- Invocation method 1
   v_diff := diff (10, 9);
   DBMS_OUTPUT.PUT_LINE (v_diff);

   -- Invocation method 2
   DBMS_OUTPUT.PUT_LINE (diff(10, 8));
END;
```

此脚本定义了一个嵌套函数 diff。函数的头部:

```
FUNCTION diff (p_num1 NUMBER, p_num2 NUMBER)
RETURN NUMBER
```

定义了函数名称和两个 IN 模式的形式参数。回想一下,当未指定参数模式时,该参数默认为 IN 模式。接下来是 RETURN 子句,它指定该函数返回值的数据类型。在函数体中,只有一个 RETURN 语句,它返回两个形式参数之间的数值差。

在 PL/SQL 块的主体中,我们使用了两种方式来调用函数。第一,将函数 diff 返回的值赋给局部变量 v_diff。第二,将函数 diff 放在 DBMS_OUTPUT.PUT_LINE 语句中。而第二种方式不需要将函数返回的值赋给某个变量。

我们再来看一下函数体中使用的 RETURN 语句,它会立即终止函数的执行,即 RETURN 语句后面的所有可执行语句都将被忽略,请看下面的示例(修改部分都以粗体显示)。

示例   ch20_1b.sql

```
DECLARE
   v_diff NUMBER;

   FUNCTION diff (p_num1 NUMBER, p_num2 NUMBER)
   RETURN NUMBER
   IS
   BEGIN
      DBMS_OUTPUT.PUT_LINE ('Before RETURN statement…');
      RETURN (p_num1 - p_num2);
      DBMS_OUTPUT.PUT_LINE ('After RETURN statement…');
   END diff;
BEGIN
   -- Invocation method 1
   v_diff := diff (10, 9);
   DBMS_OUTPUT.PUT_LINE (v_diff);

   -- Invocation method 2
   DBMS_OUTPUT.PUT_LINE (diff(10, 8));
END;
```

在此示例中,我们在函数体的 RETURN 语句之前和之后分别添加了一个 DBMS_OUTPUT.PUT_LINE 语句。当我们运行这个脚本时,会产生以下输出:

```
Before RETURN statement…
1
Before RETURN statement…
2
```

请注意，函数体中的第二个 DBMS_OUTPUT.PUT_LINE 语句不会被执行。

下面，我们来看一个函数示例，该函数包含了多个 RETURN 语句。

示例　ch20_2a.sql

```
DECLARE
   v_result NUMBER;

   FUNCTION calc (p_num1 NUMBER, p_num2 NUMBER)
   RETURN NUMBER
   IS
   BEGIN
      IF p_num1 > p_num2
      THEN
         RETURN (p_num1 - p_num2);
      ELSIF p_num1 < p_num2
      THEN
         RETURN (p_num1 + p_num2);
      END IF;
   END calc;
BEGIN
   -- Invocation 1
   DBMS_OUTPUT.PUT_LINE ('p_num1 > p_num2');
   v_result := calc (10, 9);
   DBMS_OUTPUT.PUT_LINE ('v_result: '||v_result);

   -- Invocation 2
   DBMS_OUTPUT.PUT_LINE ('p_num1 < p_num2');
   v_result := calc (5, 8);
   DBMS_OUTPUT.PUT_LINE ('v_result: '||v_result);

   -- Invocation 3
   DBMS_OUTPUT.PUT_LINE ('p_num1 = p_num2');
   v_result := calc (7, 7);
   DBMS_OUTPUT.PUT_LINE ('v_result: '||v_result);
END;
```

在这个示例中，calc 函数使用 ELSIF 语句来判断两个 IN 模式的形式参数是执行加法运算还是减法运算。在 PL/SQL 块的主体中，函数被调用了三次，在最后一次调用中，两个实际参数的数值是相等的。当我们运行这个脚本时，会产生以下输出：

```
p_num1 > p_num2
v_result: 1
p_num1 < p_num2
v_result: 13
p_num1 = p_num2
```

请注意，函数的最后一次调用会产生下列运行时错误：

```
ORA-06503: PL/SQL: Function returned without value
ORA-06512: at line 15
ORA-06512: at line 29
```

为了消除该脚本的运行时错误，我们对函数代码进行了如下修改（被修改的语句以粗体显示）。

示例　ch20_2b.sql

```
DECLARE
   v_result NUMBER;

   FUNCTION calc (p_num1 NUMBER, p_num2 NUMBER)
   RETURN NUMBER
   IS
   BEGIN
      IF p_num1 > p_num2
      THEN
         RETURN (p_num1 - p_num2);
      ELSIF p_num1 < p_num2
      THEN
         RETURN (p_num1 + p_num2);
      ELSE
         RETURN (p_num1);
      END IF;
   END calc;
BEGIN
   -- Invocation 1
   DBMS_OUTPUT.PUT_LINE ('p_num1 > p_num2');
   v_result := calc (10, 9);
   DBMS_OUTPUT.PUT_LINE ('v_result: '||v_result);

   -- Invocation 2
   DBMS_OUTPUT.PUT_LINE ('p_num1 < p_num2');
   v_result := calc (5, 8);
   DBMS_OUTPUT.PUT_LINE ('v_result: '||v_result);

   -- Invocation 3
   DBMS_OUTPUT.PUT_LINE ('p_num1 = p_num2');
   v_result := calc (7, 7);
   DBMS_OUTPUT.PUT_LINE ('v_result: '||v_result);
END;
```

在此版脚本中，我们在函数中的 ELSIF 语句后增加了 ELSE 语句。这样就可以保证函数中每条可能的执行路径都以 RETURN 语句结尾。当运行这个脚本时，会产生以下输出：

```
p_num1 > p_num2
v_result: 1
p_num1 < p_num2
v_result: 13
p_num1 = p_num2
v_result: 7
```

如前所述，我们也可以将函数嵌入其他语句或者表达式中，如以下示例所示。

示例　ch20_3a.sql

```
DECLARE
   FUNCTION is_number (p_value VARCHAR2)
   RETURN BOOLEAN
   IS
      v_num NUMBER;
   BEGIN
      v_num := TO_NUMBER (p_value);
      RETURN (TRUE);
   EXCEPTION
```

```
         WHEN VALUE_ERROR OR INVALID_NUMBER
         THEN
            RETURN (FALSE);
      END is_number;
BEGIN
   IF is_number('35')
   THEN
      DBMS_OUTPUT.PUT_LINE ('This is a number');
   END IF;

   IF NOT(is_number('ABC'))
   THEN
      DBMS_OUTPUT.PUT_LINE ('This is not a number');
   END IF;
END;
```

在此示例中，IF 语句调用函数 is_number 来判断某个值是否为数字。由于此函数返回一个布尔数据类型，因此在 IF 语句中仅将其用作测试条件。请注意，第二个 IF 语句使用了 NOT 函数，以便将测试条件的结果变为 TRUE。下面的输出也验证了这一点：

```
This is a number
This is not a number
```

20.2 实验 2：创建独立函数

完成此实验后，我们将能够实现以下目标：
❑ 创建独立函数。

创建独立函数的通用语法如清单 20.1 所示（括号中的保留字和短语是可选的）。

清单 20.1 CREATE FUNCTION 语句

```
CREATE [OR REPLACE] [EDITIONABLE|NONEDITIONABLE] FUNCTION function_name
[(parameter declaration)]
RETURN return_datatype
[DETERMINISTIC|PIPELINED|PARALLEL_ENABLE|RESULT_CACHE}
{AS|IS}
…
```

这个语句类似于 CREATE PROCEDURE 语句，但有下列几点不同：
❑ RETURN 子句：此子句我们在 20.1 节中已经介绍过。
❑ DETERMINISTIC 选项：此选项通过阻止不必要的函数调用来帮助 PL/SQL 优化器提高性能。
❑ PIPELINED 选项：此选项只能与表函数一起使用，它可以使函数在执行的同时返回一行。
❑ PARALLEL_ENABLE 选项：此选项开启函数并行执行的功能。
❑ RESULT_CACHE 选项：此选项将函数结果存储在 PL/SQL 函数的结果集缓存中。

以上这些选项我们将在第 22 章中详细地介绍。

下面的示例创建了一个名为 show_description 的独立函数，该函数的返回值是对课程的描述。

示例　ch20_4a.sql

```
CREATE OR REPLACE FUNCTION show_description
   (p_course_no course.course_no%TYPE)
RETURN varchar2
AS
   v_description course.description%TYPE;
BEGIN
   SELECT description
     INTO v_description
     FROM course
    WHERE course_no = p_course_no;
   RETURN v_description;
EXCEPTION
   WHEN NO_DATA_FOUND
   THEN
       RETURN ('Invalid course no');
END;
```

在本示例中的函数头部，我们看到该函数只接受一个 IN 模式的形式参数。请注意，在这种定义下，参数是基于锚定的数据类型的。换句话说，参数是基于 COURSE 表中的 COURSE_NO 列的数据类型。RETURN 子句指定此函数返回一个 VARCHAR2 类型的值。

函数的可执行部分包含 SELECT INTO 和 RETURN 语句。成功查询到课程的描述后，函数会将其返回给调用者。如果要查询的课程编号在 COURSE 表中没有相应的记录，该函数将返回消息"Invalid course no"（无效的课程编号）。

在 STUDENT 模式中创建 show_description 函数后，可以在下面的示例中调用它。

示例　ch20_5a.sql

```
DECLARE
   v_description course.description%TYPE;
BEGIN
   -- Existing course no
   v_description := show_description (10);
   DBMS_OUTPUT.PUT_LINE ('Course description: '||v_description);

   -- Existing course no
   SELECT show_description (120)
     INTO v_description
     FROM DUAL;
   DBMS_OUTPUT.PUT_LINE ('Course description: '||v_description);

   -- Non-existing course no
   v_description := show_description (1000);
   DBMS_OUTPUT.PUT_LINE ('Course description: '||v_description);
END;
```

运行该脚本后会产生以下输出：

```
Course description: Technology Concepts
Course description: Intro to Java Programming
Course description: Invalid course no
```

请注意我们是如何在 SELECT INTO 语句中完成第二次函数调用的。之所以能使用此种调用方式，是因为此函数返回 SQL 支持的数据类型，并且不会发布任何 DML 语句。这个特性我们将在第 22 章中详细地介绍。

到目前为止，我们已经学习了独立过程和独立函数的示例，它们的返回值都是标量数据类型（如 VARCHAR2 和 NUMBER）。然而，函数和过程也可以对记录和集合数据类型进行操作。下面，我们来看一个独立函数示例，它的返回值是基于表的一条记录。

示例　ch20_6a.sql

```
CREATE OR REPLACE FUNCTION show_enrollment
   (p_student_id NUMBER
   ,p_section_id NUMBER)
RETURN enrollment%ROWTYPE
AS
   v_rec enrollment%ROWTYPE;
BEGIN
   SELECT *
     INTO v_rec
     FROM enrollment
    WHERE student_id = p_student_id
      AND section_id = p_section_id;
   RETURN v_rec;
EXCEPTION
   WHEN NO_DATA_FOUND
   THEN
      RETURN v_rec;
END;
```

函数 show_enrollment 接受两个输入参数，其返回值是 enrollment%ROWTYPE 类型的记录。函数被创建后，我们采用如下示例所示的方式来调用它。

示例　ch20_7a.sql

```
DECLARE
   v_rec enrollment%ROWTYPE;
BEGIN
   -- Existing record in the ENROLLMENT table
   v_rec :=
      show_enrollment (p_student_id => 102, p_section_id => 89);
   DBMS_OUTPUT.PUT_LINE ('student_id:  '||v_rec.student_id);
   DBMS_OUTPUT.PUT_LINE ('section_id:  '||v_rec.section_id);
   DBMS_OUTPUT.PUT_LINE ('final_grade: '||v_rec.final_grade);

   -- Non-existing record in the ENROLLMENT table
   v_rec :=
      show_enrollment (p_student_id => 102, p_section_id => 155);
   CASE
      WHEN v_rec.student_id IS NULL
      THEN
```

```
            DBMS_OUTPUT.PUT_LINE ('No enrollment found');
      END CASE;
END;
```

在此示例中,函数 show_enrollment 被调用了两次。请注意,在第二次调用时,没有能同时满足 student_id 和 section_id 两个条件的记录。此时,函数体中的 SELECT INTO 语句

```
    SELECT *
      INTO v_rec
      FROM enrollment
     WHERE student_id = p_student_id
       AND section_id = p_section_id;
```

触发 NO_DATA_FOUND 异常,函数返回 NULL。

接着,PL/SQL 块中的 CASE 语句检查记录的列值 v_rec.student_id 是否为 NULL。回顾一下以前的内容:要检查记录是否为 NULL,需要检查其各个列值。因为 STUDENT_ID 和 SECTION_ID 是 ENROLLMENT 表中的主键列,所以检查其中一个列值就足够了。执行此脚本后会产生以下输出:

```
student_id:   102
section_id:   89
final_grade:  92
No enrollment found
```

如前所述,函数可以被嵌套在其他语句或者表达式中,如以下示例所示(修改部分以粗体突出显示)。

示例　ch20_7b.sql

```
DECLARE
    v_rec enrollment%ROWTYPE;
BEGIN
    -- Existing record in the ENROLLMENT table
    v_rec :=
        show_enrollment (p_student_id => 102, p_section_id => 89);
    DBMS_OUTPUT.PUT_LINE ('student_id: '||v_rec.student_id);
    DBMS_OUTPUT.PUT_LINE ('section_id: '||v_rec.section_id);
    DBMS_OUTPUT.PUT_LINE ('final_grade: '||v_rec.final_grade);

    -- Non-existing record in the ENROLLMENT table
    CASE
        WHEN show_enrollment (p_student_id => 102
                             ,p_section_id => 155).student_id IS NULL
        THEN
            DBMS_OUTPUT.PUT_LINE ('No enrollment found');
    END CASE;
END;
```

在这个脚本中,对函数 show_description 的调用被嵌套在 CASE 语句中。请注意,因为函数返回的是一条记录,所以使用记录的列值来判断该记录是否为 NULL。

本章小结

在本章中,我们学习了如何创建和执行嵌套函数和独立函数。我们得知函数必须有返回值,以避免产生运行时错误。我们还探讨了如何在表达式中使用函数。在第 21 章中,我们将学习如何在包中使用函数。

第 21 章

包

通过本章，我们将掌握以下内容：
- 创建包。
- 包的实例化和初始化。
- 指定 SERIALLY_REUSABLE 选项的包。

包是一个将相关的 PL/SQL 对象组合在一起的集合。包可以包含过程、函数、游标、类型和变量。将逻辑相关的对象组合在一个包中有许多优势。在本章中，我们将了解这些优势，并学习如何利用这些优势。

21.1 实验 1：创建包

完成此实验后，我们将能够实现以下目标：
- 创建包规范。
- 创建包体。

使用包有许多好处。一个设计合理的包是相关对象的逻辑分组，如函数、过程、全局变量和游标。实际上，包就像是一个容器，允许我们封装代码，提高代码的模块化，更易于应用程序的开发。此外，包允许我们封装代码的实现细节，让我们在不影响应用程序调用的情况下修改子程序。

使用包还可以提高整体性能。当我们第一次调用包中的某个子程序时，整个包都被加载到内存中。这意味着对包的第一次调用最耗时，但后续对这个包的所有调用都会提高性能，因为整个包的内容在内存中都是可用的。

21.1.1 创建包规范

包规范包含了对包的公共内容的声明。我们把在包规范中的所有对象都称为公共对象（public objects）。在这里，"公共"是创建包的模式。换句话说，如果在 STUDENT 模式中创建了包，那么这个包规范中声明的内容在 STUDENT 模式中是公共可见的。

创建包规范的语法如清单 21.1 所示（用括号括起来的保留字和短语是可选的）。

清单 21.1　创建包规范

```
CREATE [OR REPLACE] [EDITIONABLE|NONEDITIONABLE] PACKAGE package_name
{AS|IS}
  [type declaration]
  [variable declaration]
  [cursor declaration]
  [function|procedure declaration]
END [package_name];
```

包 student_adm 的包规范如以下示例所示。

示例　ch21_1a.sql

```
CREATE OR REPLACE PACKAGE student_adm
AS

-- User-define record type
TYPE student_rec_type IS RECORD
   (student_id   student.student_id%TYPE
   ,first_name   student.first_name%TYPE
   ,last_name    student.last_name%TYPE
   ,street_addr  student.street_address%TYPE
   ,city         zipcode.city%TYPE
   ,state        zipcode.state%TYPE
   ,zip          zipcode.zip%TYPE
   ,phone        student.phone%TYPE
   ,employer     student.employer%TYPE
   ,reg_dt       student.registration_date%TYPE);
-- Collection of records type
TYPE students_tab_type IS TABLE OF student_rec_type
   INDEX BY PLS_INTEGER;

PROCEDURE get_student (p_student_id   IN student.student_id%TYPE
                      ,p_student_rec OUT student_rec_type);

PROCEDURE get_students (p_zip          IN zipcode.zip%TYPE
                       ,p_students_tab OUT students_tab_type);

FUNCTION id_is_good (p_student_id IN student.student_id%TYPE)
RETURN BOOLEAN;

FUNCTION zip_is_good (p_zip IN zipcode.zip%TYPE)
RETURN BOOLEAN;

END student_adm;
```

在这个脚本中，我们为包 student_adm 创建了包规范。在包规范中，我们声明了该包中可用的公共对象：用户定义的记录类型 student_rec、记录的关联数组（PL/SQL 表）

students_tab、两个过程和两个函数。请注意，包规范中只有声明语句。如前所述，实现细节（过程和函数的可执行代码）是隐藏的。通过查看这个包规范，我们知道如何调用 get_students 过程，但并不知道这个过程是如何完成的。

21.1.2 创建包体

包体涵盖了包规范中描述的对象的实际可执行代码。它不仅包含了包规范中所描述的所有过程和函数的代码，而且可能还包含了包规范中未声明对象的代码；而后一种类型的包对象在包的外部是不可见的，称为私有对象。当我们在创建存储包时，包规范和包体能够单独地被编译。

创建包体的语法如清单 21.2 所示（用括号括起来的保留字和短语是可选的）。

清单 21.2　创建包体

```
CREATE [OR REPLACE] [EDITIONABLE|NONEDITIONABLE] PACKAGE BODY package_name
{AS|IS}
    [declaration section]
    [cursor specification]
    [function|procedure specification]
    [initialization section]
END [package_name];
```

包体中的可选声明部分（declaration section）是对包体中指定的所有私有对象的声明，而不是包规范中公共对象的声明。游标规范部分（cursor specification）定义了包规范中声明的每个游标的内容（即 SELECT 语句）。函数（或过程）规范（function|procedure specification）部分定义了包规范中声明的每个过程和函数的内容。需要注意的是，包规范中定义的游标、过程和函数的头部必须与包体中的头部相匹配，空格除外。最后一个可选项是初始化部分（initialization section），它用于初始化包的变量、常量和执行一次性操作。我们可以将此部分视为包的初始设置过程。

我们在创建包体时，必须遵循以下规则：

- 不能在包体中重复地声明变量、常量、类型和异常。当我们在包规范中声明了这些对象之后，可以在包体中引用这些对象，但不能再次声明。
- 当在包规范中没有声明游标或子程序时，在包体中是可以声明的。
- 在包规范中所声明的所有过程、函数和游标都必须在包体中定义其内容。
- 在包体中所声明和定义的对象是私有对象，可以在包体内的任何地方引用，但不能在包体外的其他地方引用。

下面的示例给出了在示例 ch21_1a.sql 中所创建的包 student_adm 的包体内容。

示例　ch21_1b.sql

```
CREATE OR REPLACE PACKAGE BODY student_adm
AS
-- Private cursor declaration
```

```
   CURSOR student_cur (p_zip zipcode.zip%TYPE)
IS
SELECT s.student_id, s.first_name, s.last_name, s.street_address
      ,z.city, z.state, z.zip, s.phone, s.employer
      ,s.registration_date
  FROM student s
  JOIN zipcode z
    ON s.zip = z.zip
 WHERE z.zip = p_zip;

-- Define procedure and functions declared in the package
-- specification. Note that procedure and function headers
-- match those in the package specification
PROCEDURE get_student (p_student_id   IN student.student_id%TYPE
                      ,p_student_rec OUT student_rec_type)
IS
BEGIN
    -- If student ID is valid, populate student record
    -- Use id_is_good function for this purpose
    IF id_is_good (p_student_id)
    THEN
        SELECT s.student_id, s.first_name, s.last_name
              ,s.street_address, z.city, z.state, z.zip
              ,s.phone, s.employer, s.registration_date
          INTO p_student_rec
          FROM student s
          JOIN zipcode z
            ON s.zip = z.zip
         WHERE s.student_id = p_student_id;
    END IF;
END get_student;

PROCEDURE get_students (p_zip          IN zipcode.zip%TYPE
                       ,p_students_tab OUT students_tab_type)
IS
    v_index PLS_INTEGER := 1;
BEGIN
    -- If zip code is valid, populate collection of records
    -- with student data
    -- Use zip_is_good function for this purpose
    IF zip_is_good (p_zip)
    THEN
       FOR rec IN student_cur (p_zip)
       LOOP
          p_students_tab(v_index) := rec;
          v_index := v_index + 1;
       END LOOP;
    END IF;
END get_students;

FUNCTION id_is_good (p_student_id IN student.student_id%TYPE)
RETURN BOOLEAN
IS
    v_student_id student.student_id%TYPE;
BEGIN
   SELECT student_id
     INTO v_student_id
     FROM student
    WHERE student_id = p_student_id;
   RETURN (TRUE);
```

```
   EXCEPTION
      WHEN OTHERS
      THEN
         RETURN (FALSE);
END id_is_good;

FUNCTION zip_is_good (p_zip IN zipcode.zip%TYPE)
RETURN BOOLEAN
IS
   v_zip zipcode.zip%TYPE;
BEGIN
   SELECT zip
     INTO v_zip
     FROM zipcode
    WHERE zip = p_zip;
   RETURN (TRUE);

EXCEPTION
   WHEN OTHERS
   THEN
      RETURN (FALSE);
END zip_is_good;

END student_adm;
```

在这个脚本中，我们在包体中定义了名为 student_cur 的游标。由于此游标只在包体中被定义，因此它是私有对象，在包体外部是不可见的。接下来，我们定义了包规范中已经声明的过程和函数的具体内容。

在过程 get_student 中，我们通过 id_is_good 函数检查输入的学生 ID 是否有效，同时填充 OUT 模式参数 p_student_rec。在过程 get_students 中，我们通过 zip_is_good 函数查看输入的邮政编码是否有效，然后填充学生记录集合 p_students_tab。

函数 id_is_good 和函数 zip_is_good 用于验证。当 SELECT INTO 语句执行成功时，这两个函数都返回 TRUE，否则返回 FALSE。

在我们创建完包体之后，就可以调用包中的过程和函数，如下面的示例所示。

示例   ch21_1c.sql

```
DECLARE
   -- Define record and collection variables based on the
   -- datatypes defined in the package student_adm
   v_student_rec    student_adm.student_rec_type;
   v_students_tab   student_adm.students_tab_type;
BEGIN
   -- Populate student record
   student_adm.get_student (p_student_id  => 123
                           ,p_student_rec => v_student_rec);

   DBMS_OUTPUT.PUT_LINE ('Student Name: '||
      v_student_rec.first_name||' '||v_student_rec.last_name);

   -- Populate collection of student records
   student_adm.get_students (p_zip          => '07010'
```

```
                            ,p_students_tab => v_students_tab);
     DBMS_OUTPUT.PUT_LINE ('Total students: '||v_students_tab.COUNT);
END;
```

请注意,当我们调用包中的过程时,要在过程名前面加上包名的前缀(用点"."命名法)。执行上面的脚本后产生以下输出:

```
Student Name: Pierre Radicola
Total students: 6
```

下面我们来看一个示例,该示例由于引用了包体中声明的私有游标(错误语句用粗体突出显示)产生了语法错误。

示例　ch21_1d.sql

```
DECLARE
   -- Define record and collection variables based on the
   -- datatypes defined in the package student_adm
   v_student_rec   student_adm.student_rec_type;
   v_students_tab student_adm.students_tab_type;
BEGIN
   OPEN student_adm.student_cur ('12345');

   -- Populate student record
   student_adm.get_student (p_student_id  => 123
                           ,p_student_rec => v_student_rec);

   DBMS_OUTPUT.PUT_LINE ('Student Name: '||
      v_student_rec.first_name||' '||v_student_rec.last_name);

   -- Populate collection of student records
   student_adm.get_students (p_zip          => '07010'
                            ,p_students_tab => v_students_tab);

   DBMS_OUTPUT.PUT_LINE ('Total students: '||v_students_tab.COUNT);
END;
```

运行该脚本后会产生下面错误消息:

```
ORA-06550: line 7, column 21:
PLS-00302: component 'STUDENT_CUR' must be declared
```

根据显示的错误信息,似乎是游标 STUDENT_CUR 不存在。原因是在包体外无法直接访问私有对象。私有对象作为包的内部组成部分只能在包内部被其他对象来调用。

如前所述,如果包规范中没有声明任何游标或子程序,那么在包体中是可以声明的。下面我们来看一个包规范的示例,它声明了两个公共的用户定义的记录类型。

示例　ch21_2a.sql

```
CREATE OR REPLACE PACKAGE date_time_info_adm
AS
```

```
    TYPE date_rec_type IS RECORD
       (day_no            NUMBER
       ,week_day          VARCHAR2(15)
       ,month_no          NUMBER
       ,month_name        VARCHAR2(15)
       ,year              NUMBER
       ,formatted_date    varchar2(30));

    TYPE time_rec_type IS RECORD
       (hours             NUMBER
       ,minutes           NUMBER
       ,seconds           NUMBER
       ,formatted_time    VARCHAR2(30));

END date_time_info_adm;
```

在这个包规范中我们声明了两个记录数据类型，它们可以在 STUDENT 模式中被任何子程序引用。在成功地创建好这个包之后，我们可以在如下示例中使用它。

示例　ch21_2b.sql

```
DECLARE
   v_date date := SYSDATE;

   v_date_rec date_time_info_adm.date_rec_type;
BEGIN
   v_date_rec.day_no           := TO_NUMBER(TO_CHAR(v_date, 'DD'));
   v_date_rec.week_day         := RTRIM(TO_CHAR(v_date, 'Day'));
   v_date_rec.month_no         := TO_NUMBER(TO_CHAR(v_date, 'MM'));
   v_date_rec.month_name       := RTRIM(TO_CHAR(v_date, 'Month'));
   v_date_rec.year             := TO_NUMBER(TO_CHAR(v_date, 'YYYY'));
   v_date_rec.formatted_date :=
       v_date_rec.week_day||': '|| v_date_rec.month_name||' '||
       v_date_rec.day_no||', '|| v_date_rec.year;

   DBMS_OUTPUT.PUT_LINE (v_date_rec.formatted_date);
END;
```

在这个脚本中，我们根据包 date_time_info_adm 中定义的记录类型声明了一个记录变量 v_date_rec。然后，我们将当前的系统日期赋值给这个记录变量，并在屏幕上显示格式化后的日期值。当我们运行此脚本时会产生以下输出：

```
Sunday: November 13, 2022
```

21.2　实验 2：包的实例化和初始化

完成此实验后，我们将能够实现以下目标：
- ❑ 了解包的实例化和初始化（Package Instantiation and Initialization）。
- ❑ 描述包的运行状态（Package State）。

21.2.1 包的实例化和初始化

当我们在会话中第一次引用包时，Oracle 数据库会对该包进行实例化。如果多个会话同时连接到数据库，则每个会话都会对该包进行实例化。

实例化的过程包括以下步骤（如果需要的话）：

（1）包中的公共常量会被赋值为初始值。

（2）如果定义了公共变量，则会将初始值赋给公共变量。

（3）如果包体定义了初始化部分，则会执行该初始化部分。

实际上，实例化的过程就是在会话中第一次使用包之前对包进行初始化。下面我们来看一个示例，该示例对包 date_time_info_adm 进行了更新，它声明了一个带默认值的公共变量（被更改的代码部分以粗体显示）。

示例 ch21_3a.sql

```
CREATE OR REPLACE PACKAGE date_time_info_adm
AS

TYPE date_rec_type IS RECORD
    (day_no              NUMBER
    ,week_day            VARCHAR2(15)
    ,month_no            NUMBER
    ,month_name          VARCHAR2(15)
    ,year                NUMBER
    ,formatted_date      varchar2(30));

TYPE time_rec_type IS RECORD
    (hours               NUMBER
    ,minutes             NUMBER
    ,seconds             NUMBER
    ,formatted_time      VARCHAR2(30));

    system_date DATE := SYSDATE;

END date_time_info_adm;
```

在这个包中，我们添加一个新的公共变量 system_date，并将其初始化为 SYSDATE。这意味着，一旦第一次引用此包，变量 system_date 就会被初始化为系统日期。下面的示例进一步说明了该初始化的结果。

示例 ch21_3b.sql

```
BEGIN
    DBMS_OUTPUT.PUT_LINE ('date_time_info_adm.system_date: '||
       TO_CHAR(date_time_info_adm.system_date, 'MM/DD/YYYY'));
END;
```

请注意，在本示例中，我们并没有为包中的变量赋值，只是在 DBMS_OUTPUT.PUT_LINE 语句中引用了该变量。此脚本的输出结果如下：

```
date_time_info_adm.system_date: 11/13/2022
```

如前所述，当我们在会话中第一次调用包时，如果该包存在，则执行包的初始化部分。但此步骤只执行一次，即使我们在会话中多次调用此包，初始化过程也不会重复执行。包的初始化部分位于包体中，它涵盖了 BEGIN 语句和 END 语句之间的所有内容。下面的示例进一步说明了初始化过程（被更改的代码部分以粗体显示）。

示例　ch21_3c.sql

```
CREATE OR REPLACE PACKAGE date_time_info_adm
AS
TYPE date_rec_type IS RECORD
   (day_no          NUMBER
   ,week_day        VARCHAR2(15)
   ,month_no        NUMBER
   ,month_name      VARCHAR2(15)
   ,year            NUMBER
   ,formatted_date  varchar2(30));

TYPE time_rec_type IS RECORD
   (hours           NUMBER
   ,minutes         NUMBER
   ,seconds         NUMBER
   ,formatted_time  VARCHAR2(30));

   -- Variable initialization is moved to the package
   -- initialization section
   system_date DATE;

END date_time_info_adm;
/
CREATE OR REPLACE PACKAGE BODY date_time_info_adm
AS
BEGIN
   system_date := SYSDATE;
END date_time_info_adm;
/
```

在这个更新版的脚本中，我们在包 date_time_info_adm 中增加了包体。请注意，包体仅包含初始化部分，其中变量 system_date 的默认值为 SYSDATE。当示例 ch21_3b.sql 运行这个更新版的脚本时，它输出的结果与示例 ch21_3a.sql 输出的结果是相同的。

21.2.2　包的运行状态

到目前为止，我们已经在本章中创建了两个包。第一个是 student_adm 包，我们在此包的包体中声明了一个私有游标 student_cur。第二个是 date_time_info_adm 包，我们在此包中声明了一个公共变量 system_date。由于这些声明，这两个包都被认为是有运行状态的。

在 PL/SQL 中，我们将声明了游标、变量或常量的包视为是有运行状态的（stateful）。反之，它便是无运行状态的（stateless）。如果一个包是有运行状态的，那么在包的实例化过程中会包含这个包的运行状态，而该状态通常会持续到会话的整个生命周期，但遇到下列情况时除外：

- 当包被重新编译时。每当我们创建一个新版的包并重新编译包规范或包体时，都会删除包之前的初始化。后续对该包的调用会触发包的重新实例化，并生成新的运行状态。
- 当包使用了 SERIALLY_REUSABLE 选项时。此选项将在 21.3 节中介绍。
- 当一个会话调用了多个包，而其中的一个包变得无效时。在这种情况下，所有包的实例化过程与包的运行状态会一起丢失。

需要注意的是，如果包的运行状态在会话期间保持不变，那么可以将该包视为无运行状态。通常，当编译时包中的项是常量会出现这种情况，如以下示例所示（包的常量是文字）。

示例　ch21_4a.sql

```
CREATE OR REPLACE PACKAGE stateless_pkg
AS
    v_str CONSTANT CHAR(3) := 'ABC';
    v_num CONSTANT NUMBER := 123;
END stateless_pkg;
```

在这个包的定义中，我们声明了两个文字常量，因此，Oracle 数据库将这个包视为无运行状态。

21.3　实验 3：指定 SERIALLY_REUSABLE 选项的包

完成此实验后，我们将能够实现以下目标：
- 使用 SERIALLY_REUSABLE 选项的包。

在前面的实验中，我们学习了包的实例化和包的运行状态。通常，当一个包被会话调用后，其运行状态存储在用户全局区（User Global Area，UGA）中。这在每次会话调用包时都会发生。由于包的运行状态会持续到会话的整个生命周期，因此 UGA 内存会被锁定，直到该会话结束。于是，UGA 的内存量将会随着会话数量的增加而增多，从而对数据库的性能和应用程序可扩展性产生负面影响。

PL/SQL 编程语言允许我们创建 SERIALLY_REUSABLE 包，以帮助更好地实现对内存的管理和提高可扩展性。对于 SERIALLY_REUSABLE 包，其运行状态被存储在系统全局区的一个小内存池的工作区中，而且只在包被调用期间保存其运行状态。当完成了包的调用后，SGA 内存池的工作区即被释放。

当我们再次调用 SERIALLY_REUSABLE 包时，Oracle 数据库会使用内存池中的实例化过程并重新对包进行初始化。从本质上讲，这样每次调用之后与初始化的优势不同，包中的变量值和其他对象不会持久存在。

当我们要创建 SERIALLY_REUSABLE 包时，需要在包规范和包体中指定 PRAGMA SERIALLY_REUSABLE 选项：

```
PRAGMA SERIALLY_REUSABLE;
```

下面的示例创建了两个类似的包，其中一个包使用了 PRAGMA SERIALLY_REUSABLE 语句。

示例　ch21_5a.sql

```
CREATE OR REPLACE PACKAGE sr_test_pkg
AS
    PRAGMA SERIALLY_REUSABLE;

    v_str CHAR(3) := 'ABC';
    v_num NUMBER  := 123;
END sr_test_pkg;
/

CREATE OR REPLACE PACKAGE not_sr_test_pkg
AS
    v_str CHAR(3) := 'ABC';
    v_num NUMBER  := 123;
END not_sr_test_pkg;
/
```

下面这个示例说明了上述两个包的功能差异。

示例　ch21_5b.sql

```
BEGIN
   DBMS_OUTPUT.PUT_LINE ('PL/SQL Block 1');

   -- Display values of the package variables
   DBMS_OUTPUT.PUT_LINE ('sr_test_pkg.v_str: '||sr_test_pkg.v_str);
   DBMS_OUTPUT.PUT_LINE ('sr_test_pkg.v_num: '||sr_test_pkg.v_num);

   DBMS_OUTPUT.PUT_LINE ('not_sr_test_pkg.v_str: '||
      not_sr_test_pkg.v_str);
   DBMS_OUTPUT.PUT_LINE ('not_sr_test_pkg.v_num: '||
      not_sr_test_pkg.v_num);
END;
/

BEGIN
   DBMS_OUTPUT.PUT_LINE ('PL/SQL Block 2');

   -- Reset values of the package variables
   sr_test_pkg.v_str := 'XYZ';
   sr_test_pkg.v_num := 789;

   not_sr_test_pkg.v_str := 'XYZ';
   not_sr_test_pkg.v_num := 789;

   DBMS_OUTPUT.PUT_LINE ('sr_test_pkg.v_str: '||sr_test_pkg.v_str);
   DBMS_OUTPUT.PUT_LINE ('sr_test_pkg.v_num: '||sr_test_pkg.v_num);

   DBMS_OUTPUT.PUT_LINE ('not_sr_test_pkg.v_str: '||
```

```
      not_sr_test_pkg.v_str);
   DBMS_OUTPUT.PUT_LINE ('not_sr_test_pkg.v_num: '||
      not_sr_test_pkg.v_num);
END;
/

BEGIN
   DBMS_OUTPUT.PUT_LINE ('PL/SQL Block 3');

   -- Display values of the package variables
   DBMS_OUTPUT.PUT_LINE ('sr_test_pkg.v_str: '||sr_test_pkg.v_str);
   DBMS_OUTPUT.PUT_LINE ('sr_test_pkg.v_num: '||sr_test_pkg.v_num);

   DBMS_OUTPUT.PUT_LINE ('not_sr_test_pkg.v_str: '||
      not_sr_test_pkg.v_str);
   DBMS_OUTPUT.PUT_LINE ('not_sr_test_pkg.v_num: '||
      not_sr_test_pkg.v_num);
END;
/
```

这个脚本包含三个 PL/SQL 块。在第一个和第三个 PL/SQL 块中，其功能是在屏幕上显示包的变量值。在第二个 PL/SQL 块中，其功能是重置包的变量值并将更新后的变量值显示在屏幕上。运行此脚本后会输出以下结果：

```
PL/SQL Block 1
sr_test_pkg.v_str: ABC
sr_test_pkg.v_num: 123
not_sr_test_pkg.v_str: ABC
not_sr_test_pkg.v_num: 123

PL/SQL Block 2
sr_test_pkg.v_str: XYZ
sr_test_pkg.v_num: 789
not_sr_test_pkg.v_str: XYZ
not_sr_test_pkg.v_num: 789

PL/SQL Block 3
sr_test_pkg.v_str: ABC
sr_test_pkg.v_num: 123
not_sr_test_pkg.v_str: XYZ
not_sr_test_pkg.v_num: 789
```

请注意第三个 PL/SQL 块的输出结果。序列化的包 sr_test_pkg 在定义时被指定了 SERIALLY_REUSABLE 选项，因此包中的变量值被更新为初始的默认值，因为该包在每次被调用时都会被重新初始化：

```
sr_test_pkg.v_str: ABC
sr_test_pkg.v_num: 123
```

而没有被指定 SERIALLY_REUSABLE 选项的包 not_sr_test_pkg，其包中的变量值保留了它们的更新值：

```
not_sr_test_pkg.v_str: XYZ
not_sr_test_pkg.v_num: 789
```

在本示例中，每个 PL/SQL 块被视为单个服务器调用或一个工作单元。每次服务器调用完成时，该包的实例化过程会返回为该包保留的可重用实例化 SGA 内存池。因此，当后面的 PL/SQL 块对包 sr_test_pkg 进行第一次调用时，该包就会被重新初始化。

我们对上面的这个脚本稍加修改，将三个 PL/SQL 块嵌入一个整体的 PL/SQL 块中。这意味着它们不再是单个脚本列出的独立 PL/SQL 块，而是变成了一个完整的 PL/SQL 块中的一部分。请注意，在此示例中，删除了正斜杠（/），其他更改以粗体显示。

示例　ch21_5c.sql

```
BEGIN -- Outer(enclosing) Block
BEGIN
   DBMS_OUTPUT.PUT_LINE ('PL/SQL Block 1');

   -- Display values of the package variables
   DBMS_OUTPUT.PUT_LINE ('sr_test_pkg.v_str: '||sr_test_pkg.v_str);
   DBMS_OUTPUT.PUT_LINE ('sr_test_pkg.v_num: '||sr_test_pkg.v_num);

   DBMS_OUTPUT.PUT_LINE ('not_sr_test_pkg.v_str: '||
      not_sr_test_pkg.v_str);
   DBMS_OUTPUT.PUT_LINE ('not_sr_test_pkg.v_num: '||
      not_sr_test_pkg.v_num);
END;

BEGIN
   DBMS_OUTPUT.PUT_LINE ('PL/SQL Block 2');

   -- Reset values of the package variables
   sr_test_pkg.v_str := 'XYZ';
   sr_test_pkg.v_num := 789;

   not_sr_test_pkg.v_str := 'XYZ';
   not_sr_test_pkg.v_num := 789;

   DBMS_OUTPUT.PUT_LINE ('sr_test_pkg.v_str: '||sr_test_pkg.v_str);
   DBMS_OUTPUT.PUT_LINE ('sr_test_pkg.v_num: '||sr_test_pkg.v_num);

   DBMS_OUTPUT.PUT_LINE ('not_sr_test_pkg.v_str: '||
      not_sr_test_pkg.v_str);
   DBMS_OUTPUT.PUT_LINE ('not_sr_test_pkg.v_num: '||
      not_sr_test_pkg.v_num);
END;

BEGIN
   DBMS_OUTPUT.PUT_LINE ('PL/SQL Block 3');

   -- Display values of the package variables
   DBMS_OUTPUT.PUT_LINE ('sr_test_pkg.v_str: '||sr_test_pkg.v_str);
   DBMS_OUTPUT.PUT_LINE ('sr_test_pkg.v_num: '||sr_test_pkg.v_num);

   DBMS_OUTPUT.PUT_LINE ('not_sr_test_pkg.v_str: '||
      not_sr_test_pkg.v_str);
   DBMS_OUTPUT.PUT_LINE ('not_sr_test_pkg.v_num: '||
      not_sr_test_pkg.v_num);
END;
END;
```

运行此脚本后会产生以下输出结果：

```
PL/SQL Block 1
sr_test_pkg.v_str: ABC
sr_test_pkg.v_num: 123
not_sr_test_pkg.v_str: XYZ
not_sr_test_pkg.v_num: 789
PL/SQL Block 2
sr_test_pkg.v_str: XYZ
sr_test_pkg.v_num: 789
not_sr_test_pkg.v_str: XYZ
not_sr_test_pkg.v_num: 789
PL/SQL Block 3
sr_test_pkg.v_str: XYZ
sr_test_pkg.v_num: 789
not_sr_test_pkg.v_str: XYZ
not_sr_test_pkg.v_num: 789
```

在此脚本的输出中，第二个和第三个 PL/SQL 块的输出结果是相同的。其原因是，当我们将三个 PL/SQL 块嵌入一个外部的 PL/SQL 块后，Oracle 数据库将整个脚本视作一个工作单元，转换为独立的服务器调用。当这个工作单元完成后，Oracle 数据库将处理以下任务：

- 关闭所有被打开的游标。
- 释放不可重用的内存，例如用于集合变量的内存。
- 将包的实例化过程返回到为该包保留的可重用的实例化内存池。

> **注意** 在触发器中引用 SERIALLY_REUSABLE 选项包会产生错误。在 SQL 语句引用 SERIALLY_REUSABLE 选项包也会产生错误。此外，在 SQL 语句调用的任何 PL/SQL 子程序中引用 SERIALLY_REUSABLE 选项包也会产生错误。

本章小结

在本章中，我们学习了 PL/SQL 语言中有关包的概念。我们探讨了如何创建包规范和包体，以及各种类型的包组件，如私有对象和公共对象。我们也学习了包的实例化、初始化以及包的运行状态。最后，我们学习了如何创建 SERIALLY_REUSABLE 选项包，并探讨了 Oracle 数据库是如何使用 SERIALLY_REUSABLE 选项包的。

第 22 章 存储代码中涉及的高级概念

通过本章,我们将掌握以下内容:
- 子程序重载(Subprogram Overloading)。
- 结果集缓存的函数(Result-Cached Function)。
- 在 SQL 语句中调用 PL/SQL 函数。

在前面的三章中,我们探讨了 PL/SQL 中存储代码的各种概念。我们学习了如何创建独立的函数和过程,以及如何将这些函数和过程封装到包中。

在本章中,我们将继续学习存储代码,并探索 PL/SQL 中支持的一些高级选项,例如如何重载子程序,如何使用函数的 RESULT_CACHE 选项,如何创建管道表函数(pipelined table function)以及使用 SQL 宏(SQL macros)。

22.1 实验 1:子程序重载

完成此实验后,我们将能够实现以下目标:
- 重载子程序。

我们在重载子程序时,通常会创建多个同名的子程序。因此,这些重载子程序的参数列表不能完全相同,以便编译器(和执行引擎)能够区分开这些重载子程序。重载子程序的形式参数需要在名称、数据类型或参数数量上有所不同。

在 PL/SQL 中,我们可以重载嵌套子程序和包子程序。但独立的子程序不能被重载。我们看下面嵌套过程重载的示例。

示例　ch22_1a.sql

```
DECLARE
   v_str VARCHAR2(3) := 'ABC';
   v_num NUMBER       := 123;

   PROCEDURE display (p_param IN VARCHAR2)
   IS
   BEGIN
      DBMS_OUTPUT.PUT_LINE (p_param);
   END display;

   PROCEDURE display (p_param IN NUMBER)
   IS
   BEGIN
      DBMS_OUTPUT.PUT_LINE (TO_CHAR(p_param));
   END display;
BEGIN
   display (v_str);
   display (v_num);
END;
```

在本例中，过程 display 被重载。我们首先在 PL/SQL 块的声明部分定义了两个过程 display，它们的 IN 模式参数具有不同的数据类型。执行此示例会产生以下输出：

```
ABC
123
```

在 PL/SQL 中，子程序重载被广泛地使用。例如，内置函数 TO_CHAR 就是子程序重载，它接受数字型和日期型的数据，并将它们转换为字符串型的数据。

下面我们以上一章中创建的包 student_adm 为例。在下面的示例中，这个包被扩展为包含两个新的重载过程，其功能是打印学生信息（新增加的过程以粗体显示）。

示例　ch22_2a.sql

```
CREATE OR REPLACE PACKAGE student_adm
AS

-- User-defined record type
TYPE student_rec_type IS RECORD
   (student_id    student.student_id%TYPE
   ,first_name    student.first_name%TYPE
   ,last_name     student.last_name%TYPE
   ,street_addr   student.street_address%TYPE
   ,city          zipcode.city%TYPE
   ,state         zipcode.state%TYPE
   ,zip           zipcode.zip%TYPE
   ,phone         student.phone%TYPE
   ,employer      student.employer%TYPE
   ,reg_dt        student.registration_date%TYPE);

-- Collection of records type
TYPE students_tab_type IS TABLE OF student_rec_type
   INDEX BY PLS_INTEGER;

PROCEDURE get_student (p_student_id    IN student.student_id%TYPE
```

```
                          ,p_student_rec OUT student_rec_type);

PROCEDURE get_students (p_zip            IN zipcode.zip%TYPE
                       ,p_students_tab OUT students_tab_type);

FUNCTION id_is_good (p_student_id IN student.student_id%TYPE)
   RETURN BOOLEAN;

FUNCTION zip_is_good (p_zip IN zipcode.zip%TYPE)
   RETURN BOOLEAN;

PROCEDURE print_student_data (p_student_rec IN student_rec_type);

PROCEDURE print_student_data (p_student_tab IN students_tab_type);

END student_adm;
/

create or replace PACKAGE BODY student_adm
AS

-- Private cursor declaration
CURSOR student_cur (p_zip zipcode.zip%TYPE)
IS
SELECT s.student_id, s.first_name, s.last_name, s.street_address
      ,z.city, z.state, z.zip, s.phone, s.employer
      ,s.registration_date
  FROM student s
  JOIN zipcode z
    ON s.zip = z.zip
 WHERE z.zip = p_zip;

-- Define procedure and functions declared in the package
-- specification. Note that procedure and function headers
-- match those in the package specification
PROCEDURE get_student (p_student_id   IN student.student_id%TYPE
                      ,p_student_rec OUT student_rec_type)
IS
BEGIN
   -- If student ID is valid, populate student record
   -- Use id_is_good function for this purpose
   IF id_is_good (p_student_id)
   THEN
      SELECT s.student_id, s.first_name, s.last_name
            ,s.street_address, z.city, z.state, z.zip
            ,s.phone, s.employer, s.registration_date
        INTO p_student_rec
        FROM student s
        JOIN zipcode z
          ON s.zip = z.zip
       WHERE s.student_id = p_student_id;
   END IF;
END get_student;

PROCEDURE get_students (p_zip            IN zipcode.zip%TYPE
                       ,p_students_tab OUT students_tab_type)
IS
   v_index PLS_INTEGER := 1;
BEGIN
   -- If zip code is valid, populate collection of records
```

```
      -- with student data
      -- Use zip_is_good function for this purpose
      IF zip_is_good (p_zip)
      THEN
         FOR rec IN student_cur (p_zip)
         LOOP
            p_students_tab(v_index) := rec;
            v_index := v_index + 1;
         END LOOP;
      END IF;
   END get_students;

   FUNCTION id_is_good (p_student_id IN student.student_id%TYPE)
      RETURN BOOLEAN
   IS
      v_student_id student.student_id%TYPE;
   BEGIN
      SELECT student_id
        INTO v_student_id
        FROM student
       WHERE student_id = p_student_id;
      RETURN (TRUE);
   EXCEPTION
      WHEN OTHERS
      THEN
         RETURN (FALSE);
   END id_is_good;

   FUNCTION zip_is_good (p_zip IN zipcode.zip%TYPE)
      RETURN BOOLEAN
   IS
      v_zip zipcode.zip%TYPE;
   BEGIN
      SELECT zip
        INTO v_zip
        FROM zipcode
       WHERE zip = p_zip;
      RETURN (TRUE);

   EXCEPTION
      WHEN OTHERS
      THEN
          RETURN (FALSE);
   END zip_is_good;

   PROCEDURE print_student_data (p_student_rec IN student_rec_type)
   IS
   BEGIN
      DBMS_OUTPUT.PUT_LINE ('student_id:   '||
         p_student_rec.student_id);
      DBMS_OUTPUT.PUT_LINE ('first_name:   '||
         p_student_rec.first_name);
      DBMS_OUTPUT.PUT_LINE ('last_name:    '||p_student_rec.last_name);
      DBMS_OUTPUT.PUT_LINE ('street_addr:  '||
         p_student_rec.street_addr);
      DBMS_OUTPUT.PUT_LINE ('city:         '||p_student_rec.city);
      DBMS_OUTPUT.PUT_LINE ('state:        '||p_student_rec.state);
      DBMS_OUTPUT.PUT_LINE ('zip:          '||p_student_rec.zip);
      DBMS_OUTPUT.PUT_LINE ('phone:        '||p_student_rec.phone);
      DBMS_OUTPUT.PUT_LINE ('employer:     '||p_student_rec.employer);
```

```
         DBMS_OUTPUT.PUT_LINE ('reg_dt:          '||
            to_char(p_student_rec.reg_dt, 'MM/DD/YYYY'));
   END print_student_data;

   PROCEDURE print_student_data (p_student_tab IN students_tab_type)
   IS
   BEGIN
      FOR i IN 1..p_student_tab.COUNT
      LOOP
         DBMS_OUTPUT.PUT_LINE ('Record '||i);
         print_student_data (p_student_tab(i));
      END LOOP;
   END print_student_data;

END student_adm;
/
```

在这个脚本中，我们为包添加了两个重载过程 `print_student_data`。第一个重载过程接受用户定义的记录类型，第二个重载过程接受记录集合类型。我们通过下面的示例对这两个包重载过程进行测试。

示例　ch22_2b.sql

```
DECLARE
   v_student_rec   student_adm.student_rec_type;
   v_students_tab  student_adm.students_tab_type;
BEGIN
   -- Populate student record
   student_adm.get_student (p_student_id  => 123
                           ,p_student_rec => v_student_rec);

   -- Populate collection of student records
   student_adm.get_students (p_zip         => '07010'
                            ,p_students_tab => v_students_tab);

   DBMS_OUTPUT.PUT_LINE ('Total students: '||v_students_tab.COUNT);

   -- Call overloaded procedures
   DBMS_OUTPUT.PUT_LINE ('Call to the first version');
   student_adm.print_student_data (v_student_rec);

   DBMS_OUTPUT.PUT_LINE ('Call to the second version');
   student_adm.print_student_data (v_students_tab);
END;
```

执行这个脚本后将生成下面的输出结果（只显示了部分输出）：

```
Total students: 6
Call to the first version
student_id:    123
first_name:    Pierre
last_name:     Radicola
street_addr:   322 Atkins Ave.
city:          Brooklyn
state:         NY
zip:           11208
```

```
phone:      718-555-5555
employer:   Burke & Co.
reg_dt:     01/27/2003
Call to the second version
Record 1
student_id: 369
first_name: Lorraine
last_name:  Tucker
street_addr: 200 Winston Dr.
city:       Cliffside Park
state:      NJ
zip:        07010
phone:      201-555-5555
employer:   Ettlinger & Amerbach
reg_dt:     02/21/2003
Record 2
…
Record 6
student_id: 286
first_name: Robin
last_name:  Kelly
street_addr: 200 Winston Dr. #2212
city:       Cliffside Park
state:      NJ
zip:        07010
phone:      201-555-5555
employer:   German Express Corp.
reg_dt:     02/13/2003
```

我们在重载子程序时，需要了解以下重要的规则。在 PL/SQL 语言中，以下子程序是不能被重载的：

- 如前所述，独立的过程和函数是不可以被重载的。我们通过下面的代码加以说明：

```
CREATE OR REPLACE PROCEDURE test_overloading
    (p_str IN VARCHAR2)
AS
BEGIN
   NULL;
END;
/

CREATE OR REPLACE PROCEDURE test_overloading (p_num IN NUMBER)
AS
BEGIN
   NULL;
END;
/

CREATE OR REPLACE FUNCTION test_overloading
RETURN VARCHAR2
AS
BEGIN
   RETURN ('ABC');
END;
/
```

执行此脚本时，会产生以下错误：

```
Procedure TEST_OVERLOADING compiled

Procedure TEST_OVERLOADING compiled

Error starting at line : 15 in command -
CREATE OR REPLACE FUNCTION test_overloading
RETURN VARCHAR2
AS
BEGIN
    RETURN ('ABC');
END;
Error report -
ORA-00955: name is already used by an existing object
```

需要注意的是，第一个过程编译成功，而第二个过程会取代第一个过程。但是，当我们创建函数时，会产生"name is already used…"（名字已被使用……）的错误。

❑ 只改变了形式参数的 IN/OUT 模式，这样的子程序是不能被重载的。例如

```
PROCEDURE X (p IN NUMBER)…
PROCEDURE X (p OUT NUMBER)…
```

❑ 只改变了形式参数的变量子类型，这样的子程序是不能被重载的。例如

```
PROCEDURE X (p IN INTEGER)…
PROCEDURE X (p IN REAL)…
```

注意，INTEGER 和 REAL 数据类型都是 NUMBER 类型的子类型。

❑ 只在函数返回的数据类型上有所改变的函数是不能被重载的。例如

```
FUNCTION Y RETURN VARCHAR2…
FUNCTION Y RETURN NUMBER…
```

22.2 实验 2：结果集缓存的函数

完成此实验后，我们将能够实现以下目标：

❑ 使用结果集缓存的函数。

在第 20 章中，我们在创建函数时见过 RESULT_CACHE 子句。该子句表示函数结果集被存储在内存（缓存）中，并且在需要时可被其他会话所调用。结果集缓存机制通常用于频繁被调用的函数，但前提条件是函数所依赖的信息以低频率变化。由于函数的结果集被缓存在内存中，这就大大地减少了不必要的处理和计算，因此它有助于性能的优化。

当我们执行结果集缓存的函数时，Oracle 会检查该函数所使用的表和视图。如果这些对象中的任何一个发生更改，则该结果集缓存对于调用该函数的所有会话来说都将变得无效。我们来看下面的结果集缓存的函数示例，该函数将返回某个指定城市的一条用户定义记录。

示例　ch22_3a.sql

```sql
CREATE OR REPLACE PACKAGE city_data_adm
AS

TYPE city_rec_type IS RECORD
   (city          VARCHAR2(30)
   ,state         VARCHAR2(2)
   ,zip           VARCHAR2(5)
   ,students      NUMBER
   ,instructors   NUMBER);

-- Result-cached function declaration
FUNCTION get_city_data (p_city IN VARCHAR2)
RETURN city_rec_type
RESULT_CACHE;

END city_data_adm;
/

CREATE OR REPLACE PACKAGE BODY city_data_adm
AS

-- Result-cached function definition
FUNCTION get_city_data (p_city IN VARCHAR2)
RETURN city_rec_type
RESULT_CACHE
IS
   v_city_rec city_rec_type;
BEGIN
   -- Populate city record with city, state, zip data
   SELECT city, state, zip
     INTO v_city_rec.city, v_city_rec.state, v_city_rec.zip
     FROM zipcode
    WHERE city = p_city;

   -- Populate city rec with total number of students
   SELECT COUNT(*)
     INTO v_city_rec.students
     FROM student s
     JOIN zipcode z
       ON s.zip = z.zip
    WHERE z.city = p_city;
   -- Populate city rec with total number of instructors
   SELECT COUNT(*)
     INTO v_city_rec.instructors
     FROM instructor i
     JOIN zipcode z
       ON i.zip = z.zip
    WHERE z.city = p_city;

   RETURN (v_city_rec);
EXCEPTION
   WHEN NO_DATA_FOUND
   THEN
      v_city_rec.city := 'Invalid city';
      RETURN (v_city_rec);
END get_city_data;

END city_data_adm;
/
```

在包 `city_data_adm` 中，我们定义了一个结果集缓存的函数 `get_city_data`。此函数引用了 `ZIPCODE`、`STUDENT` 和 `INSTRUCTOR` 三张表中的数据。因为函数 `get_city_data` 是一个结果集缓存的函数，因此 Oracle 数据库需要实时地监测 `ZIPCODE`、`STUDENT` 和 `INSTRUCTOR` 三张表的变更情况。例如，如果我们向 `STUDENT` 表中添加了一个新学生，并且提交了此变更，那么此函数的结果集缓存将变得无效。

我们使用下面示例对新创建的结果集缓存的函数进行测试。

示例　ch22_3b.sql

```
DECLARE
   v_city_rec city_data_adm.city_rec_type;
BEGIN
   v_city_rec := city_data_adm.get_city_data ('Cliffside Park');

   DBMS_OUTPUT.PUT_LINE ('City:        '||v_city_rec.city);
   DBMS_OUTPUT.PUT_LINE ('State:       '||v_city_rec.state);
   DBMS_OUTPUT.PUT_LINE ('Zip:         '|| v_city_rec.zip);
   DBMS_OUTPUT.PUT_LINE ('Students:    '||v_city_rec.students);
   DBMS_OUTPUT.PUT_LINE ('Instructors: '|| v_city_rec.instructors);
END;
```

运行此脚本后会产生下面的输出结果：

```
City:        Cliffside Park
State:       NJ
Zip:         07010
Students:    6
Instructors: 0
```

我们将结果集缓存的函数生成的结果称为"结果对象"（result object）。"结果对象"的信息存储在视图 `v$result_cache_objects` 中，如下面的代码所示。请注意，我们需要以 `SYS` 用户身份登录才能访问此视图，因为 `STUDENT` 用户没有对该视图的访问权限。

```
SELECT id, type, status, scan_count
  FROM v$result_cache_objects
 WHERE namespace = 'PLSQL'
   AND name LIKE '%GET_CITY_DATA%';

  ID  TYPE    STATUS      SCAN_COUNT
 ----  ------  ---------   ----------
 2945  Result  Published            0
```

当第二次执行这条语句时，`scan_count` 的值变为 1：

```
  ID  TYPE    STATUS      SCAN_COUNT
 ----  ------  ---------   ----------
 2945  Result  Published            1
```

需要注意的是，即使我们使用了结果缓存选项来创建函数，但在某些情况下，该函数

也会对同一组参数值执行多次,例如:
- 当函数在给定的数据库实例中第一次被执行的时候。这种情况在前面的示例中已经演示过。
- 当函数的缓存结果无效的时候。如前所述,当对函数所依赖的表的更改被提交后,通常会发生这种情况。
- 当函数的缓存结果在系统内存中老化的时候。在这种情况下,Oracle 将丢弃最旧且很少被使用的缓存结果。
- 当使用结果缓存的函数时,我们可以通过运行 DBMS_RESULT_CASH.FLUSH 过程或函数来清除缓存结果。本质上,它能够将 PL/SQL 函数和 SQL 查询的所有缓存结果都清除掉。

22.3 实验 3:在 SQL 语句中调用 PL/SQL 函数

完成此实验后,我们将能够实现以下目标:
- 在 SQL 语句中调用 PL/SQL 函数。
- 使用管道表函数。
- 使用 SQL 宏。

22.3.1 在 SQL 语句中调用函数

在第 20 章中,我们通过示例 ch20_5a.sql 简要介绍了如何在 SELECT 语句中调用 PL/SQL 函数,下面是其中的部分代码:

```
-- Existing course no
SELECT show_description (120)
  INTO v_description
  FROM DUAL;
DBMS_OUTPUT.PUT_LINE ('Course description: '||v_description);
```

SELECT INTO 这条语句不会产生任何错误,因为 show_description 函数返回 SQL 支持的数据类型,并且不包含任何 DML 语句。PL/SQL 函数必须遵循某些规则才能从 SQL 语句中被调用,这些规则被称为约束规则(purity rules)。例如,如果从 SELECT 语句中调用 PL/SQL 函数,那么该函数不可以修改数据库的任何表,也不可以发布 COMMIT 等控制语句或 CREATE TABLE 等 DDL 语句。

下面是 show_description 函数修改后的版本(更改部分用粗体显示),它违反了其中的一条约束规则。

示例　ch22_4a.sql

```
CREATE OR REPLACE FUNCTION show_description
   (p_course_no course.course_no%TYPE)
```

```
   RETURN varchar2
AS
   v_description course.description%TYPE;
BEGIN
   SELECT description
     INTO v_description
     FROM course
    WHERE course_no = p_course_no;

   -- Add a COMMIT statement to violate a purity rule
   COMMIT;

   RETURN v_description;
EXCEPTION
   WHEN NO_DATA_FOUND
   THEN
      RETURN ('Invalid course no');
END;
```

然后，当我们执行 SELECT 语句时，会产生下列错误：

```
SELECT show_description(120)
  FROM DUAL;

ORA-14552: cannot perform a DDL, commit or rollback inside a query or DML
ORA-06512: at "STUDENT.SHOW_DESCRIPTION", line 13
```

尽管此函数可以在 PL/SQL 块中通过常规赋值语句调用，例如

```
v_description := show_description(120);
```

但是它不能再被 SELECT 语句引用。需要注意的是，违反约束规则是运行时错误。换言之，我们在示例 ch22_4a.sql 中调用的 show_description 函数在编译时不会报错。只有当从 SELECT 语句调用此函数时，才会报错。

22.3.2　使用管道表函数

表函数（Table Function）是一种返回集合数据类型的 PL/SQL 函数，例如，嵌套表可以在 SELECT 语句的 FROM 子句中被调用，通常通过如下所示的 TABLE 语句来实现（括号中的关键字和短语是可选的）：

```
SELECT *
  FROM TABLE (function_name [(parameter_list)])
```

我们看下列表函数的一个示例。

示例　ch22_5a.sql

```
CREATE OR REPLACE TYPE tab_type AS TABLE OF NUMBER;
/

CREATE OR REPLACE FUNCTION table_fn
RETURN tab_type
```

```
IS
   v_tab tab_type := tab_type();
BEGIN
   FOR i in 1..10
   LOOP
      v_tab.extend;
      v_tab (i) := i;
   END LOOP;
   RETURN (v_tab);
END table_fn;
/
```

在此脚本中,我们定义了一个嵌套表类型 `tab_type`。接下来,我们创建了一个独立函数,它填充并返回一个嵌套表集合。新创建的表函数可以按如下方式调用:

```
SELECT * FROM TABLE(table_fn);

COLUMN_VALUE
------------
           1
           2
           3
           4
           5
           6
           7
           8
           9
          10
```

我们可以使用 `PIPELINED` 选项来创建表函数,这样可以提高性能。管道表函数在处理完一行后立即将其返回给调用者,并继续处理下一行。这样的处理方法减少了响应时间,因为函数在返回部分结果集之前不需要填充整个集合。管道表函数可以作为独立函数或包函数创建。我们通过下面的示例进一步地说明。

示例　ch22_6a.sql

```
CREATE OR REPLACE PACKAGE pipelined_fn_pkg
AS

TYPE rec_type IS RECORD
   (row_num    NUMBER
   ,row_desc VARCHAR2(20));

TYPE nested_tab_type IS TABLE OF rec_type;

FUNCTION pipelined_fn (p_recs IN NUMBER)
RETURN nested_tab_type
PIPELINED;

END;
/

CREATE OR REPLACE PACKAGE BODY pipelined_fn_pkg
AS
FUNCTION pipelined_fn (p_recs IN NUMBER)
```

```
   RETURN nested_tab_type
PIPELINED
IS
   v_rec rec_type;
BEGIN
   FOR i in 1..p_recs
   LOOP
      v_rec.row_num  := i;
      v_rec.row_desc := 'Row '||TO_CHAR(i);
      PIPE ROW (v_rec);
   END LOOP;
   RETURN;
END pipelined_fn;

END;
/
```

在本例中，我们创建了一个管道表函数，该函数返回一个用户定义的记录集合。在包规范中，我们首先声明了一个用户定义的记录类型和一个记录类型的嵌套表。然后，我们声明了一个管道表函数。请注意，在函数头部中增加了 PIPELINED 子句。在包主体中，我们对这个函数进行了定义。

此外，我们需要关注一下在函数实现中的一些细节：

❑ 尽管该函数返回了一个记录类型的嵌套表，但它并没有使用 RETURN(collection_name) 语句，如本示例所示。
❑ 只要嵌套表的某条记录在数值型 FOR 循环中被填充，函数使用 PIPE ROW 语句就能够返回这条记录。
❑ 该函数有独立的 RETURN 语句作为 END 语句之前的最后一个可执行语句。

执行此函数得到下列测试结果：

```
SELECT *
  FROM TABLE (pipelined_fn_pkg.pipelined_fn (10));

   ROW_NUM ROW_DESC
---------- --------------------
         1 Row 1
         2 Row 2
         3 Row 3
         4 Row 4
         5 Row 5
         6 Row 6
         7 Row 7
         8 Row 8
         9 Row 9
        10 Row 10
```

22.3.3 使用 SQL 宏

下面我们看一个简单的 PL/SQL 函数，它返回的是格式化名称。该函数示例可以用来返回学生的姓名或教师的姓名。

示例 ch22_7a.sql

```
CREATE OR REPLACE FUNCTION format_name (p_f_name IN VARCHAR2
                                       ,p_m_name IN VARCHAR2
                                       ,p_l_name IN VARCHAR2)
RETURN VARCHAR2
AS
BEGIN
   RETURN (p_l_name||', '||p_f_name||' '||p_m_name);
END;
```

我们可以在 SELECT 语句中调用该函数，如下所示：

```
SELECT format_name(first_name, null, last_name)
  FROM student
 WHERE rownum <= 5;
```

由于上述的 SQL 语句使用了 PL/SQL 函数，因此处理开销与 PL/SQL 和 SQL 引擎之间的通信相关联，这被称为上下文转换。

为了解决这种处理开销，我们可以创建一个 PL/SQL 函数作为 SQL 宏。若要使函数成为 SQL 宏，我们需要在 CREATE FUNCTION 语句中增加 SQL_MACRO 子句。清单 22.1 演示了这种方法。

清单 22.1 SQL_MACRO 子句

```
CREATE OR REPLACE FUNCTION function_name
RETURN datatype
SQL_MACRO (SCALAR|TABLE)
...
```

SQL_MACRO 子句跟在 RETURN 子句后面。SCALAR 或 TABLE 类型指定 SQL 宏是作为标量类型的表达式还是作为表类型的表达式。例如，在 FROM 子句中可以使用表类型的 SQL 宏，而不能使用标量类型的 SQL 宏。下面，我们来看 format_name 函数的更新版示例，其中函数被更改为标量类型的 SQL 宏（所有被更改的代码都以粗体显示）。

示例 ch22_7b.sql

```
CREATE OR REPLACE FUNCTION format_name (p_f_name IN VARCHAR2
                                       ,p_m_name IN VARCHAR2
                                       ,p_l_name IN VARCHAR2)
RETURN VARCHAR2
SQL_MACRO (SCALAR)
AS
BEGIN
   RETURN q'{p_l_name||', '||p_f_name||' '||p_m_name}';
END;
```

在这个版本的脚本中，SQL_MACRO 子句说明了这是一个标量类型的 SQL 宏。请注意 RETURN 表达式的结构：

```
q'{p_l_name||', '||p_f_name||' '||p_m_name}'
```

它使用引号方式来表达字符串文字。这种方式的工作原理如下：

（1）在本例中的字符串文字 `p_l_name||', '|p_f_name||'|p_m_name` 前面添加字母 q 和单引号作为前缀。

（2）在本例中使用了 { 作为起始分隔符来标记字符串的开始。Oracle 识别任何成对的分隔符，如 {}、[]、<> 或（），用来表示字符串文字的开始和结束。

（3）字符串以结束分隔符 } 结尾，后跟一个单引号。

我们编译标量宏后，使用 SELECT 语句进行测试：

```
SELECT format_name(first_name, null, last_name)
  FROM student
 WHERE rownum <= 5;

FORMAT_NAME(FIRST_NAME,NULL,LAST_NAME)
------------------------------------------------------
Crocitto, Fred
Landry, J.
Enison, Laetia
Moskowitz, Angel
Olvsade, Judith
```

如前所述，SQL 宏提高了查询性能，因为优化器将它们与 PL/SQL 函数区别对待。当 SQL 语句使用 PL/SQL 函数时，该函数在查询执行过程中被执行。当 SQL 语句使用宏时，该宏在查询优化过程中被执行。本质上，优化器在 SELECT 语句中用字符串文字 `p_l_name||', '|p_f_name||'|p_m_name` 代替了宏调用。于是，原来的 SELECT 子句

```
SELECT format_name(first_name, null, last_name)
```

变成了

```
SELECT last_name||', '||first_name||' '||null
```

减少了在 SQL 引擎和 PL/SQL 引擎之间的上下文转换。

请注意，当在 PL/SQL 代码中调用 SQL 宏时，它只返回一个字符串。下面的例子进一步说明了这一点。

示例　ch22_8a.sql

```
BEGIN
    DBMS_OUTPUT.PUT_LINE (format_name ('John', 'A.', 'Smith'));
END;
```

即使我们为 `format_name` 函数提供了参数值，它也会返回一个字符串文字，如下所示：

```
p_l_name||', '||p_f_name||' '||p_m_name
```

下面，我们看一个表类型的宏的示例。

示例　ch22_9a.sql

```
CREATE OR REPLACE FUNCTION course_sections
RETURN VARCHAR2
SQL_MACRO (TABLE)
AS
BEGIN
   RETURN q'{SELECT course_no, COUNT(*) sections
               FROM section
              GROUP BY course_no}';
END;
```

在本示例中，表类型的宏 course_sections 返回 SECTION 表中列出的每个课程的总数。如下所示，我们可以在 SELECT 语句中调用此表类型宏：

```
SELECT * FROM course_sections();
```

我们在 FROM 子句中引用了这个表类型宏，它返回一个表数据集（此处只显示了部分输出）：

```
COURSE_NO   SECTIONS
---------- ----------
        10          1
        20          4
        25          9
       100          5
       120          6
       122          5
       124          4
       125          5
       130          4
       132          2
```

表类型宏可以用于有多个表的 SELECT 语句中。例如，SELECT 语句将 COURSE 表与 course_sections 宏关联起来（此处只显示了部分输出）：

```
SELECT c.course_no, c.description, s.sections
  FROM course c, course_sections() s
 WHERE c.course_no = s.course_no;

COURSE_NO DESCRIPTION                                      SECTIONS
--------- ------------------------------------------------ --------
       10 Technology Concepts                                     1
       20 Intro to Information Systems                            4
       25 Intro to Programming                                    9
      100 Hands-On Windows                                        5
      120 Intro to Java Programming                               6
      122 Intermediate Java Programming                           5
```

与标量类型宏一样，表类型宏也可以接受参数，如以下示例所示。

示例　ch22_10a.sql

```
CREATE OR REPLACE FUNCTION student_courses (p_student_id IN NUMBER)
RETURN VARCHAR2
```

```
    SQL_MACRO (TABLE)
AS
BEGIN
    RETURN q'{
        SELECT s.student_id
              ,s.first_name||' '||s.last_name student_name
              ,c.course_no
              ,c.description
          FROM student     s
              ,enrollment  e
              ,section     t
              ,course      c
         WHERE s.student_id = e.student_id
           AND e.section_id = t.section_id
           AND t.course_no = c.course_no
           AND s.student_id = p_student_id}';
END;
```

在本示例中，表类型宏会接受一个输入参数"学生 ID"，并返回学生注册的课程列表。此表类型宏我们可以用下面的方式进行测试：

```
SELECT * FROM student_courses(124);
STUDENT_ID STUDENT_NAME         COURSE_NO DESCRIPTION
---------- -------------------- --------- ------------------------------
       124 Daniel Wicelinski           20 Intro to Information Systems
       124 Daniel Wicelinski           25 Intro to Programming
       124 Daniel Wicelinski          140 Systems Analysis
       124 Daniel Wicelinski          120 Intro to Java Programming
```

需要强调的是，使用 SQL 宏会受到一些限制。以下是本章节所涵盖的部分限制内容的列表。*Oracle's PL/SQL Language Reference* 包含了完整的限制列表以及附加的案例：

- ❏ 我们不能将 SQL_MACRO 子句与 RESULT_CACHE、PARALLEL_ENABLE、DETERMINISTIC 和 PIPELINED 子句一起使用。
- ❏ 我们能够在 SELECT、WHERE 或 HAVING 子句中使用标量类型 SQL 宏。
- ❏ 我们能够在 FROM 子句中使用表类型 SQL 宏。
- ❏ 当我们在 PL/SQL 中调用 SQL 宏时，它会返回一个字符串。因此，该 SQL 宏返回的字符串文字中可能包含语法错误，如无效的表名或拼写错误的关键字，这些错误要到运行时才会知道。
- ❏ SQL 宏必须返回一个字符串，该字符串可以是 VARCHAR2、CHAR 或 CLOB 数据类型的。

到目前为止，我们已经学习了表类型 SQL 宏的示例，其中由函数所返回的表名、列名和列的数量在编译时是预先知道的。下面我们看一个 SQL 宏的例子，其中表名、列的数量及其数据类型事先并不知道，直到运行时才会知道。SQL 宏的这种用例也被称为多态视图（polymorphic views）。具体而言就是，宏包含了查询的蓝图，而调用者在运行时为其提供实现的细节。下面的例子进一步说明了这一点。

示例 ch22_11a.sql

```
CREATE OR REPLACE FUNCTION first_rows (p_table IN DBMS_TF.TABLE_T
                                      ,p_rows  IN NUMBER)
RETURN VARCHAR2 SQL_MACRO(TABLE)
AS
BEGIN
   RETURN q'{SELECT *
               FROM p_table
              WHERE rownum <= p_rows}';
END;
```

在本示例中，宏 first_rows 返回表中所给定数量的行，其中表和要返回的行数都是在运行时提供的。请注意，我们使用了 Oracle 提供的 DBMS_TF 包中定义的 DBMS_TF.TABLE_T 记录类型。有关此软件包的详细信息可以参考 *PL/SQL Packages and Types Reference*。

我们对此宏的调用测试如下（为了便于阅读我们只显示了部分行）：

```
SELECT * FROM first_rows(zipcode, 5);

ZIP   CITY                  ST CREATED_BY …
----- -------------------- -- ----------
00914 Santurce              PR AMORRISO …
01247 North Adams           MA AMORRISO …
02124 Dorchester            MA AMORRISO …
02155 Tufts Univ. Bedford   MA AMORRISO …
02189 Weymouth              MA AMORRISO …
```

在这个示例中，SELECT 语句返回 ZIPCODE 表中的前五行。下面我们看这个函数的修改版本，其中用 FETCH FIRST 语句替换掉 WHERE 子句（所有更改的语句都用粗体显示）。

示例 ch22_11b.sql

```
CREATE OR REPLACE FUNCTION first_rows (p_table IN DBMS_TF.TABLE_T
                                      ,p_rows  IN NUMBER)
RETURN VARCHAR2 SQL_MACRO(TABLE)
AS
BEGIN
   RETURN q'{SELECT *
               FROM p_table
              FETCH FIRST p_rows ROWS ONLY}';
END;
```

当我们调用此函数并运行后，输出结果与上一版本函数的输出结果完全相同。

下面我们学习一个更复杂的多态视图宏的用例，调用者能够指定 SELECT 语句中要包含的列名（所有更改的语句都以粗体显示）。

示例 ch22_11c.sql

```
CREATE OR REPLACE FUNCTION first_rows (p_table   IN DBMS_TF.TABLE_T
                                      ,p_columns IN DBMS_TF.COLUMNS_T
                                      ,p_rows    IN NUMBER)
RETURN VARCHAR2 SQL_MACRO(TABLE)
```

```
   AS
      v_columns    VARCHAR2(500);
      v_sql_stmt VARCHAR2(2000);
   BEGIN
      -- Build list of columns to be included in the SELECT clause
      FOR i IN 1..p_columns.COUNT
      LOOP
         IF v_columns IS NOT NULL
         THEN
            v_columns := v_columns||', ';
         END IF;
         v_columns := v_columns||p_columns(i);
      END LOOP;

      v_sql_stmt := 'SELECT '||v_columns||
                    ' FROM p_table FETCH FIRST p_rows ROWS ONLY';

      -- Display SELECT statement constructed above for testing purposes
      DBMS_OUTPUT.PUT_LINE(v_sql_stmt);

      RETURN v_sql_stmt;
   END;
```

在这个宏版本中我们进行了许多修改。首先，定义了一个新的参数 p_columns，其数据类型被定义为 DBMS_TF.COLUMNS_T 类型。这是 DBMS_TF 包中定义的集合数据类型，使调用者能够指定 SELECT 子句中要包含的列的集合。其次，在函数体内定义了两个局部变量，分别用来存储被逗号分隔的列以及该函数所重新调整的 SELECT 语句。被逗号分隔的列是通过 p_columns 集合的循环遍历来构建的。请注意使用 IF 语句以确保列名用逗号分隔，这样由该函数生成的 SELECT 语句就不会产生语法错误。最后，生成 SELECT 语句并将其显示在屏幕上。此操作仅是为了演示的目的。

我们执行这个宏版本的语句后，得到下面的测试结果：

```
SELECT * FROM first_rows(zipcode, COLUMNS(zip, city, state), 5);

ZIP     CITY                        ST
------- --------------------------- --
00914   Santurce                    PR
01247   North Adams                 MA
02124   Dorchester                  MA
02155   Tufts Univ. Bedford         MA
02189   Weymouth                    MA

SELECT "ZIP", "CITY", "STATE" FROM p_table FETCH FIRST p_rows ROWS ONLY
```

请注意，用于测试此宏的 SELECT 语句是如何利用 COLUMNS 运算符将列名传递给函数的？下面，我们来仔细地看看由这个宏所返回的 SELECT 语句：

```
SELECT "ZIP", "CITY", "STATE" FROM p_table FETCH FIRST p_rows ROWS ONLY
```

这条 SELECT 语句列出了几个列名作为带引号的标识符，这些列名是执行 FOR 循环操作后得到的。而此时两个参数 p_table 和 p_rows 还依然是 SELECT 语句中的文字，尚未被替换成实际值。当宏开始执行并将 `SELECT` 语句作为字符串文本返回给调用者时，替换操作完成，然后调用者执行这条语句。

本章小结

在本章中，我们探讨了存储代码中涉及的高级概念。我们学习了如何重载函数和过程，该功能让我们可以使用相同的名称去调用不同的子程序。我们也学习了如何使用 `RESULT_CACHE` 子句去优化性能，因为该功能让 Oracle 能够从缓存（内存）中检索到函数结果，而不是重复地重新处理。最后，我们深入地探讨了如何在 SQL 语句中调用 PL/SQL 函数，以及如何使用表函数、管道表函数以及 SQL 宏的方法。

第 23 章　Chapter 23

Oracle 对象类型

通过本章，我们将掌握以下内容：
- 对象类型。
- 对象类型方法。

在 Oracle 中，对象类型是面向对象程序设计的主要组成部分。它们用于模拟真实世界的有形实体（如学生、教师和银行账户）以及抽象实体（如邮政编码、几何形状和化学反应）。

在本章中，我们将学习如何创建对象类型，以及如何在集合类型中嵌套对象类型。此外，我们还将了解不同的对象类型方法及其用法。

本章内容主要是介绍性的，不涉及更高级的主题，如对象类型继承（inheritance）和进化（evolution），REF 修饰符和对象类型表（不要与集合混淆）。这些主题以及其他相关的主题都能够在 Oracle 文档中找到，具体而言，它们都被包含在 Oracle 的 *Database Object-Relational Developer's Guide* 文档中。

23.1　实验 1：对象类型

完成此实验后，我们将能够实现以下目标：
- 创建对象类型。
- 对象类型与集合的嵌套使用。

对象类型通常由两部分组成：属性（数据）和方法（函数和过程）。属性是描述对象类型的基本特征。例如，学生对象类型的一些属性可以是名字和姓氏、联系信息和注册信息。方法是在对象类型中定义的函数和过程，它们是可选的。它们表示有可能要在对象属性上执行的操作。例如，学生对象类型的方法可能会更新学生联系信息，获取学生姓名或显示学生信息。

通过组合属性和方法，对象类型可以将数据和可能对该数据执行的操作封装在一起。例如，图23.1显示了对象类型Student。

Student对象类型包含了一些属性，如Student ID、First Name、Zip和Employer等，同时它包含了一些方法，如Update Contact Info、Get Student ID和Get Student Name等。图23.1也显示了Student对象类型的两个实例：Student 1和Student 2。对象实例就是对象类型的值。换句话说，Student对象类型的两个实例Student 1和Student 2包含了实际的学生数据，因此，Get Student ID方法在实例Student 1中返回的Student ID值是102，在实例Student 2中返回的Student ID值是103。

```
对象类型：Student
属性                方法
Student ID          Update Contact Info
First Name          Update Employer
Last Name           Get Student ID
Street Address      Get Student Name
City                Display Student Info
State
Zip
Phone
Employer
```

```
对象实例：Student 1
属性
Student ID: 102
First Name: Fred
Last Name: Crocitto
Street Address: 101-09 120th St.
City: Richmond Hill
State: NY
Zip: 11419
Phone: 718-555-5555
Employer: Albert Hildegard Co.
方法
Update Contact Info
Update Employer
Get Student ID
Get Student Name
Display Student Info
```

```
对象实例：Student 2
属性
Student ID: 103
First Name: J.
Last Name: Landry
Street Address: 7435 Boulevard East #45
City: North Bergen
State: NY
Zip: 07047
Phone: 201-555-5555
Employer: Albert Hildegard Co.
方法
Update Contact Info
Update Employer
Get Student ID
Get Student Name
Display Student Info
```

图23.1　对象类型Student

你知道吗？

对象实例通常简称对象。

在 Oracle 中，对象类型是使用 CREATE OR REPLACE TYPE 子句创建的，并存储在数据库模式中。因此，无法在 PL/SQL 块或存储子程序中创建对象类型。但是，一旦我们创建好对象类型并将其存储在数据库模式中之后，PL/SQL 块或子程序就可以引用该对象类型。

23.1.1 创建对象类型

创建对象类型的通用语法如清单 23.1 所示（括号中的保留字和短语是可选的）。

清单 23.1　创建对象类型

```
CREATE [OR REPLACE] TYPE type_name AS OBJECT
 (attribute_name1 attribute_type,
  attribute_name2 attribute_type,
  …
  attribute_nameN attribute_type,
  [method1 specification],
  [method2 specification],
  …
  [methodN specification]);
[CREATE [OR REPLACE] TYPE BODY type_name AS
 method1 body;
 method2 body;
 …
 methodN body;]
END;
```

请注意，对象类型的创建包括两部分：对象类型规范和对象类型主体。对象类型规范包含属性的声明以及此对象可使用的方法的声明。属性类型（attribute_type）可以是一个内置的 PL/SQL 类型，如 NUMBER 或 VARCHAR2，也可以是一个复杂的用户定义类型，如集合、记录或其他对象类型。方法规范由方法类型、方法的名称以及方法所需的任何输入和输出参数所组成。

在创建对象类型时，必须定义对象规范。在对象类型规范中定义的任何属性和方法对外部（例如 PL/SQL 块、子程序或 Java 应用程序）都是可见的。对象类型规范也被称为公共接口，而在其内部定义的方法被称为公共方法。如前所述，在创建对象类型时，方法是可选的。但是，如果对象类型定义了方法规范，那么它必须定义对象类型主体。

而在创建对象类型时，对象类型主体是可选的。这部分的脚本包含了对象类型规范中所定义的方法的主体（可执行语句）。此外，对象类型主体可以包含尚未在对象类型规范中定义的方法。这些方法是私有的，也就是说，它们对外部是不可见的。而那些可以被定义为私有方法的类型是构造函数、成员和静态方法。23.2 节中详细讨论了不同的方法类型、用法和限制条件。

请注意，到目前为止我们所解释的概念与在第 21 章中我们所学习的有关包的概念相类似。因此，适用于包规范和包体的规则大多也适用于对象类型规范和对象类型主体。例如，在对象类型规范中定义的方法头部，必须与对象类型主体中的方法头部相匹配。

下面我们看一个示例，是对象类型 zipcode_obj_type 的规范定义。

示例　ch23_1a.sql

```
CREATE OR REPLACE TYPE zipcode_obj_type AS OBJECT
   (zip              VARCHAR2(5)
   ,city             VARCHAR2(25)
   ,state            VARCHAR2(2)
   ,created_by       VARCHAR2(30)
   ,created_date     DATE
   ,modified_by      VARCHAR2(30)
   ,modified_date DATE);
```

此对象类型没有包含任何与它相关的方法，其语法有点类似于 CREATE TABLE 语法。在我们创建了这个对象类型后，就可以如下面的示例中所演示的那样使用它：

示例　ch23_2a.sql

```
DECLARE
   zip_obj zipcode_obj_type;
BEGIN
   SELECT
      zipcode_obj_type(zip, city, state, null, null, null, null)
     INTO zip_obj
     FROM zipcode
    WHERE zip = '06883';

   DBMS_OUTPUT.PUT_LINE ('Zip:   '||zip_obj.zip);
   DBMS_OUTPUT.PUT_LINE ('City:  '||zip_obj.city);
   DBMS_OUTPUT.PUT_LINE ('State: '||zip_obj.state);
END;
```

在这个脚本中，我们首先定义了一个对象类型为 zip_code_obj_type 的实例 zip_obj。其次，我们对一些对象的属性进行初始化，并在屏幕上显示这些值。

而这些对象的属性是通过 SELECT INTO 语句进行初始化的。请注意观察 SELECT 子句是如何使用对象类型的构造函数的。回想一下在第 15 章中所学过的嵌套表类型的构造函数。这个对象类型的默认构造函数与其很相似，它们都是系统定义的函数，与其对应的对象类型同名。在 23.2 节中，我们将学习如何定义自己的构造函数。

我们运行这个脚本得到以下的输出结果：

```
Zip:   06883
City:  Weston
State: CT
```

当我们定义了一个对象实例时，其值为 NULL。这意味着不仅它的各个属性为 NULL，而且对象本身也是 NULL。在调用该对象的构造函数方法之前，对象保持为 NULL，如以下示例所示。

示例　ch23_3a.sql

```
DECLARE
   zip_obj zipcode_obj_type;
BEGIN
   DBMS_OUTPUT.PUT_LINE
```

```
         ('Object instance has not been initialized');
      IF zip_obj IS NULL
      THEN
         DBMS_OUTPUT.PUT_LINE ('zip_obj instance is null');
      ELSE
         DBMS_OUTPUT.PUT_LINE ('zip_obj instance is not null');
      END IF;

      IF zip_obj.zip IS NULL
      THEN
         DBMS_OUTPUT.PUT_LINE ('zip_obj.zip is null');
      END IF;

      -- Initialize zip_obj instance
      zip_obj :=
         zipcode_obj_type (null, null, null, null, null, null, null);

      DBMS_OUTPUT.PUT_LINE ('Object instance has been initialized');

      IF zip_obj IS NULL
      THEN
         DBMS_OUTPUT.PUT_LINE ('zip_obj instance is null');
      ELSE
         DBMS_OUTPUT.PUT_LINE ('zip_obj instance is not null');
      END IF;

      IF zip_obj.zip IS NULL
      THEN
         DBMS_OUTPUT.PUT_LINE ('zip_obj.zip is null');
      END IF;
END;
```

我们运行这个脚本得到以下的输出结果：

```
Object instance has not been initialized
zip_obj instance is null
zip_obj.zip is null
Object instance has been initialized
zip_obj instance is not null
zip_obj.zip is null
```

正如我们所看到的，在初始化之前，对象实例及其属性都是 NULL。但是在使用对象实例默认的构造函数对其进行初始化后，它就不再为 NULL，即使其各个属性仍然为 NULL。

> **注意** 引用一个未初始化对象实例的属性会导致 ORA-06530 异常，即引用未初始化的组合。
>
> ```
> DECLARE
>    zip_obj zipcode_obj_type;
> BEGIN
>    zip_obj.zip := '12345';
> END;
>
> ORA-06530: Reference to uninitialized composite
> ORA-06512: at line 4
> ```
>
> 我们的最佳实践是：先初始化任何新创建的对象类型实例。

23.1.2 对象类型与集合的嵌套使用

如前所述，对象类型和集合类型可以相互嵌套在一起使用。我们看下面的示例，其中包含了邮政编码对象的集合。

示例　ch23_4a.sql

```
DECLARE
   TYPE zip_type IS TABLE OF zipcode_obj_type INDEX BY PLS_INTEGER;
   zip_tab zip_type;
BEGIN
   SELECT
      zipcode_obj_type(zip, city, state, null, null, null, null)
     BULK COLLECT INTO zip_tab
     FROM zipcode
    WHERE rownum <= 5;

   IF zip_tab.COUNT > 0
   THEN
      FOR i in 1..zip_tab.count
      LOOP
         DBMS_OUTPUT.PUT_LINE ('Zip:   '||zip_tab(i).zip);
         DBMS_OUTPUT.PUT_LINE ('City:  '||zip_tab(i).city);
         DBMS_OUTPUT.PUT_LINE ('State: '||zip_tab(i).state);
         DBMS_OUTPUT.PUT_LINE ('----------------------');
      END LOOP;
   ELSE
      DBMS_OUTPUT.PUT_LINE ('Collection of objects is empty');
   END IF;
END;
```

该示例首先声明了一个对象类型为 zipcode_obj_type 的关联数组类型 zip_type。接着，根据新创建的关联数组类型声明了集合变量 zip_tab。然后，通过 BULK SELECT 语句来填充这个对象集合。最后，通过 IF 语句检查此集合是否已经被填充完成，并在屏幕上显示其数据。

请注意观察 DBMS_OUTPUT.PUT_LINE 语句是如何引用对象类型的各个属性的。每个属性的前缀都由集合名和行下标组成，而没有引用对象类型本身。

我们运行这个脚本得到以下的输出结果：

```
Zip:      00914
City:     Santurce
State:    PR
----------------------
Zip:      01247
City:     North Adams
State:    MA
----------------------
Zip:      02124
City:     Dorchester
State:    MA
----------------------
Zip:      02155
City:     Tufts Univ. Bedford
```

```
State:    MA
----------------------
Zip:      02189
City:     Weymouth
State:    MA
----------------------
```

在这个示例中，我们看到了如何用数据来填充对象的关联数组。此外，PL/SQL 也支持从对象集合中检索数据。在这种情况下，**集合类型**应该是嵌套表或变长数组类型，而且该类型与相应的对象类型一样被创建和存储在数据库模式中。以下示例说明了这种用法。

示例   ch23_5a.sql

```sql
CREATE OR REPLACE TYPE zip_tab_type AS TABLE OF zipcode_obj_type;
/
DECLARE
   zip_tab zip_tab_type := zip_tab_type();
   v_zip   VARCHAR2(5);
   v_city  VARCHAR2(20);
   v_state VARCHAR2(2);
BEGIN
   SELECT
       zipcode_obj_type(zip, city, state, null, null, null, null)
     BULK COLLECT INTO zip_tab
     FROM zipcode
    WHERE rownum <= 5;

   SELECT zip, city, state
     INTO v_zip, v_city, v_state
     FROM TABLE(zip_tab)
    WHERE rownum < 2;

   DBMS_OUTPUT.PUT_LINE ('Zip:   '||v_zip);
   DBMS_OUTPUT.PUT_LINE ('City:  '||v_city);
   DBMS_OUTPUT.PUT_LINE ('State: '||v_state);
END;
```

首先，该脚本在 STUDENT 模式中创建了一个嵌套表类型 zip_tab_type。然后，PL/SQL 块使用了该表类型。通过在 STUDENT 模式中创建和存储一个嵌套表类型，我们可以在 SELECT INTO 语句中使用 TABLE 函数将对象集合中检索到的数据赋给 v_zip、v_city 和 v_state 变量。回顾一下之前学过的内容，TABLE 函数允许我们像查询一个物理的数据库表那样去查询一个集合。

我们运行这个脚本得到以下的输出结果：

```
Zip:   00914
City:  Santurce
State: PR
```

到目前为止，我们已经了解了对象集合的各种示例。此外，PL/SQL 还支持在对象类型中嵌套集合类型。与前面的示例类似，集合和对象数据类型都应该在数据库模式中创建和存储。下面我们看一个示例，在示例中创建了一个对象类型 state_obj_type，它具有两个集合属性 city 和 zip。

示例　ch23_6a.sql

```
CREATE OR REPLACE TYPE city_tab_type AS TABLE OF VARCHAR2(25);
/
CREATE OR REPLACE TYPE zip_tab_type AS TABLE OF VARCHAR2(5);
/
CREATE OR REPLACE TYPE state_obj_type AS OBJECT
    (state VARCHAR2(2)
    ,city  city_tab_type
    ,zip   zip_tab_type);
/
```

此脚本在 STUDENT 模式中创建了两个嵌套表类型 city_tab_type 和 zip_tab_type。接着，它创建了一个对象类型 state_obj_type，包含三个属性。请注意，属性 city 和 zip 指定为前面所创建的嵌套表类型。

下面我们看一个示例，它使用了新创建的集合和对象类型。

示例　ch23_7a.sql

```
DECLARE
   city_tab city_tab_type;
   zip_tab  zip_tab_type;

   state_obj state_obj_type :=
       state_obj_type(null, city_tab_type(), zip_tab_type());
BEGIN
   SELECT city, zip
     BULK COLLECT INTO city_tab, zip_tab
     FROM zipcode
    WHERE state = 'NY'
      AND rownum <= 5;

   state_obj := state_obj_type ('NY', city_tab, zip_tab);

   DBMS_OUTPUT.PUT_LINE ('State: '||state_obj.state);
   DBMS_OUTPUT.PUT_LINE ('------------------------');

   IF state_obj.city.COUNT > 0
   THEN
      FOR i in state_obj.city.FIRST..state_obj.city.LAST
      LOOP
         DBMS_OUTPUT.PUT_LINE ('City: '||state_obj.city(i));
         DBMS_OUTPUT.PUT_LINE ('Zip:  '||state_obj.zip(i));
      END LOOP;
   END IF;
END;
```

在此脚本的声明部分，定义了两个嵌套表变量 city_tab 和 zip_tab，它们分别被定义为 city_tab_type 和 zip_tab_type 类型。另外，还声明了一个对象实例 state_obj，并按照 state_obj_type 对象类型对该实例进行了初始化。因为对象实例 state_obj 的两个属性 city 和 zip 是嵌套表类型，所以它们是通过默认的构造函数方法被初始化的，如下粗体部分所示：

```
state_obj state_obj_type :=
    state_obj_type(null, city_tab_type(), zip_tab_type());
```

在此示例的可执行部分，两个嵌套表 city_tab 和 zip_tab 是通过 SELECT 语句中的 BULK COLLECT INTO 子句填充的。回想一下，当嵌套表以这种方式被填充时，我们不需要通过调用它们的默认构造函数方法来初始化它们。之后，我们利用对象实例 state_obj 的默认构造函数方法来为该实例赋值：

```
state_obj := state_obj_type ('NY', city_tab, zip_tab);
```

在这种情况下，我们不需要对这两个嵌套表属性 city 和 zip 使用默认的构造函数方法。相反，可以直接地在构造函数方法 state_obj_type 中使用 city_tab 和 zip_tab 两个嵌套表。

当我们运行此脚本时会产生以下输出：

```
State: NY
------------------------
City: Irvington
Zip:  07111
City: Franklin Lakes
Zip:  07417
City: Alpine
Zip:  07620
City: Oradell
Zip:  07649
City: New York
Zip:  10004
```

23.2 实验 2：对象类型方法

完成此实验后，我们将能够实现以下目标：
- 使用构造函数方法。
- 使用成员方法。
- 使用静态方法。
- 使用映射（Map）和排序（Order）方法比较对象。

在 23.1 节中，我们了解到对象类型方法是为对象类型属性指定操作处理的函数和过程，并在对象类型规范中定义。此外，我们学习了如何使用默认的系统定义的构造函数方法。构造函数只是 PL/SQL 支持的方法类型之一，其他一些方法类型还包括成员、静态、映射和排序。方法类型通常是由某个具体方法所执行的操作来决定的。例如，构造函数方法用于初始化对象实例，而映射和排序方法分别用于比较和排序对象实例。

对象类型方法通常使用一个名为 SELF 的内置参数，此参数表示对象类型的一个具体实例。因此，它可供那些在此对象类型实例上被调用的方法使用。在下面的讨论中，我们会看到 SELF 参数的各种示例。

23.2.1 使用构造函数方法

构造函数方法是系统在创建一个新对象类型时隐式创建的默认方法。此构造函数的名称与其对象类型同名。它的输入参数与对象类型属性具有相同的名称和数据类型，并且与对象类型属性的排列顺序完全一样。构造函数方法返回一个对象类型的新实例。换言之，对该对象实例进行初始化并为对象属性赋值。

清单 23.2 演示了调用默认构造函数方法的语句，其中对象类型 zipcode_obj_type 是我们在 23.1 节中所创建的。

清单 23.2　使用 ZIPCODE_OBJ_TYPE 默认构造函数方法

```
zip_obj1 := ZIPCODE_OBJ_TYPE('00914', 'Santurce', 'PR', USER
    ,SYSDATE, USER, SYSDATE);
```

或者

```
zip_obj2 :=
    zipcode_obj_type(NULL, NULL, NULL, NULL, NULL, NULL NULL);
```

对构造函数方法的第一条调用语句返回的是对象类型 zipcode_obj_type 的一个新实例 zip_obj1，该实例的属性被初始化为非空值。第二条调用语句创建了一个具有 NULL 属性值的新实例 zip_obj2。请注意，这两条调用语句都会生成对象类型 zipcode_obj_type 的非空实例。**它们之间的不同之处在于赋给各个属性的值不同。**

在清单 23.2 中，对默认构造函数方法的两条调用语句都使用了位置命名法。回顾一下，位置命名法是根据实际值在函数、过程或（在本例中）构造函数的头部所在位置，将这些值与对应的形式参数相关联。下面，我们演示一个默认构造函数方法的调用语句，它使用了名字命名法。在这种情况下，参数的顺序可以与 zipcode_obj_type 中属性的顺序不对应，因为我们是通过其名字来引用的，如清单 23.3 所示。

清单 23.3　ZIPCODE_OBJ_TYPE 默认构造方法，使用名字命名法⊖

```
zip_obj3 := ZIPCODE_OBJ_TYPE(created_by     => USER
                            ,created_date   => SYSDATE
                            ,modified_by    => USER
                            ,modified_date  => SYSDATE
                            ,zip            =>'00914'
                            ,city           => 'Santurce'
                            ,state          => 'PR');
```

如前所述，PL/SQL 也允许我们创建自己的（用户定义的）构造函数。用户定义的构造函数提供了灵活性，这也是默认构造函数所缺少的。例如，我们可能想在对象类型

⊖ 原文位置命名法错误。——译者注

zipcode_obj_type 上定义一个构造函数，该构造函数只对新创建的对象实例的部分属性进行初始化。在这种情况下，没有被指定值的属性都将由系统初始化为 NULL 值。此外，我们也可以控制构造函数所需要的参数的数量和类型。

看看下面这个用户定义的构造函数示例，其对象类型是 zipcode_obj_type。

示例　ch23_8a.sql

```
CREATE OR REPLACE TYPE zipcode_obj_type AS OBJECT
   (zip            VARCHAR2(5)
   ,city           VARCHAR2(25)
   ,state          VARCHAR2(2)
   ,created_by     VARCHAR2(30)
   ,created_date   DATE
   ,modified_by    VARCHAR2(30)
   ,modified_date DATE

   ,CONSTRUCTOR FUNCTION zipcode_obj_type
       (SELF IN OUT NOCOPY zipcode_obj_type
       ,zip             VARCHAR2)
    RETURN SELF AS RESULT

   ,CONSTRUCTOR FUNCTION zipcode_obj_type
       (SELF IN OUT NOCOPY zipcode_obj_type
       ,zip   VARCHAR2
       ,city  VARCHAR2
       ,state VARCHAR2)
    RETURN SELF AS RESULT);
/
CREATE OR REPLACE TYPE BODY zipcode_obj_type
AS

CONSTRUCTOR FUNCTION zipcode_obj_type
    (SELF IN OUT NOCOPY zipcode_obj_type
    ,zip             VARCHAR2)
RETURN SELF AS RESULT
IS
BEGIN
   SELF.zip := zip;
   SELECT city, state
     INTO SELF.city, SELF.state
   FROM zipcode
   WHERE zip = SELF.zip;

   RETURN;
EXCEPTION
   WHEN NO_DATA_FOUND
   THEN
       RETURN;
END;

CONSTRUCTOR FUNCTION zipcode_obj_type
    (SELF IN OUT NOCOPY zipcode_obj_type
    ,zip   VARCHAR2
    ,city  VARCHAR2
    ,state VARCHAR2)
RETURN SELF AS RESULT
IS
BEGIN
```

```
       SELF.zip := zip;
       SELF.city := city;
       SELF.state := state;

       RETURN;
    END;

END;
/
```

此脚本提供了两个不同的默认构造函数方法，因此扩展了对象类型 `zipcode_obj_type` 的定义。第一个构造函数包含两个参数，第二个构造函数包含四个参数。

这两个构造函数都使用了 `IN OUT` 模式的默认参数 `SELF`，同时使用 `SELF` 作为 `RETURN` 子句中的返回数据类型。如前所述，`SELF` 表示一个具体的对象类型实例。请注意，此脚本中使用了 `NOCOPY` 编译提示。此提示通常与 `OUT` 和 `IN OUT` 模式参数一起使用。默认情况下，`OUT` 和 `IN OUT` 模式参数是按值传递的。因此，在执行子程序或方法之前，这些参数的实际值会被复制。然后，在执行期间，使用临时变量来保存 `OUT` 模式参数的实际值。对于表示复杂数据类型（如集合、记录和对象类型实例）的参数，这个复制步骤可能会大大地增加处理开销。通过使用 `NOCOPY` 提示，告诉 PL/SQL 编译器使用引用方式来传递 `OUT` 和 `IN OUT` 模式参数，从而消除了这个复制步骤。

在这个对象类型的主体中，属性 `city`、`state` 和 `zip` 是由两个构造函数方法来赋值的。第一个构造函数方法通过 `SELECT INTO` 语句完成这项工作，第二个构造函数方法将输入值赋给对象属性。请注意如何通过构造函数方法中的 `SELF` 参数来引用这些属性。

23.2.2 使用成员方法

成员方法为对象实例数据的访问提供了方法。因此，我们需要为对象类型所执行的每个操作定义一个成员方法。例如，我们可能需要向调用的应用程序返回与对象实例相关联的城市、州和邮政编码（即 `city`、`state` 和 `zip`），如下面示例所示。请注意，此示例仅显示了新添加的成员方法。

示例 ch23_8b.sql

```
CREATE OR REPLACE TYPE zipcode_obj_type AS OBJECT
…
   ,MEMBER PROCEDURE get_zipcode_info (out_zip   OUT VARCHAR2
                                      ,out_city  OUT VARCHAR2
                                      ,out_state OUT VARCHAR2));
/

CREATE OR REPLACE TYPE BODY zipcode_obj_type AS
…
MEMBER PROCEDURE get_zipcode_info (out_zip   OUT VARCHAR2
                                  ,out_city  OUT VARCHAR2
                                  ,out_state OUT VARCHAR2)
```

```
   IS
   BEGIN
      out_zip   := SELF.zip;
      out_city  := SELF.city;
      out_state := SELF.state;
   END;

END;
/
```

在这个脚本中,对象类型定义包含一个新的成员过程,该过程返回与对象类型 zipcode_obj_type 的具体实例相关联的邮政编码、城市和州。该过程中对 SELF 参数的引用是可选的,因此,也可以将赋值语句修改成如下方式:

```
out_zip   := zip;
out_city  := city;
out_state := state;
```

上述这些语句对 OUT 参数(这些 OUT 参数与具体对象实例的各个属性相关联)进行初始化,就像我们在引用了 SELF 参数语句中所执行的操作一样。

23.2.3 使用静态方法

静态方法是针对某些操作而创建的,这些操作不需要访问与具体对象实例相关联的数据。因此,这些方法是为对象类型自身而创建的,它描述了针对该对象类型的全局操作。由于静态方法无法访问与具体对象类型实例相关联的数据,因此它们不能引用默认参数 SELF。

下面给出静态方法的一个示例,它显示了邮政编码信息。请注意,这个示例仅显示了新添加的静态方法。

示例　ch23_8c.sql

```
CREATE OR REPLACE TYPE zipcode_obj_type AS OBJECT
…
   ,STATIC PROCEDURE display_zipcode_info
      (in_zip_obj IN zipcode_obj_type));
/
CREATE OR REPLACE TYPE BODY zipcode_obj_type
AS
…
STATIC PROCEDURE display_zipcode_info
   (in_zip_obj IN zipcode_obj_type)
IS
BEGIN
  DBMS_OUTPUT.PUT_LINE ('Zip:   '||in_zip_obj.zip);
  DBMS_OUTPUT.PUT_LINE ('City:  '||in_zip_obj.city);
  DBMS_OUTPUT.PUT_LINE ('State: '||in_zip_obj.state);
END;

END;
/
```

在这个脚本中，静态方法 display_zipcode_info 会在屏幕上显示邮政编码对象的每个属性的值。即使此静态方法引用了与某个对象实例相关联的数据，对象实例也会在其他地方创建（在另一个 PL/SQL 脚本、函数或过程中），然后作为输入参数传递给这个静态方法。

23.2.4 比较对象

在 PL/SQL 中，基本数据类型（如 VARCHAR2、NUMBER 或 DATE）都有预先定义好的顺序，使它们能够相互比较或排序。例如，比较操作符（>）确定哪个变量包含更大的值，而 IF-THEN-ELSE 语句相应地得出 TRUE、FALSE 或 NULL 结果：

```
IF v_num1 > v_num2 THEN
  -- Do something
ELSE
  -- Do something else
END IF;
```

与此相反的是，一个对象类型可能包含具有不同数据类型的多个属性，而它们并没有预先定义好的顺序。因此，为了能够对同一个对象类型的对象实例进行比较和排序，我们必须指定这些对象实例的比较和排序方式。这可以通过两种可选的成员方法来完成：映射和排序。

1. Map 方法

实质上，Map 方法是通过将一个对象实例映射成一个基本（标量）数据类型（如 DATE、NUMBER 或 VARCHAR2），对对象实例执行比较和排序。这个映射的过程就是将对象实例变成可以度量的数据类型（如 DATE、NUMBER 或 VARCHAR2），然后进行比较。

Map 方法是一个不接受任何参数且只返回基本数据类型的成员函数，如下面的示例所示。请注意，此示例只显示了新添加的 Map 方法。

示例　ch23_8d.sql

```
CREATE OR REPLACE TYPE zipcode_obj_type AS OBJECT
…
   ,MAP MEMBER FUNCTION zipcode RETURN VARCHAR2);
/

CREATE OR REPLACE TYPE BODY zipcode_obj_type
AS
…
MAP MEMBER FUNCTION zipcode RETURN VARCHAR2
IS
BEGIN
  RETURN (zip);
END;

END;
/
```

在这个脚本中，Map 成员函数返回已被定义为 VARCHAR2 类型的 zip 属性的值。

当我们将 Map 方法应用于对象类型后，对象类型实例就能够像基本数据类型那样进行比较或排序。例如，如果 zip_obj1 和 zip_obj2 是对象类型 zipcode_obj_type 的两个实例，那么它们可以进行如下的比较操作：

```
zip_obj1 > zip_obj2
```

或

```
zip_obj1.zipcode() > zip_obj2.zipcode()
```

第二条语句通过点命名法来引用 Map 函数。

下面这个示例用来演示如何使用我们目前已经创建的各种对象类型方法。

示例　ch23_9a.sql

```
DECLARE
   zip_obj1 zipcode_obj_type;
   zip_obj2 zipcode_obj_type;
BEGIN
   -- Initialize object instances with user-defined
   -- constructor methods
   zip_obj1 := zipcode_obj_type (zip   => '12345'
                                ,city  => 'Some City'
                                ,state => 'AB');

   zip_obj2 := zipcode_obj_type (zip => '48104');

   -- Compare object instances via map methods
   IF zip_obj1 > zip_obj2
   THEN
      DBMS_OUTPUT.PUT_LINE ('zip_obj1 is greater than zip_obj2');
   ELSE
      DBMS_OUTPUT.PUT_LINE
         ('zip_obj1 is not greater than zip_obj2');
   END IF;
END;
```

当我们调用用户定义的构造函数时，调用语句中不会出现对 SELF 默认参数的引用。

当我们运行此脚本时会产生以下输出：

```
v_zip_obj1 is not greater than v_zip_obj2
```

2. Order 方法

Order 方法使用（与 Map 方法）不同的技术来比较和排序对象实例。它们不会将对象实例映射成可以度量的外部数据类型，如 NUMBER 或 DATE 类型。相反，Order 方法会根据方法中定义的一些标准，将当前对象实例与同一对象类型的其他对象实例进行比较。

Order 方法是同一对象类型的成员函数，只有一个 IN 参数，其返回类型为 INTEGER。另外，Order 方法只能返回一个负数、零或一个正数，这个返回值分别表示 SELF 参数引用的对象实例小于、等于或大于 IN 模式参数引用的对象实例。

 使用 Map 方法和 Order 方法有以下限制：
- 一个对象类型只能够包含一个 Map 方法或一个 Order 方法。如果它同时包含两个方法，那么在其创建时就会产生下列错误：

  PLS-00154: An object type may have only 1 MAP or 1 ORDER method.

  （PLS-00154：对象类型只能有 1 个 MAP 方法或 1 个 ORDER 方法。）
- 从其他对象类型派生出的对象类型不可以定义 Order 方法。

考虑下面的这个示例，它在对象类型 zipcode_obj_type 中使用了 Order 方法。与前面的示例类似，该脚本仅显示了新添加的 Order 方法。

示例 ch23_8e.sql

```
CREATE OR REPLACE TYPE zipcode_obj_type AS OBJECT
…
   ,ORDER MEMBER FUNCTION zipcode (zip_obj zipcode_obj_type)
    RETURN INTEGER);
/
CREATE OR REPLACE TYPE BODY zipcode_obj_type
AS
…
ORDER MEMBER FUNCTION zipcode (zip_obj zipcode_obj_type)
RETURN INTEGER
IS
BEGIN
   IF    zip < zip_obj.zip THEN RETURN -1;
   ELSIF zip = zip_obj.zip THEN RETURN 0;
   ELSIF zip > zip_obj.zip THEN RETURN 1;
   END IF;
END;

END;
/
```

在这个版本的脚本中，Map 成员函数被 Order 成员函数取代。与 Map 方法非常相似，Order 方法使用 zip 属性作为两个对象类型实例的比较基础。

下面的示例演示了如何使用 Order 方法。

示例 ch23_10a.sql

```
DECLARE
   zip_obj1 zipcode_obj_type;
   zip_obj2 zipcode_obj_type;

   v_result INTEGER;
BEGIN
```

```
    -- Initialize object instances with user-defined
    -- constructor methods
    zip_obj1 := zipcode_obj_type ('12345', 'Some City', 'AB');
    zip_obj2 := zipcode_obj_type ('48104');

    -- Compare object instances via ORDER method
    v_result := zip_obj1.zipcode(zip_obj2);
    DBMS_OUTPUT.PUT_LINE ('The result of comparison is '||v_result);

    IF v_result = 1
    THEN
        DBMS_OUTPUT.PUT_LINE ('zip_obj1 is greater than zip_obj2');
    ELSIF v_result = 0
    THEN
        DBMS_OUTPUT.PUT_LINE ('zip_obj1 is equal to zip_obj2');

    ELSIF v_result = -1
    THEN
        DBMS_OUTPUT.PUT_LINE ('zip_obj1 is less than zip_obj2');
    END IF;
END;
```

在这个脚本中，Order 方法的结果被赋值给 INTEGER 类型的变量 v_result。请注意 Order 方法是如何被调用的：

```
v_result := zip_obj1.zipcode(zip_obj2);
```

上述语句调用了实例 zip_obj1 的 Order 方法并将实例 zip_obj2 作为其输入参数。运行时，此脚本会产生以下输出：

```
The result of comparison is -1
zip_obj1 is less than zip_obj2
```

识别使用哪个对象实例来调用 Order 方法是很重要的，因为不同的实例可能会产生不同的结果。例如，如果在调用 Order 方法时调换了对象实例，会发生什么（受影响的语句以粗体显示）？

示例　ch23_10b.sql

```
DECLARE
    zip_obj1 zipcode_obj_type;
    zip_obj2 zipcode_obj_type;

    v_result INTEGER;
BEGIN
    -- Initialize object instances with user-defined
    -- constructor methods
    zip_obj1 := zipcode_obj_type ('12345', 'Some City', 'AB');
    zip_obj2 := zipcode_obj_type ('48104');

    -- Compare object instances via ORDER method
    v_result := zip_obj2.zipcode(zip_obj1);
    DBMS_OUTPUT.PUT_LINE ('The result of comparison is '||v_result);
    IF v_result = 1
    THEN
```

```
      DBMS_OUTPUT.PUT_LINE ('zip_obj2 is greater than zip_obj1');
   ELSIF v_result = 0
   THEN
      DBMS_OUTPUT.PUT_LINE ('zip_obj2 is equal to zip_obj1');
   ELSIF v_result = -1
   THEN
      DBMS_OUTPUT.PUT_LINE ('zip_obj2 is less than zip_obj1');
   END IF;
END;
```

在这个脚本中，我们对 DBMS_OUTPUT.PUT_LINE 语句显示的文本进行了更改，以便输出正确的结果。虽然这是一个非常简单的示例，但它说明了更改 Order 方法的调用方式（通过对象实例的调换）会影响其返回值的计算方式。

此脚本会产生不同的文本输出，如下所示：

```
The result of comparison is 1
zip_obj2 is greater than zip_obj1
```

本章小结

在本章中，我们学习了如何在 Oracle 中定义和使用对象。概括而言，Oracle 中的对象类型与 Java 中所创建的类相似。它们由属性和方法组成，其中属性表示组成对象的不同数据元素，而方法用于对这些数据元素执行各种操作。此外，我们学习了如何使用不同类型的方法来初始化、比较和排序对象。最后，我们学习了如何将对象与集合嵌套使用。

第 24 章

在表中存储对象类型

通过本章，我们将掌握以下内容：
- 在关系表中存储对象类型。
- 在对象表中存储对象类型。
- 对象类型的演化。

在上一章中，我们学习了如何创建对象类型以及如何定义用于各种操作的对象方法。在本章中，我们将继续探索对象类型，并了解如何将它们存储在表中。

当 Oracle 数据库存储对象类型时，它会将对象类型的复杂结构映射成一个简单的表结构。从本质上讲，每个对象属性都对应于表中的一个列。在 Oracle 的文档资料 *Database Object-Relational Developer's Guide* 中，对象类型被看作树状结构，其中的树状分支代表属性，而属性本身被称为叶级属性（leaf-level attribute）。对于非集合类型的叶级属性，我们称其为叶级标量属性（leaf-level scalar attribute）。

在 Oracle 数据库中，对象类型可以存储在传统关系表或对象表中。当对象存储在关系表中时，它被称为列对象（column object），因为该对象代表了表中的一列。当对象类型存储在对象表中时，它被称为行对象（row object），因为表中的每一行都表示对象的一个实例。

在本章中，我们将学习当对象类型存储在关系表和对象表中时，如何来处理它们。此外，我们也将学习用于对象类型的变更方法以及这些变更对其相应的模式对象的影响。

24.1 实验 1：在关系表中存储对象类型

完成此实验后，我们将能够实现以下目标：
- 在关系表中存储对象类型。

关系表能够将对象与其他数据（其他列）一起存储。在将一个对象列添加到关系表之前，必须先定义这个对象类型。下面我们看一个对象类型的示例，该对象类型被应用于一些学生和教师数据中。

示例　ch24_1a.sql

```sql
CREATE OR REPLACE TYPE person_obj_type AS OBJECT
   (id           NUMBER
   ,type         VARCHAR2(15)
   ,first_name   VARCHAR2(25)
   ,last_name    VARCHAR2(25)
   ,phone        VARCHAR2(15)

   ,CONSTRUCTOR FUNCTION person_obj_type
      (SELF IN OUT NOCOPY person_obj_type
      ,person_type         VARCHAR2
      ,person_id           NUMBER)
    RETURN SELF AS RESULT

   ,CONSTRUCTOR FUNCTION person_obj_type
      (SELF IN OUT NOCOPY person_obj_type
      ,person_type         VARCHAR2
      ,person_id           NUMBER
      ,first_name          VARCHAR2
      ,last_name           VARCHAR2
      ,phone               VARCHAR2)
    RETURN SELF AS RESULT

   ,MEMBER PROCEDURE display_person
      (SELF IN OUT NOCOPY person_obj_type));
/
CREATE OR REPLACE TYPE BODY person_obj_type
AS

CONSTRUCTOR FUNCTION person_obj_type
   (SELF IN OUT NOCOPY person_obj_type
   ,person_type         VARCHAR2
   ,person_id           NUMBER)
RETURN SELF AS RESULT
IS
BEGIN
   SELF.id   := person_id;
   SELF.type := person_type;

   IF person_type like 'INSTRUCTOR%'
   THEN
      SELECT first_name, last_name, phone
        INTO SELF.first_name, SELF.last_name, SELF.phone
        FROM instructor
       WHERE instructor_id = SELF.id;

   ELSIF person_type like 'STUDENT%'
   THEN
      SELECT first_name, last_name, phone
        INTO SELF.first_name, SELF.last_name, SELF.phone
        FROM student
```

```
           WHERE student_id = SELF.id;
      ELSE
          RAISE NO_DATA_FOUND;
      END IF;

      RETURN;
EXCEPTION
   WHEN NO_DATA_FOUND
   THEN
        SELF.id := 0;
        SELF.type := 'INVALID';
        RETURN;
END;
CONSTRUCTOR FUNCTION person_obj_type
   (SELF IN OUT NOCOPY person_obj_type
   ,person_type        VARCHAR2
   ,person_id          NUMBER
   ,first_name         VARCHAR2
   ,last_name          VARCHAR2
   ,phone              VARCHAR2)
RETURN SELF AS RESULT
IS
BEGIN
   SELF.type       := person_type;
   SELF.id         := person_id;
   SELF.first_name := first_name;
   SELF.last_name  := last_name;
   SELF.phone      := phone;
   RETURN;
END;
MEMBER PROCEDURE display_person
   (SELF IN OUT NOCOPY person_obj_type)
IS
BEGIN
   DBMS_OUTPUT.PUT_LINE (SELF.type||' - '||TO_CHAR(SELF.id));
   DBMS_OUTPUT.PUT_LINE
       (SELF.first_name||' '||SELF.last_name||', '||SELF.phone);
END;

END;
/
```

在这个脚本中，对象类型 `person_obj_type` 包含了两个用户定义的构造函数方法和一个成员过程（这个成员过程将对象数据显示在屏幕上）。第一个构造函数方法根据参数 `person_type` 的实际值，使用 STUDENT 或 INSTRUCTOR 表中的数据填充对象。

下面，考虑一个数据库表 PERSON，我们将其中一列定义为 `person_obj_type`。该表由三条记录构成，其中第一条记录是教师的，第二条记录是学生的，第三条记录是一个无效的类型。

示例　ch24_2a.sql

```
CREATE TABLE person
   (person_data person_obj_type
```

```
    ,created_date DATE);
-- Populate person table with 3 records
-- Add record for instructor
INSERT INTO person (person_data, created_date)
VALUES (person_obj_type('INSTRUCTOR', 101), SYSDATE);

-- Add record for student
INSERT INTO person (person_data, created_date)
VALUES (person_obj_type('STUDENT', 102), SYSDATE);

-- Add record for invalid person type
INSERT INTO person (person_data, created_date)
VALUES (person_obj_type('SOMEONE', 123), SYSDATE);

COMMIT;
```

在 PERSON 表中填充了这三条记录后，可以按如下方式进行查询：

```
SELECT person_data
  FROM person;
```

请注意，在 SQL Developer 中所生成的查询输出不如在 SQL*Plus 中所生成的查询输出的描述详细。因此，本章中的其余示例将在 SQL*Plus 中运行：

```
PERSON_DATA(ID, TYPE, FIRST_NAME, LAST_NAME, PHONE)
-----------------------------------------------------------------
PERSON_OBJ_TYPE(101, 'INSTRUCTOR', 'Fernand', 'Hanks', '2125551212')
PERSON_OBJ_TYPE(102, 'STUDENT', 'Fred', 'Crocitto', '718-555-5555')
PERSON_OBJ_TYPE(0, 'INVALID', NULL, NULL, NULL)
```

需要注意的是，成员过程 display_person 不可以在 SQL 语句中被引用，如下所示：

```
SELECT person_data.display_person()
  FROM person;

ORA-00904: "PERSON_DATA"."DISPLAY_PERSON": invalid identifier
```

相反，display_person 方法可以在 PL/SQL 脚本中被调用，如下示例所示。

示例 ch24_3a.sql

```
DECLARE
   TYPE person_tab_type IS TABLE OF person_obj_type
      INDEX BY PLS_INTEGER;
   person_tab person_tab_type;
BEGIN
   SELECT person_data
     BULK COLLECT INTO person_tab
     FROM person;

   FOR i in 1..person_tab.count
   LOOP
      person_tab(i).display_person();
      DBMS_OUTPUT.PUT_LINE ('----------------------');
   END LOOP;
END;
```

在该脚本中，我们通过 BULK SELECT 语句填充了一个对象集合，然后调用 display_data 成员过程显示该对象数据。当我们执行此脚本时，会产生以下输出：

```
INSTRUCTOR - 101
Fernand Hanks, 2125551212
----------------------
STUDENT - 102
Fred Crocitto, 718-555-5555
----------------------
INVALID - 0
 ,
----------------------
```

24.2 实验 2：在对象表中存储对象类型

完成此实验后，我们将能够实现以下目标：
❑ 在对象表中存储对象类型。

对象表仅用于存储对象。如前所述，存储在此类表中的对象被称为行对象。我们来看下面这个对象表示例，它存储了 person_obj_type 对象类型。

示例 ch24_4a.sql

```sql
CREATE TABLE person_obj_table OF person_obj_type;

-- Populate person table with 3 records
-- Add record for instructor
INSERT INTO person_obj_table
VALUES (person_obj_type('INSTRUCTOR', 110));

-- Add record for student
INSERT INTO person_obj_table
VALUES (person_obj_type('STUDENT', 144));

-- Add record for invalid person type
INSERT INTO person_obj_table
VALUES (person_obj_type('UNKNOWN', 321));

COMMIT;
```

请注意上述示例中的 CREATE TABLE 语句：

```
CREATE TABLE person_obj_table OF person_obj_type;
```

尽管此语句是用来创建表的，但它并没有给出列名和数据类型。这是因为 person_obj_table 是一个对象表，因此，它可以被定义成一个单列表或一个多列表。这种定义方式为我们提供了很大的灵活性，它能够根据我们需要执行的操作类型去选择哪种定义方式更适合。

当对象表被定义成一个单列表时，这个列的类型就是对象数据类型，它允许我们执行面向对象的各种操作和使用各种对象方法。

当对象表被定义成一个多列表时，对象的每个属性被定义成表中的各列。它允许我们对表执行各种关系型操作。

我们看看如下的 INSERT 语句，其中 person_obj_table 被定义成一个多列表。请注意，下面的 INSERT 语句调用了为该对象类型所创建的第二个构造函数方法：

```
INSERT INTO person_obj_table
VALUES (person_obj_type
       ('UNKNOWN', '789', 'John', 'Smith', '555-555-5555'));
```

然后，我们再看看如下的 SELECT 语句，其中 person_obj_table 被定义成一个单列表，因为 SELECT 语句调用了 VALUE 函数，该函数返回与表中的行相对应的对象实例：

```
SELECT VALUE(o)
  FROM person_obj_table o
 WHERE o.type = 'UNKNOWN';

VALUE(O)(ID, TYPE, FIRST_NAME, LAST_NAME, PHONE)
--------------------------------------------------------------
PERSON_OBJ_TYPE(789, 'UNKNOWN', 'John', 'Smith', '555-555-5555')
```

我们也可以针对对象表中的行（对象实例）进行更新操作，如下所示：

```
UPDATE person_obj_table o
   SET VALUE (o) = person_obj_type (321, 'UNKNOWN', 'UNKNOWN'
                                 ,'UNKNOWN', 'UNKNOWN')
 WHERE o.id = 0;
```

当我们执行完这条 UPDATE 语句后，再次执行前面的 SELECT 语句，它会返回一个不同的结果集：

```
VALUE(O)(ID, TYPE, FIRST_NAME, LAST_NAME, PHONE)
--------------------------------------------------------------
PERSON_OBJ_TYPE(321, 'UNKNOWN', 'UNKNOWN', 'UNKNOWN', 'UNKNOWN')
PERSON_OBJ_TYPE(789, 'UNKNOWN', 'John', 'Smith', '555-555-5555')
```

24.3 实验 3：对象类型的演化

完成此实验后，我们将能够实现以下目标：
- 描述对象类型的演化过程。

我们将修改对象类型的过程称为对象类型的演化（type evolution）。当对象类型被创建后，我们可以对其进行修改（也称为演化）。在上一章中，我们修改了对象类型 zipcode_obj_type，对其进行了类型演化。在本章节中，我们会给它增加各种方法。此外，我们也可以增加或删除某个对象类型的属性，或者更改其数据类型。

当我们对某个对象类型进行修改或演化时，它所依赖的模式对象也会受到影响。换句话说，引用该对象类型的任何模式对象（如表或 PL/SQL 子程序）也会受到影响。

下面是关于对象类型 person_obj_type 的演化示例。ALTER TYPE 语句为对象类型添加一个列，该列用来跟踪学生已注册的课程总数或者教师正在教授的课程总数。

示例　ch24_5a.sql

```
ALTER TYPE person_obj_type
  ADD ATTRIBUTE (total_courses NUMBER);
```

当我们执行此语句时，会产生以下错误：

```
ORA-22312: must specify either CASCADE or INVALIDATE option
```

由于对象类型 person_obj_type 具有依赖对象表 person_obj_table，因此 Oracle 数据库需要一个附加选项来指定应如何处理依赖模式对象。其中，CASCADE 选项就是用于将对象类型的更新传递给依赖模式对象——在本例中，就是将更新传递给 person_obj_table 对象表。请注意，从 Oracle 12c Release 2 开始，INVALIDATE 选项已被弃用。

现在我们使用 CASCADE 选项对前面的示例代码进行修正。

示例　ch24_5b.sql

```
ALTER TYPE person_obj_type
  ADD ATTRIBUTE (total_courses NUMBER)
CASCADE NOT INCLUDING TABLE DATA;
```

在这个脚本中，CASCADE 选项与 NOT INCLUDING TABLE DATA 子句一起使用。在这种情况下，当我们执行此命令后，对象表 person_obj_table 中的数据不会被转换。

下面我们对 person_obj_table 对象表执行两条 SELECT 语句，看看这两条 SELECT 语句产生的不同的输出结果：

```
  select * from person_obj_table;

  ID TYPE        FIRST_NAME LAST_NAME PHONE         TOTAL_COURSES
---- ----------- ---------- --------- ------------- -------------
 110 INSTRUCTOR  Irene      Willig    2125551212
 144 STUDENT     David      Essner    203-555-5555
 321 UNKNOWN     UNKNOWN    UNKNOWN   UNKNOWN
 789 UNKNOWN     John       Smith     555-555-5555

select value(o) from person_obj_table o;
ERROR:
ORA-22337: the type of accessed object has been evolved
```

第一条 SELECT 语句将 person_obj_table 对象表看作一个传统的关系表。如果我们将一个新列添加到关系表后，对其执行 SELECT 语句，就会得到上面的输出结果，新添加的列值为 NULL。

第二条 SELECT 语句使用 VALUE 函数从表中返回对象实例。该语句产生的错误消息显示"对象已经被演化"。为了避免此类错误，我们可以执行两个可选操作。第一个可选操作是，断开执行对象类型更改的会话，然后再重新与数据库连接。完成这些操作后，前面的 SELECT 语句将成功执行：

```
VALUE(O)(ID, TYPE, FIRST_NAME, LAST_NAME, PHONE, TOTAL_COURSES)
---------------------------------------------------------------
PERSON_OBJ_TYPE(110, 'INSTRUCTOR', 'Irene', 'Willig', '2125551212', NULL)
PERSON_OBJ_TYPE(144, 'STUDENT', 'David', 'Essner', '203-555-5555', NULL)
PERSON_OBJ_TYPE(321, 'UNKNOWN', 'UNKNOWN', 'UNKNOWN', 'UNKNOWN', NULL)
PERSON_OBJ_TYPE(789, 'UNKNOWN', 'John', 'Smith', '555-555-5555', NULL)
```

第二个可选操作是，在对象类型被更改后执行 ALTER TABLE 语句，如下面示例所示（更改部分以粗体显示）。

示例 ch24_5c.sql

```
ALTER TYPE person_obj_type
  ADD ATTRIBUTE (total_courses NUMBER)
  CASCADE NOT INCLUDING TABLE DATA;

ALTER TABLE person_obj_table
  UPGRADE INCLUDING DATA;
```

请注意，UPGRADE INCLUDING DATA 选项与 ALTER TABLE 语句是一起使用的。这条语句对该对象表执行了转换操作，使对象表中的数据与更改后的对象类型一致。

需要强调的是，这些语句的执行都不是用来给对象表填充数据的。它们只是确保对象表与最新的对象类型保持一致。如果要给新添加的对象属性填充数据，我们需要修改对象类型 person_obj_type 的用户定义的构造函数方法。另外，我们可以对 person_obj_table 对象表执行 UPDATE 语句，将 total_courses 的值初始化为 0：

```
UPDATE person_obj_table
  SET total_courses = 0
WHERE type = 'UNKNOWN';
```

执行了这条 UPDATE 语句后，前面的 SELECT 语句返回下面的数据结果：

```
VALUE(O)(ID, TYPE, FIRST_NAME, LAST_NAME, PHONE, TOTAL_COURSES)
---------------------------------------------------------------
PERSON_OBJ_TYPE(110, 'INSTRUCTOR', 'Irene', 'Willig', '2125551212', NULL)
PERSON_OBJ_TYPE(144, 'STUDENT', 'David', 'Essner', '203-555-5555', NULL)
PERSON_OBJ_TYPE(321, 'UNKNOWN', 'UNKNOWN', 'UNKNOWN', 'UNKNOWN', 0)
PERSON_OBJ_TYPE(789, 'UNKNOWN', 'John', 'Smith', '555-555-5555', 0)
```

我们可以通过修改对象类型 person_obj_type 的构造函数方法，来匹配新添加的属性 total_courses，如下面示例所示。

示例　　ch24_6a.sql

```sql
-- 1. Alter type and drop constructor methods
ALTER TYPE person_obj_type
 DROP
     CONSTRUCTOR FUNCTION person_obj_type
         (SELF IN OUT NOCOPY person_obj_type
         ,person_type        VARCHAR2
         ,person_id          NUMBER)
      RETURN SELF AS RESULT
,DROP
     CONSTRUCTOR FUNCTION person_obj_type
         (SELF IN OUT NOCOPY person_obj_type
         ,person_type        VARCHAR2
         ,person_id          NUMBER
         ,first_name         VARCHAR2
         ,last_name          VARCHAR2
         ,phone              VARCHAR2)
      RETURN SELF AS RESULT
CASCADE NOT INCLUDING TABLE DATA;

-- 2. Alter type and add user-defined constructor methods
ALTER TYPE person_obj_type
  ADD CONSTRUCTOR FUNCTION person_obj_type
         (SELF IN OUT NOCOPY person_obj_type
         ,person_type        VARCHAR2
         ,person_id          NUMBER)
      RETURN SELF AS RESULT
 ,ADD CONSTRUCTOR FUNCTION person_obj_type
         (SELF IN OUT NOCOPY person_obj_type
         ,person_type        VARCHAR2
         ,person_id          NUMBER
         ,first_name         VARCHAR2
         ,last_name          VARCHAR2
         ,phone              VARCHAR2
         ,total_courses      NUMBER)
      RETURN SELF AS RESULT
CASCADE NOT INCLUDING TABLE DATA;

-- 3. Re-create type body
CREATE OR REPLACE TYPE BODY person_obj_type
AS
CONSTRUCTOR FUNCTION person_obj_type
    (SELF IN OUT NOCOPY person_obj_type
    ,person_type        VARCHAR2
    ,person_id          NUMBER)
RETURN SELF AS RESULT
IS
BEGIN
    SELF.id   := person_id;
    SELF.type := person_type;

    IF person_type like 'INSTRUCTOR%'
    THEN
       SELECT first_name, last_name, phone
         INTO SELF.first_name, SELF.last_name, SELF.phone
       FROM instructor
       WHERE instructor_id = SELF.id;

       SELECT COUNT(*)
         INTO SELF.total_courses
```

```
         FROM section
        WHERE instructor_id = SELF.id;
    ELSIF person_type like 'STUDENT%'
    THEN
       SELECT first_name, last_name, phone
         INTO SELF.first_name, SELF.last_name, SELF.phone
         FROM student
        WHERE student_id = SELF.id;

       SELECT COUNT(*)
         INTO SELF.total_courses
         FROM enrollment
        WHERE student_id = SELF.id;
    ELSE
       RAISE NO_DATA_FOUND;
    END IF;

    RETURN;
EXCEPTION
   WHEN NO_DATA_FOUND
   THEN
      SELF.id := 0;
      SELF.type := 'INVALID';
      SELF.total_courses := 0;
      RETURN;
END;

CONSTRUCTOR FUNCTION person_obj_type
   (SELF IN OUT NOCOPY person_obj_type
   ,person_type        VARCHAR2
   ,person_id          NUMBER
   ,first_name         VARCHAR2
   ,last_name          VARCHAR2
   ,phone              VARCHAR2
   ,total_courses      NUMBER)
RETURN SELF AS RESULT
IS
BEGIN
   SELF.type          := person_type;
   SELF.id            := person_id;
   SELF.first_name    := first_name;
   SELF.last_name     := last_name;
   SELF.phone         := phone;
   SELF.total_courses := total_courses;
   RETURN;
END;

MEMBER PROCEDURE display_person
   (SELF IN OUT NOCOPY person_obj_type)
IS
BEGIN
   DBMS_OUTPUT.PUT_LINE (SELF.type||' - '||TO_CHAR(SELF.id));
   DBMS_OUTPUT.PUT_LINE
      (SELF.first_name||' '||self.last_name||', '||SELF.phone);
   DBMS_OUTPUT.PUT_LINE ('Total Courses: '||SELF.total_courses);
END;

END;
/
```

这个脚本由三部分组成。第一部分是修改对象类型 `person_obj_type`，同时删除两个构造函数方法。第二部分是再次修改对象类型 `person_obj_type`，同时增加两个构造函数方法。请注意，此时仅仅增加了构造函数的规范定义。对于第一个构造函数方法，我们没有修改其规范定义，而对于第二个构造函数方法，我们在其规范定义中添加一个新的参数 `total_courses`。最后是第三部分，我们通过 CREATE OR REPLACE TYPE BODY 语句修改了对象类型主体。在该对象类型主体中，我们修改了所有的构造函数方法以匹配添加的新属性 `total_courses`。

基于 `person_obj_type` 的最新脚本，下面我们针对 `person_obj_table` 执行 INSERT 语句：

```
-- Add record for instructor
INSERT INTO person_obj_table
VALUES (person_obj_type('INSTRUCTOR', 108));

-- Add record for student
INSERT INTO person_obj_table
VALUES (person_obj_type('STUDENT', 117));

COMMIT;
```

插入了这些行后，`person_obj_data` 表一共有六行，其中新插入的行包含了课程总数。

```
    ID TYPE       FIRST_NAME LAST_NAME PHONE        TOTAL_COURSES
   --- ---------- ---------- --------- ------------ -------------
   108 INSTRUCTOR Charles    Lowry     2125551212               9
   117 STUDENT    N          Kuehn     718-555-5555             2
   110 INSTRUCTOR Irene      Willig    2125551212
   144 STUDENT    David      Essner    203-555-5555
   321 UNKNOWN    UNKNOWN    UNKNOWN   UNKNOWN                  0
   789 UNKNOWN    John       Smith     555-555-5555             0
```

本章小结

在本章中，我们学习了如何将对象类型存储在表中。我们对关系表中的列对象和对象表中的行对象分别进行了探索。此外，我们也了解到，Oracle 数据库是以树状结构来存储对象的，其中对象属性被称为叶级属性。最后，我们学习了有关对象类型的演化，其类型演化的过程以及类型演化是如何影响其所依赖的模式对象的。

第 25 章

使用 DBMS_SQL 包构建动态 SQL

通过本章，我们将掌握以下内容：

❏ 使用 DBMS_SQL 包构建动态 SQL。

在第 17 章中，我们遇到了动态 SQL 的概念，其中 SQL 语句是在 PL/SQL 中被动态地构建的。我们了解了用于创建和运行动态 SQL 的 PL/SQL 特性，该特性被称为本地动态 SQL。在本章中，我们将了解编写动态 SQL 的第二种方法，即使用由 Oracle 提供的 DBMS_SQL 包。

尽管使用本地动态 SQL 的 PL/SQL 代码更容易理解且具有更好的性能，但是在某些情况下，我们必须使用 DBMS_SQL 包。在下列情况下 DBMS_SQL 包用于构建动态 SQL：

❏ 直到运行时，我们才知道 SELECT 语句有哪些列。
❏ 直到运行时，我们才知道 SELECT 语句或 DML 语句中要绑定哪些占位符。
❏ 当查询结果被隐式地返回，而不是通过 OUT REF CURSOR 参数返回时。

请注意，如果有需求，我们能够使用 DBMS_SQL 包切换到本地动态 SQL。

25.1 实验 1：使用 DBMS_SQL 包生成动态 SQL

完成此实验后，我们将能够实现以下目标：

❏ 使用 DBMS_SQL 包生成动态 SQL。

使用 DBMS_SQL 包创建动态 SQL 的步骤如下：

（1）打开游标　当处理 SQL 语句时，它是与游标相关联的。DBMS_SQL.OPEN_CURSOR 函数返回一个游标 ID，这个游标 ID 可能会在后面的程序中被引用。

（2）解析 SQL 语句　在此步骤中，将检查语句的语法，同时将 SQL 语句与游标相关联

（游标 ID 由 OPEN_CURSOR 函数返回）。

（3）绑定变量　在此步骤（这步是可选的）中，当运行 SQL 语句时，SQL 语句中绑定变量的占位符会被替换为实际值。DBMS_SQL 包提供了 BIND_VARIABLE、BIND_VARIABLE_PKG 和 BIND_ARRAY 过程支持此类操作。

（4）定义列　在此步骤中，SELECT 语句返回的列被映射给变量。请注意，DBMS_SQL 包提供了 DEFINE_COLUMN、DEFINE_COLUMN_LONG 和 DEFINE_ARRAY 过程，这些过程是根据 SELECT 语句返回的列的数据类型被分别调用的。例如，当 SELECT 语句返回的是 PL/SQL 集合时，DEFINE_ARRAY 过程将被调用。

（5）执行　通过 EXECUTE 函数执行 SQL 语句。

（6）获取结果　通过调用 FETCH_ROWS 函数返回 SQL 语句的结果。此外，DBMS_SQL 包提供了 EXECUTE_AND_FETCH 函数，该函数可以让我们将执行和获取步骤合并为一个（更高效的）步骤。

（7）检索值　检索由 FETCH_ROWS 函数返回的值。DBMS_SQL 包提供了几个过程和函数来处理 SQL 语句返回的值，它们分别是：VARIABLE_VALUE、VARIABLE_VALUE_PKG、COLUMN_VALUE 和 COLUMN_VALUE_LONG。例如，COLUMN_VALUE 过程被用来确定 SQL 语句返回的列的实际值。

（8）关闭游标　当游标不再被使用时，通过 CLOSE_CURSOR 过程关闭游标。

总体来看，这些步骤类似于本地动态 SQL 中所使用的打开游标（OPEN FOR）、获取游标（FETCH）和关闭游标（CLOSE）步骤。但是，当我们使用 DBMS_SQL 包时，需要执行更多的步骤来定义 SQL 语句列出的列以及处理被返回的值。

我们来看包 table_adm_pkg 的一个示例，这个包能够让我们在不同表之间复制数据。但前提条件是，这些表必须具有相同的结构。因为在运行时才能知道表名，所以我们使用了 DBMS_SQL 包。请注意，DBMS_SQL 包不是完成这些任务所必需的，我们在这里调用它只是为了进行演示。

示例　ch25_1a.sql

```
CREATE OR REPLACE PACKAGE table_adm_pkg
AS

-- Checks how many rows are in a table
PROCEDURE check_total_rows (p_table_name IN VARCHAR2
                           ,p_total_rows OUT NUMBER);

-- Deletes rows from a table
PROCEDURE delete_table_data (p_table_name    IN VARCHAR2
                            ,p_deleted_rows OUT NUMBER);

-- Inserts rows into a table by copying them from
-- another table
PROCEDURE insert_table_data (p_table_from    IN VARCHAR2
                            ,p_table_to      IN VARCHAR2
                            ,p_inserted_rows OUT NUMBER);
```

```
END table_adm_pkg;
/

CREATE OR REPLACE PACKAGE BODY table_adm_pkg
AS

-- Private function to check if table exists
-- in the student schema
FUNCTION table_exists (p_table_name IN VARCHAR2)
RETURN BOOLEAN
IS
   v_table_name VARCHAR2(50);
BEGIN
   SELECT table_name
     INTO v_table_name
     FROM user_tables
    WHERE table_name = UPPER(p_table_name);

   RETURN (TRUE);
EXCEPTION
   WHEN NO_DATA_FOUND
   THEN
      RETURN (FALSE);
END table_exists;

-- Checks how many rows are in a table
PROCEDURE check_total_rows (p_table_name  IN VARCHAR2
                           ,p_total_rows OUT NUMBER)
IS
   v_cur NUMBER;
BEGIN
   IF table_exists (p_table_name)
   THEN
      -- Open cursor for SELECT statement
      v_cur := DBMS_SQL.OPEN_CURSOR;

      -- Parse SELECT statement and associate it with opened cursor
      DBMS_SQL.PARSE (v_cur, 'SELECT COUNT(*) FROM '||p_table_name
                     ,DBMS_SQL.NATIVE);

      -- Define column returned by the SELECT statement
      DBMS_SQL.DEFINE_COLUMN (v_cur, 1, p_total_rows);

      -- Execute cursor
      p_total_rows := DBMS_SQL.EXECUTE (v_cur);

      -- Close cursor
      DBMS_SQL.CLOSE_CURSOR (v_cur);
   ELSE
      DBMS_OUTPUT.PUT_LINE ('Table does not exist');
   END IF;
EXCEPTION
   WHEN OTHERS THEN
      DBMS_SQL.CLOSE_CURSOR (v_cur);
      DBMS_OUTPUT.PUT_LINE
         ('Error occurred: '||SUBSTR(SQLERRM, 1, 300));
END check_total_rows;

-- Deletes rows from a table
PROCEDURE delete_table_data (p_table_name    IN VARCHAR2
```

```
                               ,p_deleted_rows OUT NUMBER)
IS
    v_cur NUMBER;
BEGIN
    IF table_exists (p_table_name)
    THEN
        -- Open cursor for DELETE statement
        v_cur := DBMS_SQL.OPEN_CURSOR;

        -- Parse DELETE statement and associate it with opened cursor
        DBMS_SQL.PARSE (v_cur, 'DELETE FROM '||p_table_name
                    ,DBMS_SQL.NATIVE);

        -- Execute cursor
        p_deleted_rows := DBMS_SQL.EXECUTE (v_cur);

        -- Close cursor
        DBMS_SQL.CLOSE_CURSOR (v_cur);
    ELSE
        DBMS_OUTPUT.PUT_LINE ('Table does not exist');
    END IF;
EXCEPTION
    WHEN OTHERS THEN
        DBMS_SQL.CLOSE_CURSOR (v_cur);
        DBMS_OUTPUT.PUT_LINE ('Error occurred: '||SUBSTR(SQLERRM, 1, 300));
END delete_table_data;

-- Inserts rows into a table by copying them from
-- another table
PROCEDURE insert_table_data (p_table_from    IN VARCHAR2
                            ,p_table_to      IN VARCHAR2
                            ,p_inserted_rows OUT NUMBER)
IS
    v_sql_stmt VARCHAR2(100);
    v_cur      NUMBER;
BEGIN
    IF table_exists (p_table_from) AND table_exists (p_table_to)
    THEN
        v_sql_stmt := 'INSERT INTO '||p_table_to||
                    ' SELECT * FROM '||p_table_from;

        -- Open cursor for DELETE statement
        v_cur := DBMS_SQL.OPEN_CURSOR;

        -- Parse DELETE statement and associate it with opened cursor
        DBMS_SQL.PARSE (v_cur, v_sql_stmt, DBMS_SQL.NATIVE);

        -- Execute cursor
        p_inserted_rows := DBMS_SQL.EXECUTE (v_cur);

        -- Close cursor
        DBMS_SQL.CLOSE_CURSOR (v_cur);
    ELSE
        DBMS_OUTPUT.PUT_LINE ('Table does not exist');
    END IF;
EXCEPTION
    WHEN OTHERS THEN
        DBMS_SQL.CLOSE_CURSOR (v_cur);
        DBMS_OUTPUT.PUT_LINE
            ('Error occurred: '||SUBSTR(SQLERRM, 1, 300));
```

```
    END insert_table_data;
END table_adm_pkg;
/
```

这个包包含一个私有函数和三个公共过程。私有函数 table_exists 通过检索 user_tables 视图来查找 student 模式中是否包含给定的表。公共过程 check_total_rows 计算给定表中的行数。公共过程 delete_table_data 和 insert_table_data 分别从给定的表中删除数据和将数据插入给定的表中。所有的过程都使用 DBMS_SQL 包来处理动态 SQL。

请注意,所有的过程都是按照类似的方式构建的:

(1)打开游标 DBMS_SQL.OPEN_CURSOR 函数返回游标 ID,该游标 ID 被分配给一个变量以便进一步处理。

(2)解析 SQL 语句 过程 DBMS_SQL.PARSE 和常量 DBMS_SQL.NATIVE 一起使用可以为数据库指定常规的 Oracle 数据库语法和行为。

(3)定义列 在过程 check_total_rows 中使用 DBMS_SQL.DEFINE_COLUMN 来定义 SELECT 语句返回的列。

(4)执行语句 函数 DBMS_SQL.EXECUTE 执行与游标关联的语句。

(5)关闭游标 过程 DBMS_SQL.CLOSE_CURSOR 在执行结束后关闭游标。

接下来,我们看一个 PL/SQL 脚本示例,该脚本用来测试新创建的包 table_adm_pkg。

示例　ch25_2a.sql

```
DECLARE
   v_total_rows NUMBER;
BEGIN
   -- Check how many rows are in the MY_STUDENT table
   table_adm_pkg.check_total_rows ('MY_STUDENT', v_total_rows);
   DBMS_OUTPUT.PUT_LINE ('MY_STUDENT has '||v_total_rows||' rows');

   -- Deletes rows from MY_STUDENT table if it has any records
   IF v_total_rows > 0
   THEN
      table_adm_pkg.delete_table_data ('MY_STUDENT', v_total_rows);
      DBMS_OUTPUT.PUT_LINE
         ('Deleted '||v_total_rows||' rows from MY_STUDENT');
   END IF;

   -- Copy data from STUDENT table into MY_STUDENT
   table_adm_pkg.insert_table_data
      (p_table_from     => 'STUDENT'
      ,p_table_to       => 'MY_STUDENT'
      ,p_inserted_rows => v_total_rows);
   DBMS_OUTPUT.PUT_LINE
      ('Copied '||v_total_rows||' rows into MY_STUDENT');

   -- Commit all changes
   COMMIT;
END;
```

该脚本检查 MY_STUDENT 表（我们在第 17 章中创建的）中有多少条记录。如果 MY_STUDENT 表包含记录，则脚本首先删除这些记录，然后将 STUDENT 表中的所有记录复制到 MY_STUDENT 表。当执行这个脚本时，会产生以下输出：

```
MY_STUDENT has 0 rows
Copied 268 rows into MY_STUDENT
```

接下来，我们看一个多行 SELECT 语句的示例，每次提取一行记录。

示例　ch25_3a.sql

```
DECLARE
   v_sql       VARCHAR(500);
   v_cur       NUMBER;
   v_ignore    NUMBER;

   v_student_id NUMBER;
   v_course_no  NUMBER;
   v_grade      NUMBER;
BEGIN
   -- Construct SQL statement
   v_sql :=
      'SELECT g.student_id, s.course_no, g.numeric_grade
         FROM grade   g
         JOIN section s
           ON g.section_id = s.section_id
        WHERE g.student_id = :s_id';

   -- Open cursor and parse SQL statement
   v_cur := DBMS_SQL.OPEN_CURSOR;
   DBMS_SQL.PARSE (v_cur, v_sql, DBMS_SQL.NATIVE);

   -- Bind placeholder variable in SQL statement
   DBMS_SQL.BIND_VARIABLE (v_cur, 's_id', 102);

   -- Define columns returned by the SQL statement
   DBMS_SQL.DEFINE_COLUMN (v_cur, 1, v_student_id);
   DBMS_SQL.DEFINE_COLUMN (v_cur, 2, v_course_no);
   DBMS_SQL.DEFINE_COLUMN (v_cur, 3, v_grade);

   -- Execute the cursor and fetch the results
   v_ignore := DBMS_SQL.EXECUTE (v_cur);
   LOOP
      IF DBMS_SQL.FETCH_ROWS (v_cur) > 0
      THEN
         -- Fetched column values retuned by the SQL statement
         DBMS_SQL.COLUMN_VALUE (v_cur, 1, v_student_id);
         DBMS_SQL.COLUMN_VALUE (v_cur, 2, v_course_no);
         DBMS_SQL.COLUMN_VALUE (v_cur, 3, v_grade);

         DBMS_OUTPUT.PUT ('Student ID: '||v_student_id);
         DBMS_OUTPUT.PUT (', Course No: '||v_course_no);
         DBMS_OUTPUT.PUT_LINE (', Grade: '||v_grade);
      ELSE
         EXIT;
      END IF;
   END LOOP;
```

```
   -- Close cursor
   DBMS_SQL.CLOSE_CURSOR (v_cur);
END;
```

该脚本用来检索学生成绩并将其显示在屏幕上。因为本示例使用了返回多行的 SELECT 语句，所以它调用了函数 DBMS_SQL.FETCH_ROWS 并在循环中处理结果集。针对 SQL 语句返回的每一行，循环通过过程 DBMS_SQL.COLUMN_VALUE 来提取每一行。当提取并处理完所有行之后，循环终止。

请注意 v_ignore 变量的使用。在本示例中，该变量仅用于对函数 DBMS_SQL.EXECUTE 的调用。此函数的返回值仅对 INSERT、UPDATE 和 DELETE 语句有效。对 SELECT 语句而言，它是未定义的。当执行这个脚本时，会产生以下输出：

```
Student ID: 102, Course No: 25, Grade: 85
Student ID: 102, Course No: 25, Grade: 90
Student ID: 102, Course No: 25, Grade: 99
Student ID: 102, Course No: 25, Grade: 82
Student ID: 102, Course No: 25, Grade: 82
Student ID: 102, Course No: 25, Grade: 90
Student ID: 102, Course No: 25, Grade: 85
Student ID: 102, Course No: 25, Grade: 90
Student ID: 102, Course No: 25, Grade: 84
Student ID: 102, Course No: 25, Grade: 97
Student ID: 102, Course No: 25, Grade: 97
Student ID: 102, Course No: 25, Grade: 92
Student ID: 102, Course No: 25, Grade: 91
```

接下来，我们对这个脚本做一些修改，其中 SELECT 语句是批处理的（更改部分以粗体显示）。

示例　ch25_3b.sql

```
DECLARE
   v_sql      VARCHAR(500);
   v_cur      NUMBER;
   v_ignore NUMBER;

   -- Define collection variables
   v_student_id DBMS_SQL.NUMBER_TABLE;
   v_course_no  DBMS_SQL.NUMBER_TABLE;
   v_grade      DBMS_SQL.NUMBER_TABLE;

   -- Define number of rows to be fetched into collection
   v_rows_to_fetch NUMBER := 5;
   v_result        NUMBER;
BEGIN
   -- Construct SQL statement
   v_sql :=
     'SELECT g.student_id, s.course_no, g.numeric_grade
        FROM grade    g
        JOIN section s
          ON g.section_id = s.section_id
       WHERE g.student_id = :s_id';

   -- Open cursor and parse SQL statement
```

```
    v_cur := DBMS_SQL.OPEN_CURSOR;
    DBMS_SQL.PARSE (v_cur, v_sql, DBMS_SQL.NATIVE);

    -- Bind placeholder variable in SQL statement
    DBMS_SQL.BIND_VARIABLE (v_cur, 's_id', 102);

    -- Define columns returned by the SQL statement as collections
    -- to enable bulk processing
    DBMS_SQL.DEFINE_ARRAY
        (v_cur, 1, v_student_id, v_rows_to_fetch, 1);
    DBMS_SQL.DEFINE_ARRAY
        (v_cur, 2, v_course_no, v_rows_to_fetch, 1);
    DBMS_SQL.DEFINE_ARRAY
        (v_cur, 3, v_grade, v_rows_to_fetch, 1);

    -- Execute the cursor and fetch the results
    v_ignore := DBMS_SQL.EXECUTE (v_cur);
    LOOP
        -- Check how many rows are returned by the fetch
        -- At maximum, five rows are fetched at a time
        v_result := DBMS_SQL.FETCH_ROWS (v_cur);
        DBMS_OUTPUT.PUT_LINE ('Fetched rows...');

        -- Fetched column values retuned by the SQL statement
        DBMS_SQL.COLUMN_VALUE (v_cur, 1, v_student_id);
        DBMS_SQL.COLUMN_VALUE (v_cur, 2, v_course_no);
        DBMS_SQL.COLUMN_VALUE (v_cur, 3, v_grade);
        EXIT WHEN v_result != v_rows_to_fetch;
    END LOOP;

    FOR i in 1..v_student_id.COUNT
    LOOP
        DBMS_OUTPUT.PUT ('Student ID: '||v_student_id(i));
        DBMS_OUTPUT.PUT (', Course No: '||v_course_no(i));
        DBMS_OUTPUT.PUT_LINE (', Grade: '||v_grade(i));
    END LOOP;

    -- Close cursor
    DBMS_SQL.CLOSE_CURSOR (v_cur);
END;
```

在这个版本的脚本中，SELECT 语句返回的结果是批处理的。因此，示例的代码进行如下修改：

（1）变量 v_student_id、v_course_no 和 v_grade 使用 DBMS_SQL.NUMBER_TABLE 类型声明为集合。

（2）引入变量 v_rows_to_fetch 来定义一次提取多少条记录。在本示例中，一次提取五条记录到集合中。引入变量 v_result 来跟踪游标所获取的记录数，并将之用在循环的退出条件中。

（3）通过 DBMS_SQL.DEFINE_ARRAY 过程来定义 SELECT 语句所返回的列。请注意如何调用指定了附加参数的过程：

```
DBMS_SQL.DEFINE_ARRAY
    (v_cur, 1, v_student_id, v_rows_to_fetch, 1);
```

在此调用中，变量 v_rows_to_fetch 用来指定一次要提取的行数。数字 1 用来指定 SELECT 语句的结果将从第 1 个位置开始被复制到集合中。我们需要注意的是，在第一次提取中，被提取的行是从第 1 个位置开始复制的。但是，在第二次提取中，被提取的行是从位置 6 开始复制的，因为每次提取操作都提取 5 条记录。

（4）在游标循环中，记录是以批处理方式提取的，每次最多提取 5 条记录。DBMS_SQL.FETCH_ROWS 函数返回被提取的记录数。当被提取的记录数小于 5 时，循环终止。

（5）将存储在集合变量中的结果显示在屏幕上。

当执行这个脚本时，会产生如下输出：

```
Fetched rows...
Fetched rows...
Fetched rows...
Student ID: 102, Course No: 25, Grade: 85
Student ID: 102, Course No: 25, Grade: 90
Student ID: 102, Course No: 25, Grade: 99
Student ID: 102, Course No: 25, Grade: 82
Student ID: 102, Course No: 25, Grade: 82
Student ID: 102, Course No: 25, Grade: 90
Student ID: 102, Course No: 25, Grade: 85
Student ID: 102, Course No: 25, Grade: 90
Student ID: 102, Course No: 25, Grade: 84
Student ID: 102, Course No: 25, Grade: 97
Student ID: 102, Course No: 25, Grade: 97
Student ID: 102, Course No: 25, Grade: 92
Student ID: 102, Course No: 25, Grade: 91
```

根据这个输出，我们可以得出这样的结论：游标循环迭代了三次，SELECT 语句返回了 13 行。

本章小结

在本章中，我们学习了如何使用 Oracle 提供的 DBMS_SQL 包来创建动态 SQL。我们了解了 DBMS_SQL 包的执行流程，并学习了如何将它与 SQL 和 DML 语句一起使用。最后，我们学习了如何使用 DBMS_SQL 包执行游标循环，实现的方式可以是一次处理一行，也可以是批量处理。

附录 A PL/SQL 格式化规则

本附录总结了本书中使用的一些 PL/SQL 格式化规则。尽管格式化规则不是 PL/SQL 的必需组成部分，但它们是最佳实践，可以帮助我们开发出更高质量、更具可读性和更易维护的代码。

大小写

PL/SQL 与 SQL 一样，是不区分大小写的。有关大小写的一般规则如下：

- 关键字（例如，BEGIN、EXCEPTION、END、IF-THEN-ELSE、LOOP、END LOOP）、数据类型（例如，VARCHAR2、NUMBER）、内置函数（例如，LEAST、SUBSTR)，以及用户定义的子程序（例如，过程、函数、包）都使用大写。
- 变量名、SQL 中的列名和表名使用小写。

空白

空白（多余的行和空格）在 PL/SQL 中的重要程度与在 SQL 中是一样的，它是提高可读性的一个主要因素。换句话说，我们可以在代码中使用适当的缩进来显示程序的逻辑结构。下面是一些建议：

- 在等号或比较运算符的两侧都放置空格。
- 将结构关键字（如 DECLARE、BEGIN、EXCEPTION 和 END，IF 和 END IF，LOOP 和 END LOOP）靠左对齐。此外，令结构中的嵌套结构缩进三个空格（使用空格键而不是 Tab 键输入）。

- 在各个主要部分之间放置空行，以便将它们隔开。
- 将同一结构的不同逻辑部分放在不同的行中，即使该结构很短。例如，把 IF 和 THEN 放在同一行，而把 ELSE 和 END IF 放在不同的行。
- 对于 PL/SQL 中嵌入的 SQL 语句，请使用相同的格式化规则来定义语句在块中的显示方式。

命名约定

为了确保不与关键字、列名 / 表名发生冲突，命名时使用下面的前缀是非常有帮助的：
- v_variable_name。
- con_constant_name。
- p_parameter_name。
- name_cur。
- name_rec。
- FOR stud_rec IN stud_cur LOOP。
- tryp_name 或 name_type（用于用户定义的类型）。
- t_table 或 name_tab（用于 PL/SQL 表）。
- rec_record_name 或 name_rec（用于记录变量）。
- e_exception_name（用于用户定义的异常）。

包的命名应该涉及更广的上下文内容，它应该涵盖包中所有的过程和函数要执行的操作。

过程的命名应该包含过程要执行的操作的说明。函数的命名应该包含返回变量的说明。

示例

```
PACKAGE student_adm_pkg
-- admin suffix may be used for administration
PROCEDURE remove_student (p_student_id IN student.studid%TYPE);
FUNCTION student_enroll_count (p_student_id student.studid%TYPE)
RETURN INTEGER;
```

注释

注释在 PL/SQL 中的重要程度与在 SQL 中是一样的。它们应该对程序的主要部分以及重要的逻辑步骤进行解释。

我们通常使用单行注释（--）而不是多行注释（/*）。虽然 PL/SQL 以同样的方式处理单行注释和多行注释，但是在完成代码编写后，便会发现单行注释更容易被调试，因为我们不能在多行注释中嵌入多行注释。换句话说，我们可以注释掉一部分包含了单行注释的代码，但不能注释掉一部分包含了多行注释的代码。

Appendix B 附录 B

STUDENT 数据库模式

本附录列出了本书所使用的 STUDENT（学生）数据库模式中的所有表。这里列出的每个表，首先显示的是数据库表名，然后是此表中包含的各列、是否允许为 NULL 值、列数据类型以及列的描述。

表和列的描述

表 B.1　COURSE：课程的信息

列名	空值	类型	说明
COURSE_NO	NOT NULL	NUMBER(8,0)	唯一的课程编号
DESCRIPTION	NULL	VARCHAR2(50)	课程的全名
COST	NULL	NUMBER(9,2)	注册课程的费用
PREREQUISITE	NULL	NUMBER(8,0)	注册课程所需的必修课程的 ID 号
CREATED_BY	NOT NULL	VARCHAR2(30)	审计列——表明插入数据的用户
CREATED_DATE	NOT NULL	DATE	审计列——表明数据插入的日期
MODIFIED_BY	NOT NULL	VARCHAR2(30)	审计列——表明执行最后一次更新的用户
MODIFIED_DATE	NOT NULL	DATE	审计列——表明最后一次更新的日期

表 B.2　SECTION：特定课程的各个课班（班级）的信息

列名	空值	类型	说明
SECTION_ID	NOT NULL	NUMBER(8,0)	课班的唯一 ID 号
COURSE_NO	NOT NULL	NUMBER(8,0)	这个课班的课程编号
SECTION_NO	NOT NULL	NUMBER(3)	这个课程的各个课班编号
START_DATE_TIME	NULL	DATE	这个课班开课的日期和时间
LOCATION	NULL	VARCHAR2(50)	这个课班的教室
INSTRUCTOR_ID	NOT NULL	NUMBER(8,0)	这个课班的教师的 ID 号
CAPACITY	NULL	NUMBER(3,0)	这个课班允许的最多学生数
CREATED_BY	NOT NULL	VARCHAR2(30)	审计列——表明插入数据的用户
CREATED_DATE	NOT NULL	DATE	审计列——表明数据插入的日期
MODIFIED_BY	NOT NULL	VARCHAR2(30)	审计列——表明执行最后一次更新的用户
MODIFIED_DATE	NOT NULL	DATE	审计列——表明最后一次更新的日期

表 B.3　STUDENT：学生档案信息

列名	空值	类型	说明
STUDENT_ID	NOT NULL	NUMBER(8,0)	这名学生的唯一 ID 号
SALUTATION	NULL	VARCHAR2(5)	这名学生的称呼（如女士、先生、博士）
FIRST_NAME	NULL	VARCHAR2(25)	这名学生的名字
LAST_NAME	NOT NULL	VARCHAR2(25)	这名学生的姓氏
STREET_ADDRESS	NULL	VARCHAR2(50)	这名学生的街道地址
ZIP	NOT NULL	VARCHAR2(5)	这名学生街道地址的邮政编码
PHONE	NULL	VARCHAR2(15)	这名学生的电话号码，包括区号
EMPLOYER	NULL	VARCHAR2(50)	这名学生就业的公司名称
REGISTRATION_DATE	NOT NULL	DATE	这名学生注册本项目的日期
CREATED_BY	NOT NULL	VARCHAR2(30)	审计列——表明插入数据的用户
CREATED_DATE	NOT NULL	DATE	审计列——表明数据插入的日期
MODIFIED_BY	NOT NULL	VARCHAR2(30)	审计列——表明执行最后一次更新的用户
MODIFIED_DATE	NOT NULL	DATE	审计列——表明最后一次更新的日期

表 B.4　ENROLLMENT：注册特定课程的特定课班（班级）的学生信息

列名	空值	类型	说明
STUDENT_ID	NOT NULL	NUMBER(8,0)	学生的 ID 号
SECTION_ID	NOT NULL	NUMBER(8,0)	课班的 ID 号
ENROLL_DATE	NOT NULL	DATE	这名学生注册这个课班的日期
FINAL_GRADE	NULL	NUMBER(3,0)	这名学生在这个课班（班级）上取得的最终成绩

㊀　根据课程建立的班级。——译者注

(续)

列名	空值	类型	说明
CREATED_BY	NOT NULL	VARCHAR2(30)	审计列——表明插入数据的用户
CREATED_DATE	NOT NULL	DATE	审计列——表明数据插入的日期
MODIFIED_BY	NOT NULL	VARCHAR2(30)	审计列——表明执行最后一次更新的用户
MODIFIED_DATE	NOT NULL	DATE	审计列——表明最后一次更新的日期

表 B.5　INSTRUCTOR：教师档案信息

列名	空值	类型	说明
INSTRUCTOR_ID	NOT NULL	NUMBER(8)	这名教师的唯一 ID 号
SALUTATION	NULL	VARCHAR2(5)	这名教师的称呼（如先生、女士、博士、牧师）
FIRST_NAME	NULL	VARCHAR2(25)	这名教师的名字
LAST_NAME	NULL	VARCHAR2(25)	这名教师的姓氏
STREET_ADDRESS	NULL	VARCHAR2(50)	这名教师的街道地址
ZIP	NULL	VARCHAR2(5)	这名教师街道地址的邮政编码
PHONE	NULL	VARCHAR2(15)	这名教师的电话号码，包括区号
CREATED_BY	NOT NULL	VARCHAR2(30)	审计列——表明插入数据的用户
CREATED_DATE	NOT NULL	DATE	审计列——表明数据插入的日期
MODIFIED_BY	NOT NULL	VARCHAR2(30)	审计列——表明执行最后一次更新的用户
MODIFIED_DATE	NOT NULL	DATE	审计列——表明最后一次更新的日期

表 B.6　ZIPCODE：城市、州和邮政编码信息

列名	空值	类型	说明
ZIP	NOT NULL	VARCHAR2(5)	邮政编码，对于某个城市和州是唯一的
CITY	NULL	VARCHAR2(25)	这个邮政编码所在城市的城市名
STATE	NULL	VARCHAR2(2)	美国各州的邮政缩写
CREATED_BY	NOT NULL	VARCHAR2(30)	审计列——表明插入数据的用户
CREATED_DATE	NOT NULL	DATE	审计列——表明数据插入的日期
MODIFIED_BY	NOT NULL	VARCHAR2(30)	审计列——表明执行最后一次更新的用户
MODIFIED_DATE	NOT NULL	DATE	审计列——表明最后一次更新的日期

表 B.7　GRADE_TYPE：成绩类别（代码）及其说明的查找表

列名	空值	类型	说明
GRADE_TYPE_CODE	NOT NULL	CHAR(2)	表明成绩类别的唯一代码（例如 MT、HW）
DESCRIPTION	NOT NULL	VARCHAR2(50)	此代码的说明（例如，期中考试、家庭作业）
CREATED_BY	NOT NULL	VARCHAR2(30)	审计列——表明插入数据的用户
CREATED_DATE	NOT NULL	DATE	审计列——表明数据插入的日期
MODIFIED_BY	NOT NULL	VARCHAR2(30)	审计列——表明执行最后一次更新的用户
MODIFIED_DATE	NOT NULL	DATE	审计列——表明最后一次更新的日期

表 B.8　GRADE_TYPE_WEIGHT：关于特定课班的最终成绩如何计算的信息，例如，在最终成绩中，期中考试占 50%，测验占 10%，而期末考试占 40%

列名	空值	类型	说明
SECTION_ID	NOT NULL	NUMBER(8)	课班的 ID 号
GRADE_TYPE_CODE	NOT NULL	CHAR(2)	成绩类别的代码
NUMBER_PER_SECTION	NOT NULL	NUMBER(3)	本课班成绩类别有多少（如可能有三次小测验）
PERCENT_OF_FINAL_GRADE	NOT NULL	NUMBER(3)	成绩类别在最终成绩中所占的比例
DROP_LOWEST	NOT NULL	CHAR(1)	在确定最终成绩时，这种成绩类别中的最低成绩会被删除吗（Y/N）
CREATED_BY	NOT NULL	VARCHAR2(30)	审计列——表明插入数据的用户
CREATED_DATE	NOT NULL	DATE	审计列——表明数据插入的日期
MODIFIED_BY	NOT NULL	VARCHAR2(30)	审计列——表明执行最后一次更新的用户
MODIFIED_DATE	NOT NULL	DATE	审计列——表明最后一次更新的日期

表 B.9　GRADE：学生在特定课班（班级）获得的成绩

列名	空值	类型	说明
STUDENT_ID	NOT NULL	NUMBER(8)	学生的 ID 号
SECTION_ID	NOT NULL	NUMBER(8)	课班的 ID 号
GRADE_TYPE_CODE	NOT NULL	CHAR(2)	成绩类别的代码
GRADE_CODE_OCCURRENCE	NOT NULL	NUMBER(38)	课班的成绩类别序列号（例如，可能有编号为 1、2、3 的多份作业）
NUMERIC_GRADE	NOT NULL	NUMBER(3)	分数成绩（例如 70、75）
COMMENTS	NULL	VARCHAR2(2000)	教师对这个成绩的注释
CREATED_BY	NOT NULL	VARCHAR2(30)	审计列——表明插入数据的用户
CREATED_DATE	NOT NULL	DATE	审计列——表明数据插入的日期
MODIFIED_BY	NOT NULL	VARCHAR2(30)	审计列——表明执行最后一次更新的用户
MODIFIED_DATE	NOT NULL	DATE	审计列——表明最后一次更新的日期

表 B.10　GRADE_CONVERSION：将分数表示的成绩转换为字母表示的成绩

列名	空值	类型	说明
LETTER_GRADE	NOT NULL	VARCHAR(2)	唯一的用字母表示的成绩（A、B、B+ 等）
GRADE_POINT	NOT NULL	NUMBER(3,2)	从 0（F）到 4（A），用分数表示的成绩等级
MAX_GRADE	NOT NULL	NUMBER(3)	该字母成绩对应的最高分数成绩
MIN_GRADE	NOT NULL	NUMBER(3)	该字母成绩对应的最低分数成绩
CREATED_BY	NOT NULL	VARCHAR2(30)	审计列——表明插入数据的用户
CREATED_DATE	NOT NULL	DATE	审计列——表明数据插入的日期
MODIFIED_BY	NOT NULL	VARCHAR2(30)	审计列——表明执行最后一次更新的用户
MODIFIED_DATE	NOT NULL	DATE	审计列——表明最后一次更新的日期

STUDENT 模式中各表的实体关系图如图 B.1 所示，图中使用标准的鱼尾箭头显示了这些表及其外键关系。

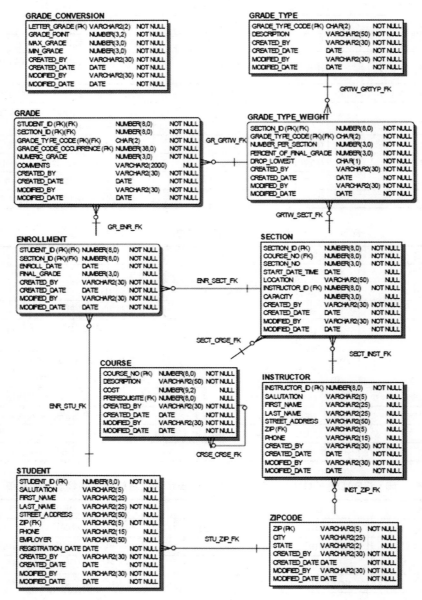

图 B.1　STUDENT 模式中各表的实体关系图